OpenCVによる
コンピュータビジョン・機械学習入門

Introduction to computer vision and machine learning with OpenCV

小枝正直 / 上田悦子 / 中村恭之 [著]

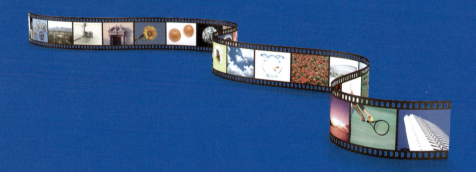

講談社

●ご注意

(1) 本書を発行するにあたって，内容について万全を期して制作いたしましたが，万一，ご不審な点や誤り，記載漏れなどお気づきの点がありましたら，出版元まで書面にてご連絡ください．

(2) 本書の内容に関して適用した結果生じたこと，また，適用できなかった結果について，著者および出版社とも一切の責任を負えませんので，あらかじめご了承ください．

(3) 本書に記載されている情報は，2017年4月時点のものです．

(4) 本書に記載されているウェブサイトなどは，予告なく変更されていることがあります．

(5) 本書に◯記載されている会社名，製品名，サービス名などは，一般に各社の商標または登録商標です．なお，本書では，TM，Ⓡ，Ⓒマークを省略しています．

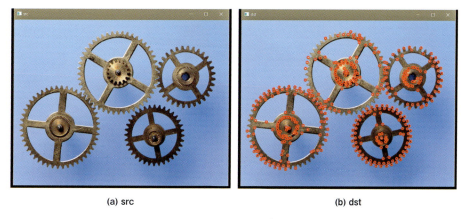

(a) src　　　　　　　　　　　　(b) dst

図 **1.6**　コーナー検出

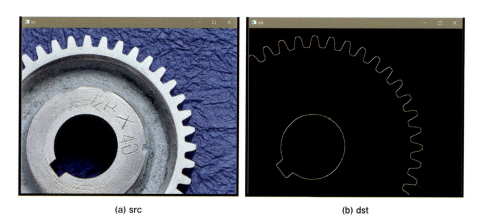

(a) src　　　　　　　　　　　　(b) dst

図 **1.9**　Canny エッジ検出

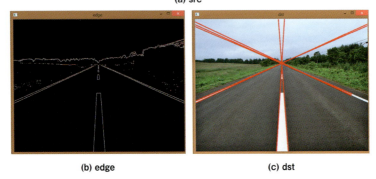

(a) src (b) edge (c) dst

図 **1.12**　Hough 変換による直線検出

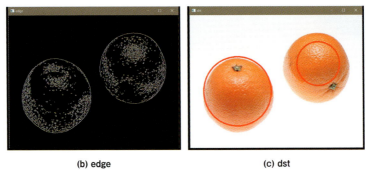

(a) src (b) edge (c) dst

図 **1.13**　Hough 変換による円検出

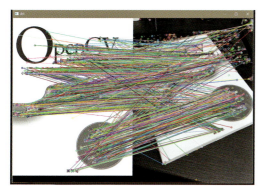
(c) 出力画像 (SIFT)

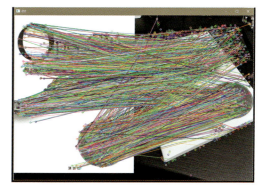
(d) 出力画像 (SURF)

図 **2.2** SIFT, SURF による特徴点の対応付け例

(c) 出力画像 (KAZE)

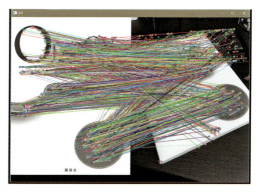
(d) 出力画像 (AKAZE)

図 **2.3** KAZE, AKAZE による特徴点の対応付け例

(c) 出力画像 (ORB)

図 **2.4** ORB による特徴点の対応付け例

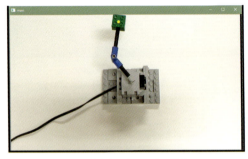 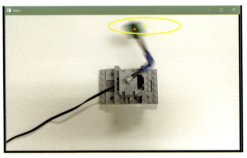

(a) 追跡対象の動作が遅い場合　　　　(b) 追跡対象の動作が速い場合

図 4.6　カルマンフィルタによる物体追跡例

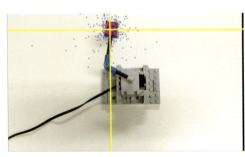 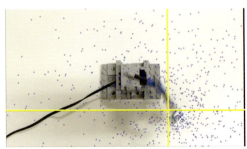

(a) 尤度の高いパーティクルが多数　　　　(b) 尤度の高いパーティクルが少数

図 4.8　パーティクルフィルタによる物体追跡例（パーティクル数 1000）

(a) src1

(b) src2

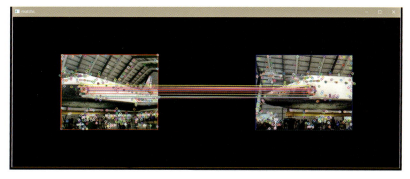
(c) matches

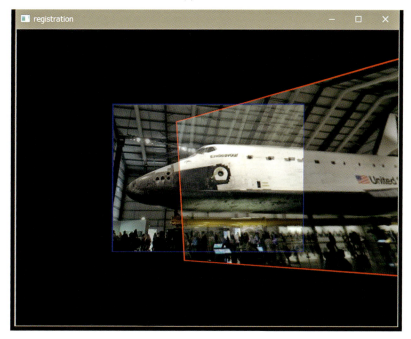
(d) registration

図 **5.6** 画像レジストレーションの処理例

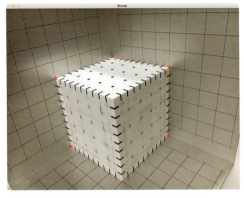 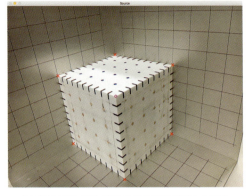

(a) ×印位置に対応する3次元座標を入力　　　(b) 座標 (150, 150, 150) 位置の再投影結果（○印）

図 8.2　3次元座標と画像座標の6組の対応からのキャリブレーション結果例
（一辺 150 mm の立方体キャリブレーションボックスを使用）

 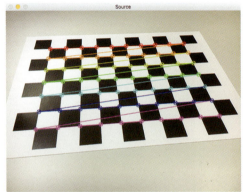

図 8.5　チェスボードの検出例

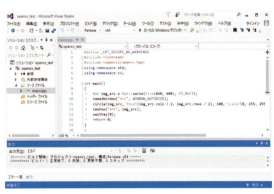 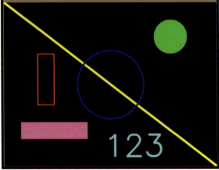

図 A.12　Visual Studio の設定 6（動作確認）

まえがき

　最近，コンピュータビジョン（computer vision，以後 CV と書く）の技術を使った製品やアプリケーションを，いろいろな場面で見かけるようになってきた．例えば，デジタルカメラに搭載されている顔認識機能や，Google Street View の 360 度パノラマ表示機能，Kinect を使ったジェスチャー認識機能などがある．また，最近再びブームとなってきたロボットや最近話題の自動運転車においても，ロボットや車が自律的に移動するためには，自分の周辺環境をカメラやその他センサで把握する必要があり，その際にも CV の技術が重要な役割を果たしている．つい最近発表されたスマートフォンのアプリ「ポケモン GO」にも，AR モードという機能がある．AR とは augmented reality の略語で，拡張現実感と呼ばれる技術である．AR モードでは，スマートフォンカメラを通して撮影している画面にポケモンを三次元的にあたかもそこにあるかのように位置合わせをしながら CG でリアルタイムに表示する．このような AR 技術にも，CV の技術が重要な役割を果たしている．このように知らず知らずのうちに使用している CV の技術について，より多くの人に理解してもらうことが本書の目的である．

　ところで，「画像処理」と「CV」という言葉が同じ意味で使用されていることが多い．しかし，我々の前著『OpenCV による画像処理入門』でも言及しているように，「画像処理」は画像を入力とし，その画像に何らかの処理を行い，画像を出力する処理である．一方，「CV」は画像を入力とし，その画像に写っている対象に関する情報をデータとして出力する処理である．本書を通して，これらの 2 つの言葉の違いを実感してもらいたい．画像の特徴量を用いて画像間の点の対応を求めることで，運動復元や三次元再構成や画像レジストレーションなどができたり，物体認識が可能になったりする．この意味で，画像の特徴量は CV の技術の基本である．そこで本書では，はじめに，三次元再構成や画像レジストレーション，物体認識で用いられる画像の特徴量について紹介する．その後，運動復元，物体追跡，画像レジストレーション，三次元再構成や物体認識の基本（機械学習）についての各種の技術を紹介する構成になっている．

　本書は『OpenCV による画像処理入門』の続編である．本書は，工業高等専門学校生，大学学部生，大学院生などを主な対象として構成し，基本的かつ汎用性の高いコンピュータビジョン・機械学習アルゴリズムを選定して掲載した．また，学生独自にコンピュータビジョン・機械学習を実装できるように，開発環境の構築方法やカメラのセットアップなどの詳細な手順を付録に掲載している．前著と同様に，各章では，まず各技術の理論について解説し，その後，その技術を OpenCV を用いて実装する方法について紹介している．実装については，各技術について 1 つ 1 つ実行できるようなプログラム例を掲載しているので，実行することで理論の理解を深めることができる．学生だけでなく，CV の新しいアプリケーションを開発しようとしている技術者が，自身の課題に簡単に応用できるように配慮している．CV の各種の実装方法については，そのエッセンスのみから構成されるようなコーディング法で実装することを心がけている．また，新しい OpenCV（OpenCV3 系）の書式

に従った記述になっている．

　これまでにも，OpenCV を用いた CV 技術に関する本がいくつか存在するが，それらの書籍は，OpenCV の使用法に重点が置かれたリファレンス的なものが多く，CV や機械学習の技術に関する教科書として使用できるような書籍は，我々の知る限り存在していない．そこで本書では，CV や機械学習の技術に関する講義の教科書に使えるように章立てされている．例えば，CV 技術の中で三次元再構成法や画像レジストレーションの習得を目的とした講義では，本書の第 1～9 章までを使用して講義をするとよい．CV 技術の中で物体認識技術や機械学習法の習得を目的とした講義では，本書の第 1～5 章と第 10～20 章を使用して講義するとよい．このように，各章を部分的に利用することで，複数の講義を実施することができることも本書の大きな特徴である．

　より多くの人に CV の技術を理解してもらい，CV の技術がさらに多くの製品に搭載されること，この分野のさらなる発展を切に願う．

2017 年 4 月
中村　恭之

本書を読み進めるための前堤知識

　本書では，数式を用いて各種の基本的な技術を説明している．それらの数式を理解するためには，基本的な数学の知識が必要である．線形代数，幾何学，微積分などの知識をあらかじめ修得していることが望ましい．また，本書では，各種の技術を実装したソースコードを紹介している．それらのソースコードを理解するためには，プログラミング言語 C++ や Python に関する基本的な知識もあらかじめ修得していることが望ましい．

OpenCVによるコンピュータビジョン・機械学習入門〈目次〉

まえがき ………………………………………………………………………………………… i

Chapter 0 コンピュータビジョンとは? …………………………………………… 001

Chapter 1 特徴検出 …………………………………………………………………… 005

1.1 エッジ・コーナー検出 ……………………………………………………… 006
- 1.1.1 Moravec の手法 ……………………………………………………… 006
- 1.1.2 Kanade-Lucas-Tomasi の手法 ……………………………………… 006
- 1.1.3 Harris の手法 ………………………………………………………… 009
- 1.1.4 OpenCV での関数仕様 ……………………………………………… 010
- 1.1.5 プログラム例 ………………………………………………………… 011

1.2 輪郭線検出 …………………………………………………………………… 013
- 1.2.1 古典的な手法 ………………………………………………………… 013
- 1.2.2 ゼロ交差法 …………………………………………………………… 013
- 1.2.3 動的輪郭検出法 ……………………………………………………… 014
- 1.2.4 Canny エッジ検出 …………………………………………………… 015
- 1.2.5 OpenCV での関数仕様 ……………………………………………… 015
- 1.2.6 プログラム例 ………………………………………………………… 016

1.3 直線・円検出 ………………………………………………………………… 018
- 1.3.1 Hough 変換 …………………………………………………………… 018
- 1.3.2 OpenCV での関数仕様 ……………………………………………… 019
- 1.3.3 プログラム例 ………………………………………………………… 021

Chapter 2 特徴量記述 ………………………………………………………………… 027

2.1 SIFT, SURF …………………………………………………………………… 028
- 2.1.1 概要 …………………………………………………………………… 028
- 2.1.2 OpenCV での関数仕様 ……………………………………………… 029
- 2.1.3 プログラム例 ………………………………………………………… 030

2.2 KAZE, AKAZE ………………………………………………………………… 032
- 2.2.1 概要 …………………………………………………………………… 032
- 2.2.2 OpenCV での関数仕様 ……………………………………………… 033
- 2.2.3 プログラム例 ………………………………………………………… 033

2.3 BRIEF, ORB …………………………………………………………………… 035
- 2.3.1 概要 …………………………………………………………………… 035
- 2.3.2 OpenCV での関数仕様 ……………………………………………… 036
- 2.3.3 プログラム例 ………………………………………………………… 036

Chapter 3 運動復元 ... 041

- 3.1 オプティカルフロー ... 041
- 3.2 Lucas-Kanade 法 ... 042
  - 3.2.1 概要 ... 042
  - 3.2.2 OpenCV での関数仕様 ... 045
  - 3.2.3 プログラム例 ... 045
- 3.3 照明変動に頑健なオプティカルフロー ... 049
  - 3.3.1 OpenCV での関数仕様 ... 049
  - 3.3.2 プログラム例 ... 050

Chapter 4 物体追跡 ... 055

- 4.1 テンプレートマッチング ... 055
  - 4.1.1 理論 ... 055
  - 4.1.2 OpenCV での関数仕様 ... 056
  - 4.1.3 プログラム例 ... 057
- 4.2 meanshift ... 060
  - 4.2.1 理論 ... 060
  - 4.2.2 OpenCV での関数仕様 ... 060
  - 4.2.3 プログラム例 ... 061
- 4.3 CAMshift ... 064
  - 4.3.1 理論 ... 064
  - 4.3.2 OpenCV での関数仕様 ... 064
  - 4.3.3 プログラム例 ... 065
- 4.4 カルマンフィルタ ... 068
  - 4.4.1 理論 ... 068
  - 4.4.2 OpenCV での関数仕様 ... 069
  - 4.4.3 プログラム例 ... 069
- 4.5 パーティクルフィルタ ... 072
  - 4.5.1 理論 ... 072
  - 4.5.2 プログラム例 ... 073

Chapter 5 画像レジストレーション ... 081

- 5.1 画像レジストレーションの処理手順 ... 082
- 5.2 特徴点抽出 ... 083
- 5.3 特徴点の対応付け ... 083
  - 5.3.1 ブルートフォース ... 083
  - 5.3.2 FLANN ... 083
- 5.4 ホモグラフィ行列の算出 ... 083
  - 5.4.1 概要 ... 083
  - 5.4.2 OpenCV での関数仕様 ... 085
- 5.5 射影変換 ... 086
  - 5.5.1 概要 ... 086
  - 5.5.2 OpenCV での関数仕様 ... 086
- 5.6 画像の貼り合わせ ... 086

			5.6.1	概要	086
			5.6.2	OpenCV での関数仕様	087
	5.7		プログラム例		087

Chapter 6 カメラモデル 095

- **6.1** ピンホールカメラモデル ... 095
- **6.2** 座標系の定義 ... 096
- **6.3** 同次座標 ... 097
- **6.4** ワールド座標系からカメラ座標系への変換（外部パラメータ） ... 098
- **6.5** カメラ座標系における画像平面への透視投影変換 ... 100
- **6.6** カメラ座標系から画像座標系への変換（内部パラメータ） ... 101
- **6.7** レンズ歪みの考慮 ... 103
- **6.8** 画像の離散化（デジタル座標系への変換） ... 104

Chapter 7 エピポーラ幾何 107

- **7.1** エピポーラ線 ... 107
- **7.2** エピポーラ平面・エピポール ... 108
- **7.3** E 行列（基本行列） ... 109
- **7.4** F 行列（基礎行列） ... 110

Chapter 8 カメラキャリブレーション 113

- **8.1** 特徴点の 3 次元座標と画像座標の対応からのキャリブレーション ... 113
  - 8.1.1 透視投影変換行列の推定 ... 113
  - 8.1.2 OpenCV の関数を用いた透視投影変換行列の推定とプログラム例 ... 116
- **8.2** 特徴点の 3 次元位置関係と画像座標の対応からのキャリブレーション ... 119
  - 8.2.1 Zhang のキャリブレーションアルゴリズム ... 119
  - 8.2.2 OpenCV の関数を用いたキャリブレーションの実行 ... 123
- **8.3** 画像座標同士の対応からのキャリブレーション ... 129
  - 8.3.1 F 行列の推定 ... 129
  - 8.3.2 F 行列からのカメラパラメータ推定 ... 131
  - 8.3.3 OpenCV での F 行列推定 ... 131

Chapter 9 3 次元再構成 139

- **9.1** ステレオ視 ... 139
  - 9.1.1 平行ステレオによる 3 次元位置計測の原理 ... 140
  - 9.1.2 2 つの画像からの位置計算 ... 142
  - 9.1.3 プログラム例 ... 144
- **9.2** SfM(structure from motion) ... 147
  - 9.2.1 SfM の原理 ... 147
  - 9.2.2 OpenCV の関数を用いた SfM の例 ... 148

Chapter 10 機械学習とは? 153

Chapter 11 人工的なデータの生成 — 155

- 11.1 機械学習で使用するデータ — 155
- 11.2 人工的データの生成 — 155
- 11.3 OpenCV(C++) による乱数生成 — 156
  - 11.3.1 一様分布に基づくデータ生成 — 156
  - 11.3.2 正規分布に基づくデータ生成 — 157
  - 11.3.3 OpenCV(C++) による人工的なデータの生成例 — 157
- 11.4 OpenCV(C++) による訓練データ・検証データの生成 — 161
  - 11.4.1 訓練データの生成 — 161
  - 11.4.2 1つの訓練データから訓練データ・検証データを生成する方法 — 163
- 11.5 実際のデータセット — 163
  - 11.5.1 概要 — 163
  - 11.5.2 OpenCV(C++) による UCI データセット（CSV 形式）の読み込み — 164

Chapter 12 主成分分析 — 168

- 12.1 概要 — 168
- 12.2 主成分分析と特異値分解の関係 — 169
- 12.3 OpenCV(C++) による主成分分析の実装 — 172
  - 12.3.1 概要 — 172
  - 12.3.2 cv::PCA クラスの使用例 1 — 173
  - 12.3.3 cv::PCA クラスの使用例 2 — 174
- 12.4 OpenCV(C++) による特異値分解の実装 — 175
  - 12.4.1 概要 — 175
  - 12.4.2 cv::SVD クラスの使用例 — 176

Chapter 13 クラスタリング — 179

- 13.1 類似度・非類似度の表現方法 — 179
  - 13.1.1 類似度と距離尺度 — 179
  - 13.1.2 量的・質的データ — 180
  - 13.1.3 量的データのための類似度 — 181
  - 13.1.4 質的データのための類似度 — 181
  - 13.1.5 階層的クラスタリング — 182
  - 13.1.6 非階層的クラスタリング — 183
- 13.2 OpenCV(C++) による K-means 法の実装 — 184
  - 13.2.1 概要 — 184
  - 13.2.2 cv::kmeans クラスの使用例 — 185

Chapter 14 k最近傍法 — 188

- 14.1 識別規則 — 189
- 14.2 学習方法 — 189
- 14.3 OpenCV(C++) による k 最近傍法の実装 — 190
  - 14.3.1 パラメータ設定用関数 — 190
  - 14.3.2 訓練の実行用関数 — 191

	14.3.3	訓練結果に基づく予測実行用関数 ··	192
	14.3.4	訓練結果の保存，読み込み用関数 ··	193
	14.3.5	cv::ml::KNearest クラスの使用例 ··	194

Chapter 15 ベイズ識別   197

15.1 識別規則   197
15.2 訓練方法   198
15.3 OpenCV(C++) によるベイズ識別器の実装   199
15.3.1 訓練の実行用関数   199
15.3.2 訓練結果に基づく予測実行用関数   200
15.3.3 訓練結果の保存，読み込み用関数   200
15.3.4 cv::ml::NormalBayesClassifier クラスの使用例   201

Chapter 16 サポートベクトルマシン   203

16.1 SVM（線形分離可能な場合）   204
16.2 ソフトマージン識別器（線形分離不可能な場合への拡張 その 1）   207
16.2.1 ソフトマージン識別器 (C-SVM)   207
16.2.2 ソフトマージン識別器 (ν-SVM)   208
16.3 カーネルトリック（線形分離不可能な場合への拡張 その 2）   209
16.4 1 クラス SVM   211
16.5 多クラス分類のための工夫   212
16.5.1 One-Versus-Rest(OVR) 法   212
16.5.2 One-Versus-One(OVO) 法   213
16.6 OpenCV(C++) による SVM の実装   213
16.6.1 パラメータ設定用関数   213
16.6.2 訓練の実行用関数   215
16.6.3 訓練結果に基づく予測実行用関数   217
16.6.4 サポートベクトル   217
16.6.5 訓練結果の保存，読み込み用関数   218
16.6.6 cv::ml::SVM クラスの使用例   218

Chapter 17 決定木   221

17.1 決定木の構築方法   222
17.1.1 分割規則   222
17.1.2 木の剪定   223
17.2 OpenCV(C++) による決定木の実装   224
17.2.1 パラメータ設定用関数   224
17.2.2 訓練の実行用関数   225
17.2.3 訓練結果に基づく予測実行用関数   226
17.2.4 訓練結果の保存，読み込み用関数   226
17.2.5 cv::ml::DTrees クラスの使用例   227

Chapter 18 ニューラルネットワーク　229

- **18.1** 人間の神経細胞と神経回路 …… 229
- **18.2** ニューロンモデル …… 230
- **18.3** ニューラルネットワーク …… 232
  - 18.3.1 多層パーセプトロン …… 232
  - 18.3.2 誤差逆伝播法を用いる際の注意点 …… 236
- **18.4** OpenCV(C++) によるニューラルネットワークの実装 …… 239
  - 18.4.1 ネットワーク構造設定用関数 …… 239
  - 18.4.2 出力ラベル値のベクトル化 …… 240
  - 18.4.3 パラメータ設定用関数 …… 241
  - 18.4.4 訓練の実行用関数 …… 243
  - 18.4.5 訓練結果に基づく予測実行用関数 …… 243
  - 18.4.6 訓練結果の保存，読み込み用関数 …… 244
  - 18.4.7 cv::ml::ANN_MLP クラスの使用例 …… 244

Chapter 19 ブースティング　248

- **19.1** AdaBoost …… 248
- **19.2** OpenCV(C++) による AdaBoost の実装 …… 249
  - 19.2.1 パラメータ設定用関数 …… 250
  - 19.2.2 訓練の実行用関数 …… 251
  - 19.2.3 訓練結果に基づく予測実行用関数 …… 251
  - 19.2.4 訓練結果の保存，読み込み用関数 …… 252
  - 19.2.5 cv::ml::Boost クラスの使用例 …… 252

Chapter 20 識別器の性能評価　255

- **20.1** データの分割 …… 255
- **20.2** 識別器の性能評価 …… 256
- **20.3** OpenCV(C++) による識別器の性能評価のための実装 …… 258
  - 20.3.1 訓練データと検証データの分割 …… 258
  - 20.3.2 訓練データ・検証データに対して混同行列を計算するプログラム例 …… 260
  - 20.3.3 識別器の識別境界を生成するプログラム例 …… 263

付録A OpenCVの導入　269

- **A.1** バイナリ版（コンパイル済み） OpenCV のインストール …… 269
- **A.2** Python と Python 用 OpenCV パッケージのインストール …… 271
- **A.3** Visual Studio の設定 …… 273
- **A.4** トラブルシューティング …… 277
- **A.5** contrib モジュールを導入した OpenCV のビルド …… 280
- **A.6** contrib モジュールを導入した OpenCV での Visual Studio の設定変更 …… 283
- **A.7** Visual Studio のプロパティシートの作成 …… 285
- **A.8** Visual Studio で Python を使用する …… 286

索引 …… 289

Chapter 0 コンピュータビジョンとは？

コンピュータビジョン (Computer Vision) は，2 次元画像を静止画または動画として入力し，その画像に写っている 3 次元空間中に存在する物体に関する情報（3 次元構造や特性など）をデータとして出力する処理である[1, 2]．コンピュータビジョンの究極の目標は，コンピュータと撮像装置を用いて，人間の視覚と同じ機能を実現することである．さらに，人間の視覚では不可能な情報処理をも実現することを目的とすることでもある．したがって，コンピュータビジョンに関する研究分野では，コンピュータによる視覚を実現するためのさまざまなソフトウェア（技術）や撮像装置が開発されている．例えば，デジタルカメラに搭載されている顔認識機能や，自動車の車載運転支援システムにおけるステレオカメラを用いた歩行者や障害物などの衝突危険感知機能が，そのようなソフトウェアの開発事例である．

前述したように，コンピュータビジョンの各種の技術における入力データは 2 次元の画像データである．画像データは，3 次元空間中に存在する 3 次元の広がりを持った物体上に存在する点を 2 次元の平面上に投影したものである．この投影の過程で，物体に関する奥行きの情報が欠落してしまう．したがって，2 次元の平面上に投影されたデータから，元の 3 次元形状を再構成する問題は，いわゆる逆問題になっている．逆問題では，数学的には一意の解を求めることが不可能な不良設定問題となる．このことがコンピュータによる視覚の実現を難しくしていることの原因の 1 つである．

さらに，コンピュータによる視覚の実現を困難にするもう 1 つの原因は，同一の物体がさまざまな条件によってその外観を変化させるということにある．例えば，物体は観察者との位置関係によって，その見え方が大きく変わってしまう．位置関係の変化だけでなく，照明条件の変化や，物体の一部が他の物体に隠されることもあるし，さらに，物体自身が変形する場合もあるが，コンピュータによる視覚においても，これらの変化に対しても「安定した認識」（入力の変化に対して常に同一の出力を得ること）が実現できなければならない．

このようにコンピュータによる視覚を実現するためには，さまざまな学問分野（幾何学，数学，生理学，生物学，認知科学，計算機科学，電子工学）の知識が必要となる．本書では，紙面の許す限り，これら幾何学，数学，計算機科学などに関する基本的な事項についても紹介している．

コンピュータビジョンの代表的な技術として，例えば以下のようなものがある．

- 動画像を用いた運動復元（オプティカルフローの推定）
- 動画像中の物体追跡（人間の動きの追跡など）
- 画像レジストレーション（パノラマ画像の自動作成）

- ステレオ視 (stereo vision) による 3 次元形状再構成
- 顔画像認識などに代表される物体認識

本書では，これらの代表的な技術や，それらの技術の実現に必須の基礎理論・技術について解説する．例えば，動画像中の物体追跡を実現するためには，連続して入力される 2 枚の画像 A,B 中で追跡対象物体が画像 A 中の位置 P から，画像 B 中の位置 P′ に移動したこと，つまり，画像間での対応点（画像中の点 P と P′ が対応している）を検出しなければならない．画像間で対応点を求めるためには，まず画像 A 内の点 P を何らかの定量的な表現を用いて数値化する．そして，画像 B 内の各点についてその定量的な表現を求め，点 P と同じ値になる点を対応点 P′ とすることで，画像 A–B 間で対応する 2 点 P–P′ を求めることができる．このような定量的な表現が，画像の「特徴量」である．

この意味で，画像の「特徴量」は，さまざまなコンピュータビジョン技術における基本である．そこで本書では，はじめに，画像の「特徴」が存在する位置を検出するための手法（第 1 章）から解説し，その後，検出された位置に存在する特徴を定量的に表現するためのさまざまな手法（第 2 章）について解説する．そして，コンピュータビジョンの代表的な技術である，運動復元（第 3 章），物体追跡（第 4 章），画像レジストレーション（第 5 章）について解説する．

さらに，ある光景 (scene, 以後シーンと呼ぶ) を映した 2 次元の画像データから元のシーンの 3 次元的な幾何学的構造を定量的に再構成する問題は，一般的に**不良設定問題** (ill-posed problem) となるために，使用するカメラに関するさまざまなパラメータや，対象とするシーンに関する幾何学的な拘束を導入して，そのような問題を解く手法が開発されている．これらに関して，本書では，カメラモデル（第 6 章），エピポーラ幾何（第 7 章），カメラキャリブレーション（第 8 章）の順で解説している．さらに，これらの内容を踏まえ，最終的に，1 台または複数台のカメラを用いた 3 次元再構成法（第 9 章）について解説する．

第 4 章で解説する画像に関するさまざまな特徴量を用いて，物体を分類・識別することで物体認識が可能となる．それら物体認識の基本となる分類・識別手法（機械学習法）については，第 10 章以降で解説している．本書の各章の関係を図示すると **図 0.1** のようになる．

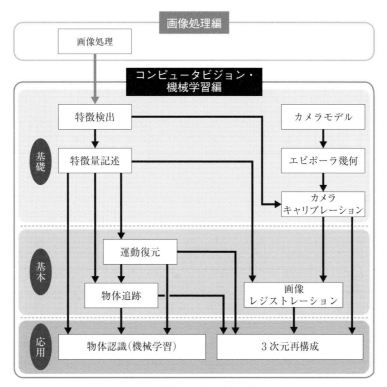

図 0.1 本書における章間の関係

参 考 文 献

[1] 松山隆司, 久野義徳, 井宮淳 (編)：コンピュータビジョン――技術評論と将来展望, 新技術コミュニケーションズ, 1998.
[2] D. Marr (著), 乾敏郎, 安藤広志 (訳)：ビジョン――視覚の計算理論と脳内表現, 産業図書, 1987.

Chapter 1 特徴検出

図 1.1 の (A)〜(F) は，(G) の一部分を切り出したものであるが，それぞれの部分がどこにあるか，探してみてほしい．(A),(B) は全体的に均一な画像で，(G) 内での位置を特定することは難しい．(C),(D) には建物の**端**（**エッジ**，edge）が含まれているため，(G) 内での位置を大まかには特定できるが，一意には決定できない．これは**窓枠問題** (aperture problem) と呼ばれている．(E),(F) には**角**（**コーナー**，corner）が含まれているため，(G) 内での位置を一意に特定できる．つまり，コーナーは画像のよい特徴であるといえる．

均一な領域は，どの方向に動かしても見た目に変化が少なく，探索や追跡が困難である．エッジを含む領域は，エッジに沿った方向では変化は少ないが，エッジに直交する方向で大きな変化が発生する．コーナーを含む領域は，いずれの方向に対しても大きな変化が現れる．

このような部位を**特徴** (feature) と呼び，画像内から画像特徴を探索する処理を**特徴検出** (feature detection) と呼ぶ．画像からの特徴検出はさまざまな場面で用いられている．主なものとしては，

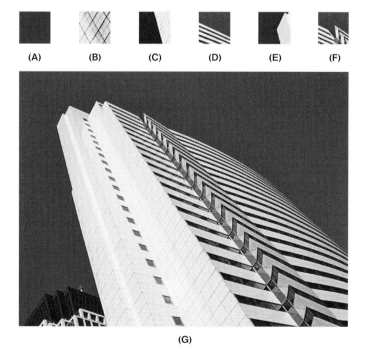

図 1.1　画像の特徴

- 動画像における物体追跡
- ステレオ画像間の対応点探索
- 複数画像からの 3 次元形状復元 (structure from motion)
- SLAM (simultaneous localization and mapping)
- 高速な類似画像検索

などが挙げられる．

エッジやコーナー以外にも，輪郭，直線，円，ブロブ (blob) などが特徴としてよく利用される．特徴検出により画像解析に重要な情報が抽出されることで処理対象のデータが大幅に削減され，高速な処理が可能となる．本章では，画像における特徴の詳細と利用方法について解説する．

1.1 エッジ・コーナー検出

1.1.1 Moravec の手法

画像上の各点において，近傍画素との差の絶対値の総和[*1]を求め，その平均値の大小から特徴を検出するのが，**Moravec の手法**である．注目画素の 8 つの近傍の画素を対象とした場合の評価関数は，

$$E(x,y) = \frac{1}{8} \sum_{u=-1}^{1} \sum_{v=-1}^{1} |I(x+u, y+v) - I(x,y)| \tag{1.1}$$

となる．ここで，$I(x,y)$ は (x,y) 座標における画素値である．また (u,v) はそれぞれ画像上での x, y 方向の近傍である．完全に一様な画像であれば $E(x,y) = 0$ となり，エッジやコーナーなど特徴のある画像領域であれば $E(x,y)$ の値は大きくなる．

そこで，$E(x,y)$ が極大となる点や，適当な閾値(threshold) を T としたときに

$$E(x,y) > T \tag{1.2}$$

を満たす点を特徴点とする．

1.1.2 Kanade-Lucas-Tomasi の手法

数学的に扱いやすくするために，式 (1.1) の右辺を，差の 2 乗の和[*2]に置き換えるのが，**Kanade-Lucas-Tomasi(KLT) の手法**である．この手法は**最小固有値法**とも呼ばれる．また，u, v の範囲も一

[*1] 差分絶対和ともいう．詳細は 4.1 節参照．
[*2] 差分 2 乗和ともいう．詳細は 4.1 節参照．

般性を持たせた形に置き換えることにする．

$$E(x,y) = \sum_{u,v} G(u,v) \{I(x+u, y+v) - I(x,y)\}^2 \tag{1.3}$$

この関数は一般に**自己相関関数** (autocorrelation function) と呼ばれる．また $G(u,v)$ は **Gaussian オペレータ**であり，これは正規分布に従う加重平均オペレータである．一般式は，

$$G(x,y) = \frac{1}{2\pi\sigma^2} e^{\left(-\frac{x^2+y^2}{\sigma^2}\right)} = \frac{1}{2\pi\sigma^2} \exp\left(-\frac{x^2+y^2}{\sigma^2}\right) \tag{1.4}$$

で表され，図 **1.2** のような形状をしている．画像処理においては，これを離散化して図 **1.3** のようなマトリックスで用いる．

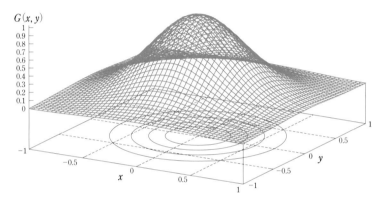

図 **1.2** 式 (1.4) の形状の一例 ($\sigma^2 = 1/2\pi$)

$\frac{1}{16}$	$\frac{2}{16}$	$\frac{1}{16}$
$\frac{2}{16}$	$\frac{4}{16}$	$\frac{2}{16}$
$\frac{1}{16}$	$\frac{2}{16}$	$\frac{1}{16}$

図 **1.3** 3×3 Gaussian オペレータの一例

画像内の特徴点探索は，$E(x,y)$ が極大となる (x,y) を求める問題といえる．そこで u,v が小さいと仮定して，式 (1.3) の右辺をテイラー展開により 1 次近似して整理すると，

$$\begin{aligned}
E(x,y) &\approx \sum_{u,v} G(u,v) \{I(x,y) + uI_x + vI_y - I(x,y)\}^2 \\
&= \sum_{u,v} G(u,v) (uI_x + vI_y)^2 \\
&= \sum_{u,v} G(u,v) \left(u^2 I_x{}^2 + 2uv I_x I_y + v^2 I_y{}^2\right)
\end{aligned}$$

$$= \sum_{u,v} G(u,v)u^2 {I_x}^2 + \sum_{u,v} G(u,v) 2uvI_xI_y + \sum_{u,v} G(u,v)v^2 {I_y}^2$$

$$= \begin{pmatrix} u & v \end{pmatrix} \begin{pmatrix} \sum_{u,v} G(u,v){I_x}^2 & \sum_{u,v} G(u,v)I_xI_y \\ \sum_{u,v} G(u,v)I_xI_y & \sum_{u,v} G(u,v){I_y}^2 \end{pmatrix} \begin{pmatrix} u \\ v \end{pmatrix} \tag{1.5}$$

となる．ここで，I_x, I_y はそれぞれ x, y 方向の偏微分値であり，画像では**輝度勾配** (image gradient) を表す．画像処理において輝度勾配を求める代表的な手法としては，**Prewitt オペレータ**や **Sobel オペレータ**などがある（**図 1.4**）．

−1	0	1
−1	0	1
−1	0	1

−1	−1	−1
0	0	0
1	1	1

(a) Prewitt オペレータ
（横方向, 縦方向）

−1	0	1
−2	0	2
−1	0	1

−1	−2	−1
0	0	0
1	2	1

(b) Sobel オペレータ
（横方向, 縦方向）

図 1.4 輝度勾配を求める代表的なオペレータ

ここで，

$$\mathbf{M} = \begin{pmatrix} \sum_{u,v} G(u,v){I_x}^2 & \sum_{u,v} G(u,v)I_xI_y \\ \sum_{u,v} G(u,v)I_xI_y & \sum_{u,v} G(u,v){I_y}^2 \end{pmatrix} \tag{1.6}$$

と定義する．この行列は**構造テンソル** (structure tensor) と呼ばれる．$\mathbf{M}$ は $\mathbf{M} = \mathbf{M}^\top$ を満たす**対称行列** (symmetric matrix) なので，**特異値分解** (singular value decomposition, SVD) により**対角化** (diagonalization) が可能である [*3]．

また対角要素は固有値に等しく，**固有値** (eigenvalue) の**固有ベクトル** (eigenvector) が直交する性質も持つ．$\mathbf{M}$ の固有値 λ_1, λ_2 （$\lambda_1 > \lambda_2$ とする）は，**特性方程式** (characteristic equation)

$$\det(\mathbf{M} - \lambda I) = 0 \tag{1.7}$$

を解くことで求めることができる．ここで式 (1.7) の det は**行列式** (determinant) である．$\mathbf{M}$ の各要素を

$$e_1 = \sum_{u,v} G(u,v){I_x}^2 \tag{1.8}$$

$$e_2 = \sum_{u,v} G(u,v)I_xI_y \tag{1.9}$$

[*3] これは主成分分析による回転と同じ処理である．

$$e_3 = \sum_{u,v} G(u,v) I_y{}^2 \tag{1.10}$$

とすると，

$$\lambda_1 = \frac{1}{2}\left(e_1 + e_3 + \sqrt{(e_1 - e_3)^2 + 4e_2{}^2}\right) \tag{1.11}$$

$$\lambda_2 = \frac{1}{2}\left(e_1 + e_3 - \sqrt{(e_1 - e_3)^2 + 4e_2{}^2}\right) \tag{1.12}$$

である．

ここで，極端な画像を例に $\mathbf{M}$ とその固有値の変化を考えよう．例えば，まったく特徴のない均一な画像（図 1.5(a)）の場合には，$\mathbf{M} = \mathbf{0}$ で，$\lambda_1 = \lambda_2 = 0$ となる．一直線のエッジを 1 つだけ持つ完全な白黒画像（図 1.5(b)）の場合には，$\lambda_1 > 0, \lambda_2 = 0$ となり，固有ベクトルはエッジに直交する．白い背景に黒の四角いコーナーを持つ画像（図 1.5(c)）の場合には，$\lambda_1 \geq \lambda_2 > 0$ となり，λ_1 がコントラストの強い方向を表す．

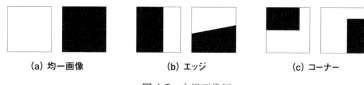

(a) 均一画像　　(b) エッジ　　(c) コーナー

図 1.5　白黒画像例

このように，$\mathbf{M}$ の固有ベクトルがエッジの方向を，固有値がエッジの強さを表しており，これらの値から画像特徴の判別が可能となる．そこで，T を適当な閾値として，

$$\min(\lambda_1, \lambda_2) > T \tag{1.13}$$

を特徴点とする．

本手法では 1 次微分のみで特徴点が求まる点に留意してほしい．この詳細については文献[1] を参照されたい．

1.1.3　Harris の手法

固有値計算は計算コストが高く，リアルタイム処理には不利なため，できれば避けたい．そこで **Harris の手法**では，T を適当な閾値とするとき，

$$R = \det(\mathbf{M}) - k(\mathrm{tr}(\mathbf{M}))^2 > T \tag{1.14}$$

で判別する．式 (1.14) の tr は**対角和**（トレース，trace）であり，それぞれ

$$\det(\mathbf{M}) = \prod_i \lambda_i = \lambda_1 \lambda_2 = e_1 e_3 - e_2{}^2 \tag{1.15}$$

$$\operatorname{tr}(\mathbf{M}) = \sum_i \lambda_i = \lambda_1 + \lambda_2 = e_1 + e_3 \tag{1.16}$$

である．k は定数で，状況に応じて適宜調整されるパラメータである[*4]．

1.1.4 OpenCV での関数仕様

```
void cv::goodFeaturesToTrack(
        InputArray image,
        OutputArray corners,
        int maxCorners,
        double qualityLevel,
        double minDistance
)
```

【概要】

　この関数では，内部で関数 cv::cornerMinEigenVal または関数 cv::cornerHarris を用いて，入力画像の全ピクセルにおけるコーナーの強度を求める．次に，non-maximam suppression を行う（3×3 の近傍領域における極大値のみ残す）．さらに，qualityLevel から算出した閾値より小さい最小固有値を持つコーナーを破棄し，残ったコーナーを強度順に保持する．最後に，距離 minDistance の範囲で最も強いコーナーのみ残す処理を行う．

【引数】

- image：8 ビットまたは浮動小数点型，シングルチャンネルの入力画像．
- corners：検出されたコーナーが出力されるベクトル．
- maxCorners：出力されるコーナーの最大数．これより多い数のコーナーが検出された場合，より強いコーナーが出力される．
- qualityLevel：許容されるコーナーの最低品質．
- minDistance：出力されるコーナー間で許容される最小ユークリッド距離．

これら以外にもオプションのパラメータがあるが，ここでは省略する．

[*4] $k = 0.01 \sim 0.08$ 程度に設定されることが多い．

1.1.5 プログラム例

●プログラムリスト 1.1　コーナー検出 (C++)

```cpp
#define _CRT_SECURE_NO_WARNINGS
#include <iostream>
#include <string>
#include <opencv2/opencv.hpp>
std::string win_src = "src";
std::string win_dst = "dst";

int main()
{
  cv::Mat img_src = cv::imread("./01-06.jpg", 1);
  cv::Mat img_gray, img_dst;

  if (!img_src.data) {
    std::cout << "error" << std::endl;
    return -1;
  }

  cv::cvtColor(img_src, img_gray, cv::COLOR_BGR2GRAY);
  img_src.copyTo(img_dst);

  std::vector<cv::Point2f> corners;
  cv::goodFeaturesToTrack(img_gray, corners, 1000, 0.1, 5);
  for (int i = 0; i < corners.size(); i++) {
    cv::circle(img_dst, cv::Point(corners[i].x, corners[i].y), 3, cv::Scalar(0, 0, 255), 2);
  }

  // ウインドウ生成
  cv::namedWindow(win_src, cv::WINDOW_AUTOSIZE);
  cv::namedWindow(win_dst, cv::WINDOW_AUTOSIZE);

  // 表示
  cv::imshow(win_src, img_src);
  cv::imshow(win_dst, img_dst);

  cv::waitKey(0);

  return 0;
}
```

● プログラムリスト 1.2　コーナー検出 (Python)

```python
1  import cv2
2
3  img_src = cv2.imread('01-06.jpg', 1)
4  img_gray = cv2.cvtColor(img_src, cv2.COLOR_BGR2GRAY)
5  img_dst = img_src.copy()
6
7  corners = cv2.goodFeaturesToTrack(img_gray, 1000, 0.1, 5)
8
9  for i in corners:
10     x,y = i.ravel()
11     cv2.circle(img_dst, (x,y), 3, (0, 0, 255), 2)
12
13 cv2.imshow('src', img_src)
14 cv2.imshow('dst', img_dst)
15
16 cv2.waitKey(0)
17 cv2.destroyAllWindows()
```

● 処理結果

(a) src　　　　　　　　　　(b) dst

図 **1.6**　コーナー検出

練習問題

❶ 以下のそれぞれの2値画像に対して，Moravecの手法での $E(x,y)$ を求めよ．ここで，$-1 \leq u \leq 1$, $-1 \leq v \leq 1, w(x,y) = 1$ とする．

❷ ❶を他の手法でも試してみよ.
❸ 3×3 の2値画像で,$E(x,y)$ が最大となる画像はどのようなものか考えよ.

1.2 輪郭線検出

1.2.1 古典的な手法

　古典的な手法でよく知られたものとしては,Sobel, Laplacian などの輪郭線検出手法がある.詳細は文献[2]を参照されたい.

1.2.2 ゼロ交差法

　図 **1.7** の上部の2つの画像について考えよう.左の図は,「左半分が黒,右半分が白」という白黒がはっきりした画像,右の図は,黒から白へと画素値がなだらかに変化するグラデーション画像である.
　画像上の一点鎖線部分における画素値の変化を模式的に表すと x–I のグラフになる.これを1次微分,2次微分したものがそれぞれ x–I_x, x–I_{xx} のグラフである.さて,エッジでは画素値の変化が大きいので,1次微分値の大きい点,つまり適当な閾値を超えた点を検出すればよさそうに思える.確

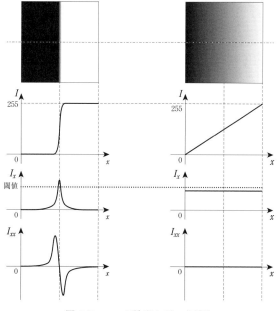

図 **1.7**　エッジ検出とゼロ交差法

かに左の画像のように，急峻なエッジであれば問題なく検出できるだろう．しかし，この手法を右のグラデーション画像に適用した場合を見てみよう．グラデーション画像では1次微分値I_xが一定値となり，閾値のとり方によってはすべての点で閾値を超えてしまう．そのため多数のエッジが検出されたことになり，意図しない結果となる．

一般的にエッジ検出には2次微分値I_{xx}が用いられる．I_{xx}がx軸と交差する点（正から負，または負から正に変化する点）をエッジとする輪郭検出法を**ゼロ交差法**(zero crossing method)と呼ぶ．グラデーション画像では2次微分値は常に0となるため，エッジが検出されることはない．

1.2.3 動的輪郭検出法

エネルギー関数により表現された変形可能な閉じた輪郭モデルを用いて，繰り返し演算により輪郭を検出するのが，**動的輪郭検出法**である[3]．計算過程で輪郭が蛇のような動きをすることから**スネーク** (snakes) とも呼ばれている（**図 1.8**）．エネルギー関数Eは，

- 内部エネルギー項E_i：輪郭の連続性（1次微分値）や滑らかさ（2次微分値）をもとに定義される値
- 外部エネルギー項E_e：画像のエッジをもとに定義される値

の2項から構成される．$v(s)$を媒介変数s $(0 \leq s \leq 1)$で表記された制御点を持つ閉曲線（**スネーク曲線**）とすると，エネルギー関数は

$$E = w_i \int E_i(v(s))ds + w_e \int E_e(v(s))ds \tag{1.17}$$

と定式化できる．ここで，w_i, w_eは各エネルギー項の強度調整のためのパラメータである．Eが最小化するように最急降下法などを用いて制御点を動かして輪郭を求める．適切な輪郭を検出するには各エネルギー項の重みの調整が重要であり，これらの値を決定するには追跡対象となる物体の形状や背景画像の特徴をある程度知っておく必要がある．

OpenCV1系には動的輪郭検出のための関数`cvSnakeImage`が実装されていたが，近年のOpenCV (2, 3系) にはこれに相当する関数は用意されていない．

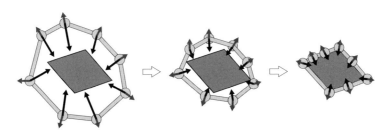

図 1.8 動的輪郭検出法での逐次処理による輪郭変化の様子

1.2.4 Canny エッジ検出

Canny エッジ検出[4] は，

- 低い誤検出：エッジ部分にのみ結果が現れる
- 近いエッジ：元画像のエッジ部分の近傍に結果が現れる
- 最小限のエッジ：各エッジ部分に 1 つだけ結果が現れる

という有用な特徴を持つ手法である．アルゴリズムは大まかに以下の手順から構成される．

1. Gaussian など適当な手法でノイズを除去する．
2. 画像の輝度勾配から勾配の強度 $G(x,y)$ と方向 $\theta(x,y)$ を算出する．

$$G(x,y) = \sqrt{G_x{}^2 + G_y{}^2} \tag{1.18}$$

$$\theta(x,y) = \tan^{-1}\left(\frac{G_y}{G_x}\right) \tag{1.19}$$

ここで，G_x, G_y はそれぞれ x, y 方向の輝度勾配である．

3. 輝度勾配の方向に走査し，最大輝度の点のみを残して，エッジを細線化する．
4. ヒステリシス閾値処理によりエッジを集約する．具体的には t_H, t_L を閾値とすると，
   (a) $G(x,y) > t_H$ の場合，エッジとする．
   (b) $G(x,y) > t_L$ の場合，除去する．
   (c) $t_L < G(x,y) < t_H$ の場合，隣接ピクセルがエッジであれば (x,y) もエッジとする．

1.2.5 OpenCV での関数仕様

```
void cv::Canny(
      InputArray image,
      OutputArray edges,
      double threshold1,
      double threshold2
)
```

【概要】

Canny アルゴリズムを用いて入力画像 image 内のエッジを検出し，edges に出力する．threshold1 と threshold2 のうち，小さいほうの値がエッジの接続に用いられ，大きいほうの値が初期セグメントの検出に用いられる．

【引数】

- `image`：入力画像．8ビット，シングルチャンネル．
- `edges`：出力されるエッジ画像．`image`と同じサイズ，同じ型になる．
- `threshold1`：ヒステリシス処理の1番目の閾値．
- `threshold2`：ヒステリシス処理の2番目の閾値．

これら以外にもオプションのパラメータがあるが，ここでは省略する．

1.2.6 プログラム例

●プログラムリスト 1.3　Canny エッジ検出 (C++)

```cpp
#define _CRT_SECURE_NO_WARNINGS
#include <iostream>
#include <string>
#include <opencv2/opencv.hpp>
std::string win_src = "src";
std::string win_dst = "dst";

int main()
{
  cv::Mat img_src = cv::imread("./01-09.jpg", 1);
  cv::Mat img_gray, img_dst;

  if (!img_src.data) {
    std::cout << "error" << std::endl;
    return -1;
  }

  cv::cvtColor(img_src, img_gray, cv::COLOR_BGR2GRAY);

  // Canny
  cv::Canny(img_gray, img_dst, 350, 1000);

  // ウインドウ生成
  cv::namedWindow(win_src, cv::WINDOW_AUTOSIZE);
  cv::namedWindow(win_dst, cv::WINDOW_AUTOSIZE);

  // 表示
  cv::imshow(win_src, img_src);
  cv::imshow(win_dst, img_dst);
```

```
30
31    cv::waitKey(0);
32
33    return 0;
34 }
```

● プログラムリスト 1.4　Canny エッジ検出 (Python)

```
 1  import cv2
 2
 3  img_src = cv2.imread('01-09.jpg', 1)
 4  img_gray = cv2.cvtColor(img_src, cv2.COLOR_BGR2GRAY)
 5  img_dst = cv2.Canny(img_gray, 350, 1000)
 6
 7  cv2.imshow('src', img_src)
 8  cv2.imshow('dst', img_dst)
 9  cv2.waitKey(0)
10  cv2.destroyAllWindows()
```

● 処理結果

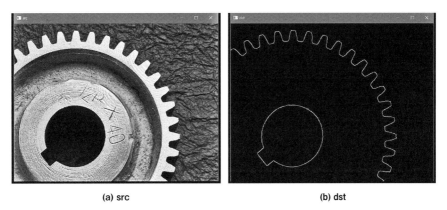

(a) src　　　　　　　　　　　　　(b) dst

図 1.9　Canny エッジ検出

練習問題

❹ ゼロ交差法による輪郭線検出プログラムを作成せよ．

❺ 関数 cv::Canny の threshold1, threshold2 をさまざまに変化させ，得られるエッジ画像の違いを確認せよ．

❻ 入力画像内の対象物体の輪郭のみを抽出する方法を考えよ．

1.3 直線・円検出

1.3.1 Hough 変換

直線の傾きが m, y 軸との交点が c のとき，直線の方程式は

$$y = mx + c \tag{1.20}$$

である（図 1.10）．ここで，ρ は原点と直線までの距離，θ は原点から直線に下ろした垂線と x 軸とのなす角であり，反時計回り方向を正方向とすると，

$$m = -\frac{\frac{\rho}{\sin\theta}}{\frac{\rho}{\cos\theta}} = -\frac{\cos\theta}{\sin\theta} \tag{1.21}$$

$$c = \frac{\rho}{\sin\theta} \tag{1.22}$$

となる．これらを式 (1.20) に代入して整理すると，

$$y = -\frac{\cos\theta}{\sin\theta}x + \frac{\rho}{\sin\theta} \tag{1.23}$$

$$\rho = x\cos\theta + y\sin\theta \tag{1.24}$$

となる．この表記は直線の**媒介変数表示** (parametric representation) や**パラメトリック方程式** (parametric equation) と呼ばれる．

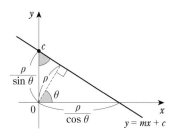

図 **1.10** ρ, θ の定義

Hough 変換 (Hough transform) による直線検出では，まずすべての線分を ρ, θ の 2 つのパラメータで表現する．これらの値を保持するために ρ を行，θ を列とした n 行 m 列の集計表（行列）を用意する．全要素の初期値は 0 に設定する．行数，列数は要求する精度に依存する．角度分解能として 1 度刻みの精度が必要な場合は 180 列が必要となる．ρ は取りうる最大距離であり，距離分解能として 1 ピクセルの精度が必要であれば，画像の対角距離分の行が必要である．例として，中央付近に水平な線分を持つ 100 ピクセル × 100 ピクセルの画像を考えよう．直線のパラメトリック方程式に線分の

最初の点 (x, y) を代入し，$\theta = 0, 1, 2, \ldots, 180$ と変化させながら ρ の値を計算する．得られた (ρ, θ) の集計表の要素の値を $+1$ する．この処理を**投票** (voting) と呼ぶ（**図 1.11**）．同様の作業を線分上のすべての点で行うが，同一の線分上であれば集計表の特定の要素に投票される．最後に集計表から得票数の多い要素を探索することで直線の方程式が求まる．

円を検出する場合も上記の直線の手法と同様である．(x_c, y_c) は円の中心座標，r は円の半径とすると円の方程式は，

$$(x - x_c)^2 + (y - y_c)^2 = r^2 \tag{1.25}$$

で表されるが，これら 3 つのパラメータに対して，$n \times m \times l$ の集計表を使って前述のように投票して，3 つのパラメータを決定する．

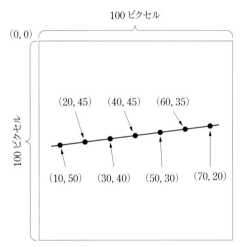

図 1.11 投票

1.3.2 OpenCV での関数仕様

```
void cv::HoughLines(
    InputArray image,
    OutputArray lines,
    double rho,
    double theta,
    int threshold
)
```

【概要】
2 値画像内の直線を検出する Hough 変換の実装である．

【引数】
- image：8ビット，シングルチャンネルの2値入力画像．
- lines：検出された直線が出力されるベクトル．各直線は2つの要素のベクトル (ρ, θ) で表現される．ρ は原点からの距離，θ はラジアン単位で表される直線の回転角度で，0で垂直線，$\pi/2$ で水平線を表す．
- rho：ピクセル単位で表される距離分解能．
- theta：ラジアン単位で表される角度分解能．
- threshold：投票の閾値パラメータ．

これら以外にもオプションのパラメータがあるが，ここでは省略する．

```
void cv::HoughCircles (
        InputArray image,
        OutputArray circles,
        int method,
        double dp,
        double minDist
)
```

【概要】
　Hough 変換を用いてグレースケール画像から円を検出する．通常，この関数は円の中心をうまく検出するが，円の半径の検出には失敗することもある点に注意されたい．事前に円の半径の範囲が分かっている場合は出力結果から適当な範囲の値のみ用いるか，引数で minRadius と maxRadius を指定するとよい．

【引数】
- image：8ビット，シングルチャンネル，グレースケールの入力画像．
- circles：検出された円を出力するベクトル．3要素の浮動小数点型ベクトルで，円の中心座標と半径を保持する．
- method：検出法を指定する．現時点では HOUGH_GRADIENT のみ使用可能．
- dp：画像分解能に対する投票分解能の比率の逆数．例えば dp=1 では投票空間は入力画像と同じ分解能を持ち，dp=2 では投票空間の幅と高さは半分になる．
- minDist：検出される円の中心間の最小距離．この値が小さすぎると，正しい円の周辺に別の円が複数誤って検出され，逆に大きすぎると，検出できない円が出てくる可能性がある．

これら以外にもオプションのパラメータがあるが，ここでは省略する．

1.3.3 プログラム例

●プログラムリスト 1.5　Hough 変換による直線検出 (C++)

```cpp
#define _CRT_SECURE_NO_WARNINGS
#include <iostream>
#include <string>
#include <opencv2/opencv.hpp>
std::string win_src = "src";
std::string win_edge = "edge";
std::string win_dst = "dst";

int main()
{
  cv::Mat img_src = cv::imread("./01-12.jpg", 1);
  cv::Mat img_gray, img_edge, img_dst;

  if (!img_src.data) {
    std::cout << "error" << std::endl;
    return -1;
  }
  img_src.copyTo(img_dst);
  cv::cvtColor(img_src, img_gray, cv::COLOR_BGR2GRAY);

  // Canny
  cv::Canny(img_gray, img_edge, 200, 200);

  std::vector<cv::Vec2f> lines;
  cv::HoughLines(img_edge, lines, 1, CV_PI / 180, 120);

  for (int i = 0; i < lines.size(); i++) {
    double rho = lines[i][0], theta = lines[i][1];
    double a = cos(theta), b = sin(theta);
    double x0 = a*rho, y0 = b*rho;
    cv::line(img_dst,
      cv::Point(x0 - img_dst.cols*b, y0 + img_dst.cols*a),
      cv::Point(x0 + img_dst.cols*b, y0 - img_dst.cols*a),
      cv::Scalar(0, 0, 255), 2, cv::LINE_AA);
  }

  // ウインドウ生成
  cv::namedWindow(win_src, cv::WINDOW_AUTOSIZE);
  cv::namedWindow(win_dst, cv::WINDOW_AUTOSIZE);
```

```
41    // 表示
42    cv::imshow(win_src, img_src);
43    cv::imshow(win_edge, img_edge);
44    cv::imshow(win_dst, img_dst);
45
46    cv::waitKey(0);
47
48    return 0;
49 }
```

●プログラムリスト 1.6　Hough 変換による直線検出 (Python)

```python
 1 import cv2
 2 import numpy as np
 3
 4 img_src = cv2.imread('01-12.jpg', 1)
 5 img_dst = img_src.copy()
 6 img_gray = cv2.cvtColor(img_src, cv2.COLOR_BGR2GRAY)
 7
 8 img_edge = cv2.Canny(img_gray, 200, 200)
 9
10 lines = cv2.HoughLines(img_edge, 1, np.pi/180, 120)
11
12 rows, cols = img_dst.shape[:2]
13
14 for rho, theta in lines[:,0]:
15     a = np.cos(theta)
16     b = np.sin(theta)
17     x0 = a*rho
18     y0 = b*rho
19     cv2.line(img_dst,
20       (int(x0 - cols*(b)), int(y0 + cols*(a))),
21       (int(x0 + cols*(b)), int(y0 - cols*(a))),
22       (0, 0, 255), 2)
23
24 cv2.imshow('src', img_src)
25 cv2.imshow('edge', img_edge)
26 cv2.imshow('dst', img_dst)
27 cv2.waitKey(0)
28 cv2.destroyAllWindows()
```

●処理結果

(a) src

(b) edge　　　　　　　　　　　　　　　(c) dst

図 1.12　Hough 変換による直線検出

●プログラムリスト 1.7　Hough 変換による円検出 (C++)

```
1  #define _CRT_SECURE_NO_WARNINGS
2  #include <iostream>
3  #include <string>
4  #include <opencv2/opencv.hpp>
5  std::string win_src = "src";
6  std::string win_edge = "edge";
7  std::string win_dst = "dst";
8
9  int main()
10 {
11    cv::Mat img_src = cv::imread("./01-13.jpg", 1);
12    cv::Mat img_gray, img_edge, img_dst;
13
14    if (!img_src.data) {
15      std::cout << "error" << std::endl;
```

```
16      return -1;
17    }
18
19    img_src.copyTo(img_dst);
20
21    cv::cvtColor(img_src, img_gray, cv::COLOR_BGR2GRAY);
22
23    // Canny
24    cv::Canny(img_gray, img_edge, 80, 120);
25
26    std::vector<cv::Vec3f> circles;
27    cv::HoughCircles(img_edge, circles, cv::HOUGH_GRADIENT, 50, 100);
28
29    for (int i = 0; i < circles.size(); i++) {
30      cv::Point center((int)circles[i][0], (int)circles[i][1]);
31      int radius = (int)circles[i][2];
32      cv::circle(img_dst, center, radius, cv::Scalar(0, 0, 255), 3);
33    }
34
35    // ウインドウ生成
36    cv::namedWindow(win_src, cv::WINDOW_AUTOSIZE);
37    cv::namedWindow(win_dst, cv::WINDOW_AUTOSIZE);
38
39    // 表示
40    cv::imshow(win_src, img_src);
41    cv::imshow(win_edge, img_edge);
42    cv::imshow(win_dst, img_dst);
43
44    cv::waitKey(0);
45
46    return 0;
47 }
```

● プログラムリスト 1.8　Hough 変換による円検出 (Python)

```
1 import cv2
2 import numpy as np
3
4 img_src = cv2.imread('01-13.jpg', 1)
5 img_dst = img_src.copy()
6 img_gray = cv2.cvtColor(img_src, cv2.COLOR_BGR2GRAY)
7
8 img_edge = cv2.Canny(img_gray, 80, 120)
```

```
 9
10 circles = cv2.HoughCircles(img_edge, cv2.HOUGH_GRADIENT, 50, 100)
11
12 for x, y, r in circles[0,:]:
13   cv2.circle(img_dst, (x, y), r, (0, 0, 255), 3)
14
15 cv2.imshow('src', img_src)
16 cv2.imshow('edge', img_edge)
17 cv2.imshow('dst', img_dst)
18 cv2.waitKey(0)
19 cv2.destroyAllWindows()
```

● 処理結果

(a) src

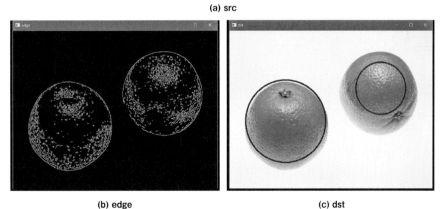

(b) edge　　　　　　　　　　　　(c) dst

図 1.13　Hough 変換による円検出

練習問題

❼ 集計表を完成させ，最大得票の要素を求めよ．

❽ 得られた (ρ, θ) が元の直線の方程式を表していることを確認せよ．

❾ 以下の2値画像に対して，集計表を完成させて円を検出せよ．

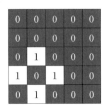

参考文献

[1] 金澤靖，金谷健一：コンピュータビジョンのための画像の特徴点の抽出，電子情報通信学会誌，Vol. 87, No. 12, pp. 1043–1048, 2004.

[2] 小枝正直，上田悦子，中村恭之：OpenCV による画像処理入門 改訂第 2 版，講談社，2017.

[3] M. Kass, A. Witkin, and D. Terzopoulos: Snakes: Active contour models, *INTERNATIONAL JOURNAL OF COMPUTER VISION*, Vol. 1, No. 4, pp. 321–331, 1988.

[4] J. Canny: A computational approach to edge detection, *IEEE Transactions on Pattern Analysis and Machine Intelligence*, Vol. 8, Issue 6, pp. 679–698, 1986.

Chapter 2

特徴量記述

第 1 章で説明したとおり，**特徴点検出** (feature detector, keypoint detector) は安定かつ持続的な追跡に有用な強い特徴を持つ点や領域を見つける方法で，得られるものは**座標値**である．多くの人物が写った撮影時刻の異なる 2 枚の写真を例に，人物の顔を 1 つの特徴点として考えてみよう．

特徴点検出処理では，各人物の顔の位置が検出されるだけで，「どの顔が誰なのか」という個人を特定する情報は得られない．そのため，2 枚の画像の間で同一人物の対応付けはできない（図 2.1(a)）．

一方，**（局所）特徴（量）記述** ((local) feature description, **ディスクリプタ**)[*1] では，各特徴点の周辺情報も用いて，特徴量が求められる．これは各特徴点に名前を付ける作業と考えてよい．顔でいえば，例えば

- 輪郭
- 顔色
- 目の大きさ
- 目・口・鼻・眉の位置関係

などの情報から，その顔の特徴量のセット（**特徴ベクトル** (feature vector)）が算出できる．別の写真でも同様に，各顔の特徴ベクトルを計算して，その値が同一もしくは類似していれば，同一人物と判断でき，2 つの画像間で人物の対応付けが可能となる（図 2.1(b)）．

特徴ベクトルを求める手法やアルゴリズムのことを，**特徴量記述子** (feature descriptor)[*2] と呼ぶ．連続した写真や動画の撮影では，

(a) 特徴点抽出 　　　　　　　　　　　　 (b) 特徴量記述

図 2.1　特徴点抽出と特徴量記述の違い

[*1] 現状，日本語の名称が定まっておらず，文献によって呼び名が異なるので注意されたい．
[*2] feature descriptor は特徴量記述と特徴量記述子のどちらの意味にも使われるので注意されたい．

- カメラの位置，姿勢
- ズームイン（拡大），ズームアウト（縮小）
- 焦点位置（ピント）によるボケ方
- 撮像対象の位置，姿勢
- 明度や色調

などが変化する．画像間に大きな変化が出た場合でも安定して特徴量が求まり，また求まった特徴量には変化が現れないような特徴量記述子が理想的である．画像の変化に対して特徴量が変化しないことを**不変性** (invariant) と呼ぶ．

- **明度不変性** (illumination invariant) ：画像や撮像対象の明度変化に対する不変性
- **スケール不変性** (scale invariant) ：画像や撮像対象のスケール変化に対する不変性
- **回転不変性** (rotetion invariant) ：画像や撮像対象の回転に対する不変性
- **アフィン不変性** (affine invariant) ：画像や撮像対象のアフィン変換に対する不変性
- **射影不変性** (perspective invariant) ：画像や撮像対象の射影変換に対する不変性

など，不変性の種類を限定して示すこともある．

これまでにさまざまな記述子が提案されており，それぞれ一長一短を持っている．本章ではよく使用される記述子を紹介する．詳細は原著論文を参照されたい．

2.1　SIFT, SURF

2.1.1　概要

SIFT (scale-invariant feature transform) は，回転やスケール変化，明度変化に**頑健** (robust) な手法で，大まかな処理の流れは以下のとおりである[1]．

1. difference-of-Gaussian (DoG) 画像の極値から特徴点候補を求めて，エッジやコントラストをもとに頑健な特徴点を選出する．
2. 特徴点近傍での DoG 画像の勾配方向から勾配ヒストグラムを作成し，スケールとオリエンテーション（主方向）を決定する（スケール不変性）．
3. 特徴点の近傍領域をオリエンテーションに合わせて回転する（回転不変性）．
4. 回転後の画像から勾配ヒストグラムを作成し，総和をもとに正規化[*3] して特徴ベクトルとする（明度不変性）．

[*3] 値の変動をある一定の範囲に収めて扱いやすくする処理を**正規化** (normalization) という．

OpenCV1,2 系には SIFT アルゴリズムが標準で実装されていたが，特許などの問題から OpenCV3 系には標準では用意されていない．使用するには拡張モジュール (opencv_contrib) を別途インストールする必要がある．

SIFT は DoG 画像の生成や画像のリサイズなどの処理が必要なため，計算コストが高いという問題がある．そこで，これらの処理を近似計算で代替したり，別アルゴリズムで高速化したものが **SURF**(speeded up robust features) である[2]．ただし，SURF も SIFT と同様に特許の問題から OpenCV3 系には標準では用意されていない．使用するには opencv_contrib が必要である．

2.1.2 OpenCV での関数仕様

SIFT や SURF などによって特徴量を求めるためには，`cv::xfeatures2d` クラスを用いる．まず `cv::xfeatures2d` クラスのメンバ関数 `create` で初期化し，メンバ関数 `detectAndCompute` で特徴点と特徴量を求める．特徴点の対応を求めるためには，`cv::DescriptorMatcher` クラスを用いる．まず `cv::DescriptorMatcher` クラスのメンバ関数 `create` の引数で対応付けの計算方法 (`BruteForce`, `BruteForce-L1`, `BruteForce-Hamming`, `BruteForce-Hamming(2)`, `FlannBased`) を指定し，メンバ関数 `match` で対応付けの計算を行う．メンバ関数 `match` で計算された対応付けを関数 `cv::drawMatches` に渡すことで，2 つの画像間で対応する特徴点同士を結んだ線分が表示される．

```
void cv::drawMatches {
    InputArray    img1,
    const std::vector< KeyPoint > &  keypoints1,
    InputArray    img2,
    const std::vector< KeyPoint > &  keypoints2,
    const std::vector< std::vector< DMatch > > &  matches1to2,
    InputOutputArray    outImg
}
```

【概要】
2 つの画像から得られた特徴点同士の対応を出力画像上に描画する．

【引数】
- `img1`　　　　　：1 番目の入力画像．
- `keypoints1`　：1 番目の入力画像から得られた特徴点．
- `img2`　　　　　：2 番目の入力画像．
- `keypoints2`　：2 番目の入力画像から得られた特徴点．
- `matches1to2`：1 番目と 2 番目の画像間の対応で `keypoints1[i]` は `keypoints2[matches[i]]` に対応する．
- `outImg`　　　：出力画像

2.1.3 プログラム例

●プログラムリスト 2.1　SIFT, SURF による特徴量記述と特徴点の対応付け (C++)

```cpp
#define _CRT_SECURE_NO_WARNINGS
#include <iostream>
#include <vector>
#include <opencv2/opencv.hpp>
#include <opencv2/xfeatures2d.hpp>

int main()
{
    cv::Mat img_src1, img_src2, img_dst;
    std::vector<cv::KeyPoint> kpts1, kpts2;
    cv::Mat desc1, desc2;

    // 画像の読み込み
    img_src1 = cv::imread("02-02-a.jpg", 0);
    img_src2 = cv::imread("02-02-b.jpg", 0);

    // 特徴量記述の指定
    //SIFT
    cv::Ptr < cv::xfeatures2d::SIFT>detector =
      cv::xfeatures2d::SIFT::create();
    //SURF
    //cv::Ptr<cv::xfeatures2d::SURF>detector =
    // cv::xfeatures2d::SURF::create();

    // 特徴点の対応付け
    cv::Ptr<cv::DescriptorMatcher> matcher = cv::DescriptorMatcher::create("BruteForce");
    std::vector<cv::DMatch> matches;
    matcher->match(desc1, desc2, matches);

    // 特徴点の対応を表示
    cv::drawMatches(img_src1, kpts1, img_src2, kpts2, matches, img_dst);
    cv::imshow("dst", img_dst);
    cv::waitKey(0);

    return 0;
}
```

●プログラムリスト 2.2　SIFT, SURF による特徴量記述と特徴点の対応付け (Python)

```python
 1 import numpy as np
 2 import cv2
 3
 4 img_src1 = cv2.imread('02-02-a.jpg', 0)
 5 img_src2 = cv2.imread('02-02-b.jpg', 0)
 6
 7 detector = cv2.xfeatures2d.SIFT_create()
 8 #detector = cv2.xfeatures2d.SURF_create()
 9
10 kpts1, desc1 = detector.detectAndCompute(img_src1, None)
11 kpts2, desc2 = detector.detectAndCompute(img_src2, None)
12
13 matcher = cv2.BFMatcher()
14 matches = matcher.match(desc1, desc2)
15
16 h1, w1 = img_src1.shape
17 h2, w2 = img_src2.shape
18 img_dst = np.zeros((max(h1, h2), w1 + w2, 3), np.uint8)
19
20 cv2.drawMatches(img_src1, kpts1, img_src2, kpts2, matches, img_dst)
21 cv2.imshow('dst', img_dst)
22 cv2.waitKey(0)
23 cv2.destroyAllWindows()
```

●処理結果

(a) 入力画像 1

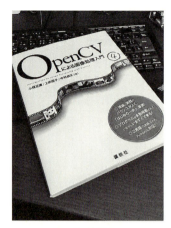
(b) 入力画像 2

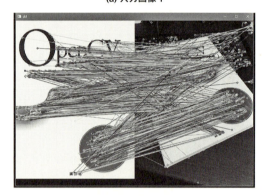
(c) 出力画像 (SIFT)

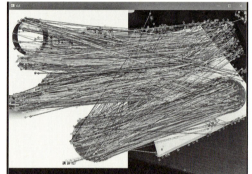
(d) 出力画像 (SURF)

図 2.2　SIFT, SURF による特徴点の対応付け例

2.2　KAZE, AKAZE

2.2.1　概要

　SIFT や SURF では DoG 画像をベースに特徴点を検出している．しかしこれらの手法ではノイズには頑健であるが，画像の平滑化が進むにつれて重要な特徴が消えてしまうという問題点がある．そこで **KAZE** では，AOS(additive operator splitting) と可変コンダクタンス拡散 (variable conductance diffusion, VCD) を採用し，重要な特徴を残したままノイズ除去し，スケール不変性を得ている[3]．また **AKAZE**(accelerated KAZE) では，FED(fast explicit diffusion) と呼ばれる数学的手法を用いて大幅な高速化を図っている．さらに，M-LDB(robust modified-local difference binary) という独

自の特徴量記述子を定義し，画像内の勾配情報を有効活用している[4]．OpenCV3 では KAZE, AKAZE クラスとして実装されている．

2.2.2 OpenCV での関数仕様

KAZE, AKAZE による特徴量を求めるためには，それぞれ cv::KAZE, cv::AKAZE クラスを用いる．まず cv::KAZE, cv::AKAZE クラスのメンバ関数 create で初期化し，メンバ関数 detectAndCompute で特徴点と特徴量を求める．

特徴点の対応を求めて表示するためには，前述と同様に cv::DescriptorMatcher クラスと関数 cv::drawMatches を用いる．

2.2.3 プログラム例

●プログラムリスト 2.3　KAZE, AKAZE による特徴量記述と特徴点の対応付け (C++)

```cpp
#define _CRT_SECURE_NO_WARNINGS
#include <iostream>
#include <vector>
#include <opencv2/opencv.hpp>

int main()
{
  cv::Mat img_src1, img_src2, img_dst;
  std::vector<cv::KeyPoint> kpts1, kpts2;
  cv::Mat desc1, desc2;

  // 画像の読み込み
  img_src1 = cv::imread("02-02-a.jpg", 0);
  img_src2 = cv::imread("02-02-b.jpg", 0);

  // 特徴量記述の指定
  cv::Ptr<cv::KAZE> detector = cv::KAZE::create(); // KAZE
  //cv::Ptr<cv::AKAZE> detector=cv::AKAZE::create();//AKAZE

  // 特徴点の検出，特徴量の算出
  detector->detectAndCompute(img_src1, cv::noArray(), kpts1, desc1);
  detector->detectAndCompute(img_src2, cv::noArray(), kpts2, desc2);

  // 特徴点の対応付け
  cv::Ptr<cv::DescriptorMatcher> matcher = cv::DescriptorMatcher::create("
    BruteForce");
```

```cpp
26    std::vector<cv::DMatch> matches;
27    matcher->match(desc1, desc2, matches);
28
29    // 特徴点の対応を表示
30    cv::drawMatches(img_src1, kpts1, img_src2, kpts2, matches, img_dst);
31    cv::imshow("dst", img_dst);
32    cv::waitKey(0);
33
34    return 0;
35 }
```

●プログラムリスト 2.4　AKAZE による特徴量記述と特徴点の対応付け (Python)

```python
1  import numpy as np
2  import cv2
3
4  img_src1 = cv2.imread('02-02-a.jpg', 0)
5  img_src2 = cv2.imread('02-02-b.jpg', 0)
6
7  detector = cv2.AKAZE_create()
8  kpts1, desc1 = detector.detectAndCompute(img_src1, None)
9  kpts2, desc2 = detector.detectAndCompute(img_src2, None)
10
11 matcher = cv2.BFMatcher(cv2.NORM_HAMMING)
12 matches = matcher.match(desc1, desc2)
13
14 h1, w1 = img_src1.shape
15 h2, w2 = img_src2.shape
16 img_dst = np.zeros((max(h1, h2), w1 + w2, 3), np.uint8)
17
18 cv2.drawMatches(img_src1, kpts1, img_src2, kpts2, matches, img_dst)
19 cv2.imshow('dst', img_dst)
20 cv2.waitKey(0)
21 cv2.destroyAllWindows()
```

● 処理結果

(a) 入力画像1

(b) 入力画像2

(c) 出力画像 (KAZE)

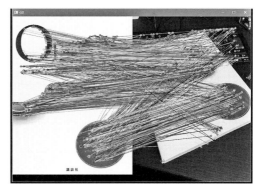
(d) 出力画像 (AKAZE)

図 2.3　KAZE, AKAZE による特徴点の対応付け例

2.3　BRIEF, ORB

2.3.1　概要

　SIFT や SURF は計算コストが高く，メモリ使用量も多いという問題があった．そこで **BRIEF**(binary robust independent elementary features) ではハミング距離を用いた類似度計算と，バイナリコードによる特徴量記述子により，マッチングの高速化と使用メモリの削減を実現した[5]．しかし，回転不変性がないという欠点がある．

　そこで，**ORB**(oriented FAST and rotated BRIEF) では，BRIEF に回転不変性を持たせ，頑健な特徴点検出を実現した[6]．また，決定木 (第 17 章参照) を用いた高速な特徴点検出法である **FAST**(features from accelerated segment test)[7] を用いて，さらなる高速化を図っている．OpenCV3 では，ORB クラスとして実装されている．

2.3.2　OpenCV での関数仕様

ORB による特徴量を求めるためには，それぞれ cv::ORB クラスを用いる．まず cv::ORB クラスのメンバ関数 create で初期化し，メンバ関数 detectAndCompute で特徴点と特徴量を求める．
特徴点の対応を求めて表示するためには，前述と同様に cv::DescriptorMatcher クラスと関数 cv::drawMatches を用いる．

2.3.3　プログラム例

●プログラムリスト 2.5　ORB による特徴量記述と特徴点の対応付け (C++)

```
1  #define _CRT_SECURE_NO_WARNINGS
2  #include <iostream>
3  #include <vector>
4  #include <opencv2/opencv.hpp>
5
6  int main()
7  {
8      cv::Mat img_src1, img_src2, img_dst;
9      std::vector<cv::KeyPoint> kpts1, kpts2;
10     cv::Mat desc1, desc2;
11
12     // 画像の読み込み
13     img_src1 = cv::imread("02-02-a.jpg", 0);
14     img_src2 = cv::imread("02-02-b.jpg", 0);
15
16     // 特徴量記述の指定
17     cv::Ptr<cv::ORB> detector = cv::ORB::create(); // ORB
18
19     // 特徴点の検出，特徴量の算出
20     detector->detectAndCompute(img_src1, cv::noArray(), kpts1, desc1);
21     detector->detectAndCompute(img_src2, cv::noArray(), kpts2, desc2);
22
23     // 特徴点の対応付け
24     cv::Ptr<cv::DescriptorMatcher> matcher = cv::DescriptorMatcher::create("
           BruteForce");
25     std::vector<cv::DMatch> matches;
```

```cpp
26    matcher->match(desc1, desc2, matches);
27
28    // 特徴点の対応を表示
29    cv::drawMatches(img_src1, kpts1, img_src2, kpts2, matches, img_dst);
30    cv::imshow("dst", img_dst);
31    cv::waitKey(0);
32
33    return 0;
34 }
```

●プログラムリスト 2.6 ORB による特徴量記述と特徴点の対応付け (Python)

```python
1  import numpy as np
2  import cv2
3
4  img_src1 = cv2.imread('02-02-a.jpg', 0)
5  img_src2 = cv2.imread('02-02-b.jpg', 0)
6
7  detector = cv2.ORB_create()
8  kpts1, desc1 = detector.detectAndCompute(img_src1, None)
9  kpts2, desc2 = detector.detectAndCompute(img_src2, None)
10
11 matcher = cv2.BFMatcher(cv2.NORM_HAMMING)
12 matches = matcher.match(desc1, desc2)
13
14 h1, w1 = img_src1.shape
15 h2, w2 = img_src2.shape
16 img_dst = np.zeros((max(h1, h2), w1 + w2, 3), np.uint8)
17
18 cv2.drawMatches(img_src1, kpts1, img_src2, kpts2, matches, img_dst)
19 cv2.imshow('dst', img_dst)
20 cv2.waitKey(0)
21 cv2.destroyAllWindows()
```

●処理結果

(a) 入力画像1

(b) 入力画像2

(c) 出力画像 (ORB)

図 2.4　ORB による特徴点の対応付け例

練習問題

❶ Krystian Mikolajczyk Homepage[8] には，ピントのずれや，視点の変化，ズームと回転，照明条件の変化，JPEG 圧縮などさまざまな条件で撮影された画像があり，特徴点検出や特徴量記述処理の検証のための標準画像として用いられている．適当な画像を使って，本章で解説したそれぞれの特徴量記述を試み，手法による差異を確認せよ．

[1] D. G. Lowe: Distinctive image features from scale-invariant keypoints, *International Journal of Computer Vision (IJCV)*, Vol. 60, Issue 2, pp. 91–110, 2004.

[2] H. Bay, A. Ess, T. Tuytelaars, and L. V. Gool: SURF: Speeded-up robust features, *Computer Vision and Image Understanding (CVIU)*, Vol. 110, No. 3, pp. 346–359, 2008.

[3] P. F. Alcantarilla, A. Bartoli, and A. J. Davison: KAZE features, In *Proc. of European Conference on Computer Vision (ECCV)*, pp. 214–227, 2012.

[4] P. F. Alcantarilla, J. Nuevo, and A. Bartoli: Fast explicit diffusion for accelerated features in nonlinear scale spaces, In *Proc. of British Machine Vision Conference (BMVC)*, pp. 13.1–13.11, 2013.

[5] M. Calonder, V. Lepetit, C. Strecha, and P. Fua: BRIEF: Binary robust independent elementary features, In *Proc. of European Conference on Computer Vision (ECCV)*, pp. 778–792, 2010.

[6] E. Rublee, V .Rabaud, K. Konolige, and G. Bradski: ORB: An efficient alternative to SIFT or SURF, In *Proc. of International Conference on Computer Vision (ICCV)*, pp. 2564–2571, 2011.

[7] E. Rosten and T. Drummond: Machine learning for high-speed corner detection, In *Proc. of European Conference on Computer Vision (ECCV)*, pp. 430–443, 2006.

[8] Krystian Mikolajczyk Homepage: http://lear.inrialpes.fr/people/mikolajczyk/Database/det_eval.html

Chapter 3 運動復元

入力された画像や映像から，映っている対象物体の動きを認識する処理を総称して**運動復元** (motion reconstruction) と呼ぶ．運動復元処理は，

- 3次元形状復元 (structure from motion, SfM)
- 動画の効率的な圧縮
- カメラの手ブレ補正

などにも用いられている．本章では，運動復元の代表的な手法であるオプティカルフローについて解説する．

3.1 オプティカルフロー

オプティカルフロー (optical flow) は対象物体の動作やカメラの動作によって発生する，時間的に連続する2画像間の差をもとにして求まる2次元のベクトル場である（図 3.1）．各ベクトル（**フローベクトル**）はそれぞれの画像点での前フレームから現フレームへの対象物体の動作を表す．オプティカルフローの計算方法の1つとして**勾配法** (gradient-based method) がある．勾配法では，「時間的に連続した2つの画像の間で対象物体の移動量は微小である」という仮定をもとにしている．つまり，微小な時間 Δt の間に時刻 t における座標 (x, y) にある対象物体の画素値 $I(x, y, t)$ と，時刻 $t + \Delta t$ における座標 $(x + \Delta x, y + \Delta y)$ に移動した対象物体の画素値 $I(x + \Delta x, y + \Delta y, t + \Delta t)$ が等しいとすると，

(a) 時刻 $t-1$ の入力画像　　(b) 時刻 t の入力画像　　(c) オプティカルフロー

図 3.1　オプティカルフローのイメージ

$$I(x,y,t) = I(x+\Delta x, y+\Delta y, t+\Delta t) \tag{3.1}$$

となる．右辺をテイラー展開して 2 次以上の項は微小であるとして近似すると，

$$I(x,y,t) \approx I(x,y,t) + I(x,y,t)I_x(x,y)\Delta x + I(x,y,t)I_y(x,y)\Delta y + I(x,y,t)I_t(x,y)\Delta t \tag{3.2}$$

が得られる．ここで，I_x, I_y はそれぞれ座標 (x,y) における x,y 方向の輝度の勾配，また I_t は座標 (x,y) における時刻 $t, t+\Delta t$ 間の輝度の勾配（フレーム間差分）である．両辺の $I(x,y,t)$ を相殺して

$$I(x,y,t)I_x(x,y)\Delta x + I(x,y,t)I_y(x,y)\Delta y + I(x,y,t)I_t(x,y)\Delta t = 0 \tag{3.3}$$

さらに，両辺を $I(x,y,t)\Delta t$ で割って整理すると，

$$I_x(x,y)\frac{\Delta x}{\Delta t} + I_y(x,y)\frac{\Delta y}{\Delta t} + I_t(x,y) = 0 \tag{3.4}$$

が得られる．式 (3.4) をオプティカルフローの拘束条件式という．

時刻 t の座標 (x,y) におけるオプティカルフローを $u = \frac{\Delta x}{\Delta t}, v = \frac{\Delta y}{\Delta t}$ とすると，

$$I_x(x,y)u + I_y(x,y)v + I_t(x,y) = 0 \tag{3.5}$$

$$I_x(x,y)u + I_y(x,y)v = -I_t(x,y) \tag{3.6}$$

となる．しかし，この式だけでは 2 つの未知数 u, v を持つオプティカルフローを求めることはできない．

3.2 Lucas-Kanade 法

3.2.1 概要

上記のように方程式が 1 つでは u, v を求めることができないため，何らかの仮定が必要となる．そこで **Lucas-Kanade** 法では，ある画素の近傍画素も同じオプティカルフローを示すという仮定のもとで方程式を増やすことで，2 つの未知数 u, v を求める．注目画素 x, y を中心とした 3×3 の領域に対して，式 (3.6) が成り立つとすると，

$$\begin{aligned}
I_x(x-1, y-1)\,u + I_y(x-1, y-1)\,v &= -I_t(x-1, y-1) \\
I_x(x, y-1)\,u + I_y(x, y-1)\,v &= -I_t(x, y-1) \\
I_x(x+1, y-1)\,u + I_y(x+1, y-1)\,v &= -I_t(x+1, y-1) \\
I_x(x-1, y)\,u + I_y(x-1, y)\,v &= -I_t(x-1, y) \\
I_x(x, y)\,u + I_y(x, y)\,v &= -I_t(x, y) \\
I_x(x+1, y)\,u + I_y(x+1, y)\,v &= -I_t(x+1, y) \\
I_x(x-1, y+1)\,u + I_y(x-1, y+1)\,v &= -I_t(x-1, y+1) \\
I_x(x, y+1)\,u + I_y(x, y+1)\,v &= -I_t(x, y+1) \\
I_x(x+1, y+1)\,u + I_y(x+1, y+1)\,v &= -I_t(x+1, y+1)
\end{aligned} \tag{3.7}$$

これを行列を使って整理すると，

$$
\begin{pmatrix}
I_x(x-1, & y-1) & I_y(x-1, & y-1) \\
I_x(x, & y-1) & I_y(x, & y-1) \\
I_x(x+1, & y-1) & I_y(x+1, & y-1) \\
I_x(x-1, & y) & I_y(x-1, & y) \\
I_x(x, & y) & I_y(x, & y) \\
I_x(x+1, & y) & I_y(x+1, & y) \\
I_x(x-1, & y+1) & I_y(x-1, & y+1) \\
I_x(x, & y+1) & I_y(x, & y+1) \\
I_x(x+1, & y+1) & I_y(x+1, & y+1)
\end{pmatrix}
\begin{pmatrix} u \\ v \end{pmatrix}
=
\begin{pmatrix}
-I_t(x-1, & y-1) \\
-I_t(x, & y-1) \\
-I_t(x+1, & y-1) \\
-I_t(x-1, & y) \\
-I_t(x, & y) \\
-I_t(x+1, & y) \\
-I_t(x-1, & y+1) \\
-I_t(x, & y+1) \\
-I_t(x+1, & y+1)
\end{pmatrix}
\tag{3.8}
$$

となる．さらに各行列を

$$\mathbf{A}\mathbf{u} = \mathbf{b} \tag{3.9}$$

と表記する．

　実際のところ，注目画素と近傍画素のオプティカルフローが完全に等しくなる状況は滅多に起こらないので，式 (3.9) が常に成立するわけではない．そこで

$$J = ||\mathbf{A}\mathbf{u}' - \mathbf{b}||^2 \tag{3.10}$$

が最小，つまり $\nabla J = 0$ となる $\mathbf{u}' = \begin{pmatrix} u' \\ v' \end{pmatrix}$ を求めることにする．∇ は各変数での偏微分を演算する**ナブラ演算子**で，∇ の後の関数の**勾配** (gradient) が求まる．ここでは，

$$\nabla J = \begin{pmatrix} \dfrac{\partial J}{\partial u'} \\ \dfrac{\partial J}{\partial v'} \end{pmatrix} \tag{3.11}$$

の計算と等しい．式 (3.10) を展開すると，

$$
\begin{aligned}
J &= (\mathbf{A}\mathbf{u}' - \mathbf{b}, \mathbf{A}\mathbf{u}' - \mathbf{b}) \\
&= (\mathbf{A}\mathbf{u}', \mathbf{A}\mathbf{u}') - (\mathbf{A}\mathbf{u}', \mathbf{b}) - (\mathbf{b}, \mathbf{A}\mathbf{u}') - (\mathbf{b}, \mathbf{b}) \\
&= \left(\mathbf{u}', \mathbf{A}^\top \mathbf{A} \mathbf{u}'\right) - 2\left(\mathbf{A}^\top \mathbf{b}, \mathbf{u}'\right) - ||\mathbf{b}||^2 \\
&= \left(\mathbf{A}^\top \mathbf{A} \mathbf{u}', \mathbf{u}'\right) - 2\left(\mathbf{A}^\top \mathbf{b}, \mathbf{u}'\right) - ||\mathbf{b}||^2
\end{aligned}
\tag{3.12}
$$

となる．ここで $(\mathbf{a}, \mathbf{x})$ は，$\mathbf{a}$ と $\mathbf{x}$ の内積を表し，$\nabla (\mathbf{a}, \mathbf{x}) = \mathbf{a}$ である．つまり，

$$\mathbf{a} = \begin{pmatrix} a_1 \\ a_2 \\ \vdots \\ a_n \end{pmatrix}, \quad \mathbf{x} = \begin{pmatrix} x_1 \\ x_2 \\ \vdots \\ x_n \end{pmatrix} \tag{3.13}$$

とすると，

$$
\begin{aligned}
\nabla(\mathbf{a}, \mathbf{x}) &= \nabla(a_1 x_1 + a_2 x_2 + \cdots + a_n x_n) \\
&= \begin{pmatrix} \dfrac{\partial(a_1 x_1 + a_2 x_2 + \cdots + a_n x_n)}{\partial x_1} \\ \dfrac{\partial(a_1 x_1 + a_2 x_2 + \cdots + a_n x_n)}{\partial x_2} \\ \vdots \\ \dfrac{\partial(a_1 x_1 + a_2 x_2 + \cdots + a_n x_n)}{\partial x_n} \end{pmatrix} \\
&= \begin{pmatrix} a_1 \\ a_2 \\ \vdots \\ a_n \end{pmatrix} \\
&= \mathbf{a}
\end{aligned}
\tag{3.14}
$$

となるためである．よって，

$$
\begin{aligned}
\nabla J &= \nabla \left\{ \left(\mathbf{A}^\top \mathbf{A} \mathbf{u}', \mathbf{u}' \right) - 2 \left(\mathbf{A}^\top \mathbf{b}, \mathbf{u}' \right) - \|\mathbf{b}\|^2 \right\} \\
&= \nabla \left(\mathbf{A}^\top \mathbf{A} \mathbf{u}', \mathbf{u}' \right) - \nabla \left\{ 2 \left(\mathbf{A}^\top \mathbf{b}, \mathbf{u}' \right) \right\} - \nabla \|\mathbf{b}\|^2 \\
&= \mathbf{A}^\top \mathbf{A} \mathbf{u}' - \mathbf{A}^\top \mathbf{b}
\end{aligned}
\tag{3.15}
$$

となる．これらをまとめると，

$$
\begin{aligned}
\nabla J &= 0 \\
\mathbf{A}^\top \mathbf{A} \mathbf{u}' - \mathbf{A}^\top \mathbf{b} &= 0 \\
\mathbf{A}^\top \mathbf{A} \mathbf{u}' &= \mathbf{A}^\top \mathbf{b} \\
\mathbf{u}' &= \left(\mathbf{A}^\top \mathbf{A} \right)^{-1} \left(\mathbf{A}^\top \mathbf{b} \right)
\end{aligned}
\tag{3.16}
$$

となる．ここで式 (3.16) の右辺は，

$$
\mathbf{A}^\top \mathbf{A} = \begin{pmatrix} \sum_{i=-1}^{1} \sum_{j=-1}^{1} I_x(x+i, y+j)^2 & \sum_{i=-1}^{1} \sum_{j=-1}^{1} I_x(x+i, y+j) I_y(x+i, y+j) \\ \sum_{i=-1}^{1} \sum_{j=-1}^{1} I_x(x+i, y+j) I_y(x+i, y+j) & \sum_{i=-1}^{1} \sum_{j=-1}^{1} I_y(x+i, y+j)^2 \end{pmatrix}
\tag{3.17}
$$

$$
\mathbf{A}^\top \mathbf{b} = \begin{pmatrix} -\sum_{i=-1}^{1} \sum_{j=-1}^{1} I_x(x+i, y+j) I_t(x+i, y+j) \\ -\sum_{i=-1}^{1} \sum_{j=-1}^{1} I_y(x+i, y+j) I_t(x+i, y+j) \end{pmatrix}
\tag{3.18}
$$

で，これらを計算することで $\mathbf{u}'$ が求まる．

3.2.2 OpenCVでの関数仕様

```
void cv::calcOpticalFlowPyrLK(
        InputArray prevImg,
        InputArray nextImg,
        InputArray prevPts,
        InputOutputArray nextPts,
        OutputArray status,
        OutputArray err
)
```

【概要】

同一画像から生成される解像度の異なる画像群 (**画像ピラミッド**, 豆知識参照) を用いて Lucas-Kanade 法を反復実行することにより, オプティカルフローを求める.

【引数】

- `prevImg`: 8 ビットの 1 番目の入力画像.
- `nextImg`: 2 番目の入力画像. `prevImg` と同じサイズ, 同じ型で設定する.
- `prevPts`: フローを検出したい点の集合. 単精度浮動小数点数型で設定する.
- `nextPts`: 出力される特徴点の集合. `nextImg` 上の特徴点位置が格納される.
- `status`: 検出結果を表す配列で, フローを検出した場合は 0, 未検出の場合は不定となる.
- `err`: 移動前の特徴点の周辺領域と, 移動後の特徴点の周辺領域との画素値の差を周辺領域の画素数で割った値の集合.

これら以外にもオプションのパラメータがあるが, ここでは省略する.

3.2.3 プログラム例

入力画像は文献 [2] の動画から適当なフレームを抽出したものを利用した.

● プログラムリスト 3.1　Lucas-Kanade 法を用いたオプティカルフロー (C++)

```cpp
1  #define _CRT_SECURE_NO_WARNINGS
2  #include <iostream>
3  #include <string>
4  #include <opencv2/opencv.hpp>
5
6  // フローの表示間隔
7  #define FLOW_W (10)
```

```cpp
 8  #define FLOW_H (10)
 9
10  std::string win_src = "opticalflow";
11
12  int main()
13  {
14    cv::Mat img_pre, img_now;
15    cv::Mat img_pre_g, img_now_g;
16    cv::Mat flow;
17
18    img_pre = cv::imread("03-02-a.jpg", 1);
19    img_now = cv::imread("03-02-b.jpg", 1);
20    cv::cvtColor(img_pre, img_pre_g, cv::COLOR_BGR2GRAY);
21    cv::cvtColor(img_now, img_now_g, cv::COLOR_BGR2GRAY);
22
23    // 初期化
24    std::vector<cv::Point2f> ps, pe;
25    for (int y = 0; y < img_pre.rows; y += FLOW_H) {
26      for (int x = 0; x < img_pre.cols; x += FLOW_W) {
27        ps.push_back(cv::Point2f(x, y));
28      }
29    }
30
31    // フロー計算
32    cv::Mat status, error;
33    cv::calcOpticalFlowPyrLK(img_pre_g, img_now_g, ps, pe, status, error);
34
35    // フロー描画
36    for (int i = 0; i < ps.size(); i++) {
37      cv::arrowedLine(img_now, ps[i], pe[i], cv::Scalar(0, 0, 255), 1, 8, 0,
          1.0);
38    }
39
40    // 表示
41    cv::namedWindow(win_src);
42    cv::imshow(win_src, img_now);
43
44    cv::waitKey(0);
45
46    return 0;
47  }
```

●プログラムリスト 3.2　Lucas-Kanade 法を用いたオプティカルフロー (Python)

```
 1  import cv2
 2  import numpy as np
 3
 4  FLOW_W = 10
 5  FLOW_H = 10
 6
 7  img_pre = cv2.imread('03-02-a.jpg', 1)
 8  img_now = cv2.imread('03-02-b.jpg', 1)
 9
10  img_pre_g = cv2.cvtColor(img_pre, cv2.COLOR_BGR2GRAY)
11  img_now_g = cv2.cvtColor(img_now, cv2.COLOR_BGR2GRAY)
12
13  rows, cols, ch = img_now.shape
14
15  ps = np.empty((0, 2), np.float32)
16
17  for y in range(0, cols, FLOW_H):
18    for x in range(0, rows, FLOW_W):
19      pp = np.array([[y, x]], np.float32)
20      ps = np.vstack((ps, pp))
21
22  pe, status, error = cv2.calcOpticalFlowPyrLK(img_pre_g, img_now_g, ps, None)
23
24  for i in range(len(ps)):
25    cv2.line(img_now, (ps[i][0], ps[i][1]) , (pe[i][0], pe[i][1]), (0, 0, 255),
          2)
26
27  cv2.imshow('opticalflow', img_now)
28  cv2.waitKey(0)
29  cv2.destroyAllWindows()
```

● 処理結果

(a) src1 (b) src2

(c) dst

図 3.2　Lucas-Kanade 法を用いたオプティカルフローの処理例

豆知識　画像ピラミッド

同一画像から生成された解像度の異なる画像の集合を，画像ピラミッドと呼ぶ．画像ピラミッドは coarse-to-fine（最初に低解像度画像を用いて粗く処理し，徐々に高解像度画像を用いて処理し，高速・高精度に処理する）手法などで利用される．

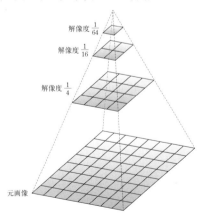

3.3 照明変動に頑健なオプティカルフロー

従来のアルゴリズムでは照明条件が不変であると仮定してオプティカルフローを推定していたが，実際には連続する2フレームの画像間でも照明条件は変動するため，正確にオプティカルフローを推定することは困難であった．これを解決するためにさまざまな改良手法が提案されているが，その1つとしてここでは **Gunnar Farneback** アルゴリズムを紹介する．

3.3.1 OpenCVでの関数仕様

```
void cv::calcOpticalFlowFarneback(
    InputArray prev,
    InputArray next,
    InputOutputArray flow,
    double pyr_scale,
    int levels,
    int winsize,
    int iterations,
    int poly_n,
    double poly_sigma,
    int flags
)
```

【概要】

Gunnar Farneback アルゴリズム[1] では，連続する2フレーム間の近傍画素を2次多項式で近似することで環境光の変動に影響を受けないオプティカルフローを求めることができる．

【引数】
- prev：8ビットの1番目の入力画像．
- next：prevと同じサイズ，同じ型の2番目の入力画像．
- flow：計算されたフロー画像．prevと同じサイズで，型は CV_32FC2．
- pyr_scale：各画像に対する画像ピラミッドを作るためのスケール（< 1）を指定．pyr_scale=0.5 では，隣接する各層が前層の半分のサイズとなる古典的画像ピラミッドとなる．
- levels：最初の画像を含む画像ピラミッドの層の数．levels=1 では追加の層が作成されず，元画像のみ使用される．
- winsize：窓サイズ．大きな値を設定すると，耐ノイズ性が増して高速なモーションでも検出可能となるが，動きのある画素の周辺にもフローが生成される．
- iterations：画像ピラミッドの各レベルにおけるアルゴリズムの反復数．

- poly_n：各ピクセルでの多項式展開を求める際の近傍領域サイズ．大きな値を設定すると滑らかに近似されて頑健性は増すが，動きのある画素の周辺にもフローが生成される．一般的には poly_n = 5 または 7 を設定する．
- poly_sigma：多項式展開の基底に必要な滑らかな導関数の導出に使われる正規分布の標準偏差．poly_n=5 の場合 poly_sigma=1.1，poly_n=7 の場合 poly_sigma=1.5 の設定が適している．
- flags：処理フラグ．以下の値の組み合わせ．
  - OPTFLOW_USE_INITIAL_FLOW：入力フローを初期フローの推定値に使用する．
  - OPTFLOW_FARNEBACK_GAUSSIAN：オプティカルフロー推定のために，同サイズの平均値フィルタの代わりに winsize × winsize の Gaussian を使用する．処理速度は低下するが，平均値フィルタ使用の場合より正確なフローが求まる．

3.3.2 プログラム例

入力画像は文献[2] の動画から適当なフレームを抽出したものを利用した．

●プログラムリスト 3.3　Gunnar Farneback アルゴリズムを用いたオプティカルフロー (C++)

```cpp
#define _CRT_SECURE_NO_WARNINGS
#include <iostream>
#include <string>
#include <opencv2/opencv.hpp>

// フローの表示間隔
#define FLOW_W (10)
#define FLOW_H (10)

std::string win_src = "opticalflow";

int main()
{
    cv::Mat img_pre, img_now;
    cv::Mat img_pre_g, img_now_g;
    cv::Mat flow;

    img_pre = cv::imread("03-02-a.jpg", 1);
    img_now = cv::imread("03-02-b.jpg", 1);
    cv::cvtColor(img_pre, img_pre_g, cv::COLOR_BGR2GRAY);
    cv::cvtColor(img_now, img_now_g, cv::COLOR_BGR2GRAY);

    // フロー計算
```

```cpp
24    cv::calcOpticalFlowFarneback(img_pre_g, img_now_g, flow, 0.5, 3, 30, 3, 3,
        1.1, 0);
25
26    // フロー描画
27    for (int y = 0; y < img_now.rows; y += FLOW_H) {
28      for (int x = 0; x < img_now.cols; x += FLOW_W) {
29        cv::Point2f ps = cv::Point2f(x, y);
30        cv::Point2f pe = ps + flow.at<cv::Point2f>(y, x);
31        cv::arrowedLine(img_now, ps, pe, cv::Scalar(0, 0, 255), 1, 8, 0, 1.0);
32      }
33    }
34
35    // 表示
36    cv::namedWindow(win_src);
37    cv::imshow(win_src, img_now);
38
39    cv::waitKey(0);
40
41    return 0;
42  }
```

●プログラムリスト 3.4　Gunnar Farneback アルゴリズムを用いたオプティカルフロー (Python)

```python
1  import cv2
2
3  FLOW_W = 10
4  FLOW_H = 10
5
6  img_pre = cv2.imread('03-02-a.jpg', 1)
7  img_now = cv2.imread('03-02-b.jpg', 1)
8
9  img_pre_g = cv2.cvtColor(img_pre, cv2.COLOR_BGR2GRAY)
10 img_now_g = cv2.cvtColor(img_now, cv2.COLOR_BGR2GRAY)
11
12 flow = cv2.calcOpticalFlowFarneback(img_pre_g, img_now_g, None, 0.5, 3, 30,
       3, 3, 1.1, 0)
13
14 rows, cols, ch = img_now.shape
15
16 for y in range(0, cols, FLOW_H):
17   for x in range(0, rows, FLOW_W):
18     ps = (y, x)
19     pe = (ps[0] + int(flow[x][y][0]), ps[1] + int(flow[x][y][1]))
```

```
20      cv2.line(img_now, ps, pe, (0, 0, 255), 2)
21
22 cv2.imshow('opticalflow', img_now)
23 cv2.waitKey(0)
24 cv2.destroyAllWindows()
```

●処理結果

図 3.3 Gunnar Farneback アルゴリズムを用いたオプティカルフローの処理例

練習問題

❶ 時間的に連続する 2 枚の画像からオプティカルフローを計算し，得られた全てのフローベクトルの平均を求めよ．

❷ ❶ で求めたフローベクトルの平均に応じて画像を x, y 軸方向に平行移動させることにより，動画に対する簡易な手ブレ補正処理を実装せよ．

参考文献

[1] G. Farneback: Two-frame motion estimation based on polynomial expansion, In *Proc. of Scandinavian Conference on Image Analysis*, pp. 363–370, 2003.

[2] ハイビジョンフリー映像素材（ひまわり／向日葵）：`http://footage3.openspc2.org/HDTV/footage/HD/30f/flower/sunflower/0025/index.html`

4 物体追跡

物体追跡 (object tracking) とは，動画像中に映った追跡対象となる物体の特徴を捉えて，時々刻々と変化する物体の位置を推定する処理である．ここでは物体追跡の代表的な手法であるテンプレートマッチング，meanshift，CAMshift，カルマンフィルタ，パーティクルフィルタについて説明する．

4.1 テンプレートマッチング

4.1.1 理論

テンプレートマッチング (template matching) は，名前のとおり，入力画像の中から，テンプレート（原型, template）となる画像と一致 (matching) する場所を探索する処理である．一致の度合いを類似度 (similarity) と呼び，さまざまな類似度の計算方法が提案されている[*1]．単純な方法としては，入力画像の左上から右下に向かって走査 (raster scan) して探索すればよい．$I_s(x,y), I_t(x,y)$ をそれぞれ座標 (i,j) における入力画像とテンプレート画像の画像値とする．また，x_s, y_s は入力画像における走査の開始位置とする（図 4.1）．$0 \leq x_s \leq W_s - 1, 0 \leq y_s \leq H_s - 1$ の全範囲で類似度を算出し，最大もしくは最小となる位置を求めることでテンプレート画像が探索できる．

代表的な類似度の計算方法としては以下の3つがある．それぞれの方法で計算コストや頑健性が異なり，状況に応じて使い分ける．

- **差分絶対値和** (sum of absolte difference, SAD)：入力画像とテンプレート画像の差の絶対値を計算して総和する．値が小さいほど類似度が高い．

$$S_{SAD}(x_s, y_s) = \sum_{y_t=0}^{H_t-1} \sum_{x_t=0}^{W_t-1} |I_s(x_s + x_t, y_s + y_t) - I_t(x_t, y_t)| \tag{4.1}$$

- **差分2乗和** (sum of squared difference, SSD)：SAD の絶対値の計算は計算コストが高いため，2乗で代用して高速化する．SAD と同様に，値が小さいほど類似度が高い．

$$S_{SSD}(x_s, y_s) = \sum_{y_t=0}^{H_t-1} \sum_{x_t=0}^{W_t-1} \{I_s(x_s + x_t, y_s + y_t) - I_t(x_t, y_t)\}^2 \tag{4.2}$$

[*1] 一致しない度合いは**相違度** (dissimilarity) と呼ぶ．

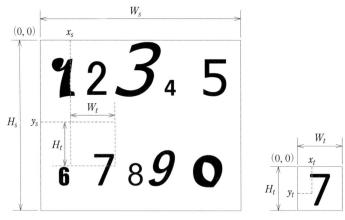

図 4.1 入力画像 I_s（右）とテンプレート画像 I_t（左）

- **正規化差分 2 乗和** (normalized sum of squared difference, NSSD)：SSD の単純な差分計算では入力画像の明度変化により類似度が変化してしまうという問題がある．そこで入力画像とテンプレート画像をベクトルと見なして，それらのベクトルのなす角の余弦（最大値は 1）を類似度とすることで明度変化に影響されない頑健な類似度が計算できる．

$$S_{NSSD}(x_s, y_s) = \frac{\sum_{y_t=0}^{H_t-1}\sum_{x_t=0}^{W_t-1}\{I_s(x_s+x_t, y_s+y_t) - I_t(x_t, y_t)\}^2}{\sqrt{\sum_{y_t=0}^{H_t-1}\sum_{x_t=0}^{W_t-1}I_s(x_s+x_t, y_s+y_t)^2}\sqrt{\sum_{y_t=0}^{H_t-1}\sum_{x_t=0}^{W_t-1}I_t(x_t, y_t)^2}} \quad (4.3)$$

4.1.2　OpenCV での関数仕様

```
void cv::matchTemplate(
    InputArray image,
    InputArray templ,
    OutputArray result,
    int method
)
```

【概要】

探索対象画像 (image) 全体に対してテンプレート画像 (templ) を走査させ，重なる $W_t \times H_t$ の領域を指定された方法で比較し，その結果を result に保存する．この関数による比較の後，関数 cv::minMaxLoc を用いて result の最小値や最大値を検出し，類似位置を検出する．この関数はカラー画像でも使用可能で，その場合の総和計算は全チャンネルで求められる．

【引数】

- `image`：探索対象画像．8 ビットまたは 32 ビットの浮動小数点型．
- `templ`：テンプレート画像．探索対象画像以下のサイズで，同じデータ型．
- `result`：類似度を保持した画像．シングルチャンネル，32 ビット，浮動小数点型．`image` のサイズが $W_s \times H_s$，`templ` のサイズが $W_t \times H_t$ とすると `result` のサイズは $(W_s - W_t + 1) \times (H_s - H_t + 1)$ となる．
- `method`：比較手法の指定．
  - `TM_SQDIFF`：差分 2 乗和．
  - `TM_SQDIFF_NORMED`：正規化差分 2 乗和．
  - `TM_CCORR`：相互相関．
  - `TM_CCORR_NORMED`：正規化相互相関．
  - `TM_CCOEFF`：相関係数．
  - `TM_CCOEFF_NORMED`：正規化相関係数．

これら以外にもオプションのパラメータがあるが，ここでは省略する．

4.1.3 プログラム例

●プログラムリスト 4.1　テンプレートマッチングによるテンプレート画像位置の探索 (C++)

```cpp
#define _CRT_SECURE_NO_WARNINGS
#include <iostream>
#include <string>
#include <opencv2/opencv.hpp>
std::string win_src = "src";
std::string win_template = "template";
std::string win_minmax = "minmax";
std::string win_dst = "dst";

int main()
{
  cv::Mat img_src = cv::imread("./04-02-a.jpg", 1);
  cv::Mat img_template = cv::imread("./04-02-b.jpg", 1);
  cv::Mat img_minmax, img_dst;

  if (!img_src.data || !img_template.data) {
    std::cout << "error" << std::endl;
    return -1;
  }

```

```cpp
21      img_src.copyTo(img_dst);
22
23      // テンプレートマッチング
24      cv::matchTemplate(img_src, img_template, img_minmax, cv::TM_CCOEFF_NORMED);
25
26      // 最大位置に矩形描画
27      cv::Point min_pt, max_pt;
28      double min_val, max_val;
29      cv::minMaxLoc(img_minmax, &min_val, &max_val, &min_pt, &max_pt);
30      cv::rectangle(img_dst, cv::Rect(max_pt.x, max_pt.y, img_template.cols,
            img_template.rows), cv::Scalar(255, 255, 255), 10);
31
32      // ウインドウ生成
33      cv::namedWindow(win_src, cv::WINDOW_AUTOSIZE);
34      cv::namedWindow(win_template, cv::WINDOW_AUTOSIZE);
35      cv::namedWindow(win_minmax, cv::WINDOW_AUTOSIZE);
36      cv::namedWindow(win_dst, cv::WINDOW_AUTOSIZE);
37
38      // 表示
39      cv::imshow(win_src, img_src);
40      cv::imshow(win_template, img_template);
41      cv::imshow(win_minmax, img_minmax);
42      cv::imshow(win_dst, img_dst);
43
44      cv::waitKey(0);
45
46      return 0;
47  }
```

● プログラムリスト 4.2 テンプレートマッチングによるテンプレート画像位置の探索 (Python)

```python
1   import cv2
2   import numpy as np
3
4   img_src = cv2.imread('04-02-a.jpg', 1)
5   img_template = cv2.imread('04-02-b.jpg', 1)
6
7   img_dst = img_src.copy()
8
9   h, w, ch = img_template.shape
10  img_minmax = cv2.matchTemplate(img_src, img_template, cv2.TM_CCOEFF_NORMED)
11  min_val, max_val, min_pt, max_pt = cv2.minMaxLoc(img_minmax)
12
```

```
13  cv2.rectangle(img_dst, max_pt, (max_pt[0] + w, max_pt[1] + h), (255, 255,
      255), 10)
14
15  cv2.imshow('src', img_src)
16  cv2.imshow('template', img_template)
17  cv2.imshow('minmax', img_minmax)
18  cv2.imshow('dst', img_dst)
19
20  cv2.waitKey(0)
21  cv2.destroyAllWindows()
```

● 処理結果

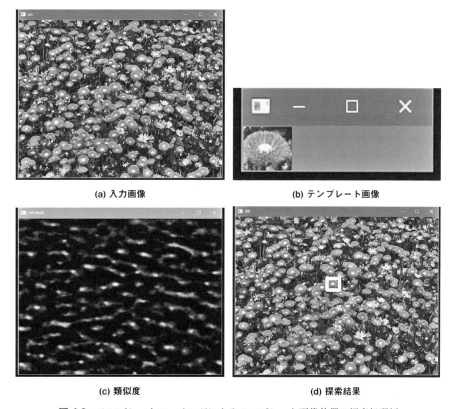

(a) 入力画像   (b) テンプレート画像

(c) 類似度   (d) 探索結果

図 4.2 テンプレートマッチングによるテンプレート画像位置の探索処理例

練習問題

❶ 動画像もしくはカメラ画像を用いて，連続的にテンプレートマッチングを実行せよ．
❷ 追跡対象の見え方は常に一定とは限らない．そこでテンプレート画像を逐次更新する処理を実装せよ．

4.2 meanshift

4.2.1 理論

ある点群（2値画像）内に大きさが一定の小窓（探索窓）を作成し，その探索窓内に存在する点群の密度（もしくは窓内に存在する点の数）が最大となるように探索窓を動かす処理が **meanshift** である．図 **4.3** では円が探索窓を表している．$W_{t=0}$ を探索窓の初期位置，$C_{t=0}$ を $W_{t=0}$ の中心とする．$W_{t=0}$ 内に存在する点群の重心 $G_{t=0}$ を求め，次の探索窓の中心を $G_{t=0}$ に移動する．新たな窓 $W_{t=1}$ で同様の処理を行い，移動量が 0，もしくはほぼ 0 になるまで繰り返すことで，最終的には点群密度が最大となる位置 $W_{t=n}$ に収束する．

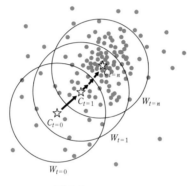

図 **4.3** meanshift

4.2.2 OpenCV での関数仕様

```
int cv::meanShift(
    InputArray probImage,
    Rect &window,
    TermCriteria criteria
)
```

【概要】

2値画像などの画像上の物体中心を求める関数である．対象物体の初期位置を与えると，meanshift アルゴリズムにより密度が最大となる新たな位置に探索窓が動き，対象物体に追従する[1]．

【引数】
- `probImage`：入力画像.
- `window`：初期探索窓.
- `criteria`：反復探索アルゴリズムの停止基準.

4.2.3 プログラム例

●プログラムリスト 4.3　meanshift による物体追跡 (C++)

```
 1  #define _CRT_SECURE_NO_WARNINGS
 2  #include <iostream>
 3  #include <string>
 4  #include <opencv2/opencv.hpp>
 5  std::string win_src = "src";
 6  std::string win_bin = "bin";
 7
 8  int main()
 9  {
10    cv::Mat img_src, img_bin;
11    cv::Rect rct;
12    cv::VideoCapture cap(0);
13
14    if (!cap.isOpened()) {
15      std::cout << "camera open error" << std::endl;
16      return -1;
17    }
18
19    // 画面左上に初期探索窓を設定
20    cap >> img_src;
21    int div = 5;
22    rct.x = 0;
23    rct.y = 0;
24    rct.width = img_src.cols / div;
25    rct.height = img_src.rows / div;
26
27    // ウインドウ生成
28    cv::namedWindow(win_src, cv::WINDOW_AUTOSIZE);
29    cv::namedWindow(win_bin, cv::WINDOW_AUTOSIZE);
30
31    // 終了条件  最大繰返回数10，または最小移動距離1ピクセル以下
32    cv::TermCriteria cri(cv::TermCriteria::COUNT + cv::TermCriteria::EPS, 10,
        1);
```

```
33
34   while (1) {
35     std::vector<cv::Mat> vec_bgr(3);
36     int ret;
37     int th = 220;
38
39     cap >> img_src;
40
41     cv::split(img_src, vec_bgr); // RGB分離
42     cv::threshold(vec_bgr[2], img_bin, th, 255, cv::THRESH_BINARY); // 2値化
43
44     ret = cv::meanShift(img_bin, rct, cri); //meanshift
45     cv::rectangle(img_src, rct, cv::Scalar(255, 0, 0), 3); // 結果を矩形で描画
46
47     cv::imshow(win_src, img_src);
48     cv::imshow(win_bin, img_bin);
49
50     if (cv::waitKey(10) == 'q') break;
51   }
52
53   return 0;
54 }
```

●プログラムリスト 4.4 　meanshift による物体追跡 (Python)

```
1  import cv2
2  import numpy as np
3
4  win_src = 'src'
5  win_bin = 'bin'
6
7  cap = cv2.VideoCapture(0)
8  ret, img_src = cap.read()
9  h, w, ch = img_src.shape
10
11 div = 5
12 rct = (0, 0, int(w / div), int(h / div))
13
14 cv2.namedWindow(win_src, cv2.WINDOW_NORMAL)
15 cv2.namedWindow(win_bin, cv2.WINDOW_NORMAL)
16
17 cri = (cv2.TERM_CRITERIA_COUNT | cv2.TERM_CRITERIA_EPS, 10, 1)
18
```

```
19  while(True):
20      th = 220
21      ret, img_src = cap.read()
22      bgr = cv2.split(img_src)
23      ret, img_bin = cv2.threshold(bgr[2], th, 255, cv2.THRESH_BINARY)
24
25      ret, rct = cv2.meanShift(img_bin, rct, cri)
26      x, y, w, h = rct
27      img_src = cv2.rectangle(img_src, (x, y), (x + w, y + h), (255, 0, 0), 3)
28
29      cv2.imshow(win_src, img_src)
30      cv2.imshow(win_bin, img_bin)
31
32      if cv2.waitKey(1) == ord('q'):
33          break
34
35  cap.release()
36  cv2.destroyAllWindows()
```

● 処理結果

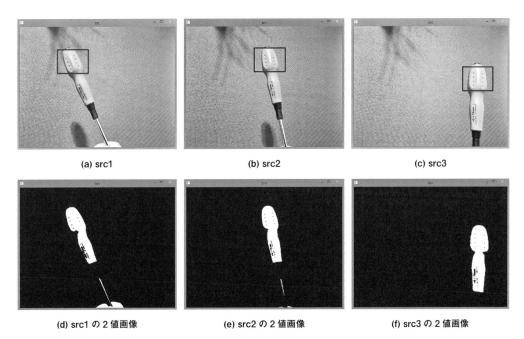

(a) src1　　(b) src2　　(c) src3

(d) src1 の 2 値画像　　(e) src2 の 2 値画像　　(f) src3 の 2 値画像

図 **4.4**　meanshift による物体追跡の処理例

4.3 CAMshift

4.3.1 理論

meanshiftでは探索窓の大きさが常に一定である．そのため対象物体との距離が大きく変化した場合には対象物体が探索窓内に収まらず，処理に不具合が生じる．

そこで，**CAMshift**(continuously adaptive meanshift) では対象物体の大きさに応じて探索窓の大きさと向きを随時変更し，頑健な物体追跡を実現している．アルゴリズムは大まかに以下の手順で処理される．

1. まず meanshift を実行して収束させる．
2. 探索窓の大きさを $s = 2\sqrt{\frac{M_{00}}{256}}$ で更新する．M_{00} は0次の画像モーメントであり，対象物体の面積（画素数）を意味する．
3. 探索窓を対象物体に最も適した大きさに調整する．
4. 新たな探索窓で，再度 meanshift を実行する．
5. この過程を，指定した閾値に収束するまで繰り返す．

4.3.2 OpenCVでの関数仕様

```
RotatedRect cv::CamShift(
        InputArray probImage,
        Rect &window,
        TermCriteria criteria
)
```

【概要】
関数 cv::CamShift は文献[2] を実装したもので，物体の位置，サイズ，姿勢を含んだ回転矩形を返す．

【引数】
- probImage：入力画像．
- window：初期探索窓．
- criteria：関数 cv::meanShift で使用される停止基準．

4.3.3 プログラム例

OpenCV を使用した CAMshift のプログラムは，meanshift のものとほぼ同じである．meanshift との違いは，戻り値として回転矩形 (RotatedRect) を返すことである．

●プログラムリスト 4.5　CAMshift による物体追跡 (C++)

```cpp
 1 #define _CRT_SECURE_NO_WARNINGS
 2 #include <iostream>
 3 #include <string>
 4 #include <opencv2/opencv.hpp>
 5 std::string win_src = "src";
 6 std::string win_bin = "bin";
 7
 8 int main()
 9 {
10   cv::Mat img_src, img_bin;
11   cv::Rect rct;
12   cv::VideoCapture cap(0);
13
14   if (!cap.isOpened()) {
15     std::cout << "camera open error" << std::endl;
16     return -1;
17   }
18
19   // 画面左上に初期探索窓を設定
20   cap >> img_src;
21   int div = 5;
22   rct.x = 0;
23   rct.y = 0;
24   rct.width = img_src.cols / div;
25   rct.height = img_src.rows / div;
26
27   // ウインドウ生成
28   cv::namedWindow(win_src, cv::WINDOW_AUTOSIZE);
29   cv::namedWindow(win_bin, cv::WINDOW_AUTOSIZE);
30
31   // 終了条件　最大繰返回数10，または最小移動距離1ピクセル以下
32   cv::TermCriteria cri(cv::TermCriteria::COUNT + cv::TermCriteria::EPS, 10,
       1);
33
34   while (1) {
35     std::vector<cv::Mat> vec_bgr(3);
36     int th = 220;
```

```cpp
37
38      cap >> img_src;
39
40      cv::split(img_src, vec_bgr); // RGB分離
41      cv::threshold(vec_bgr[2], img_bin, th, 255, cv::THRESH_BINARY); // 2値化
42
43      cv::RotatedRect rrct = cv::CamShift(img_bin, rct, cri); // camshift
44      cv::Point2f p[4];
45      rrct.points(p);
46      for (int i = 0; i < 4; i++) cv::line(img_src, p[i], p[(i + 1) % 4], cv::
          Scalar(255, 0, 0), 3);
47
48      cv::imshow(win_src, img_src);
49      cv::imshow(win_bin, img_bin);
50
51      if (cv::waitKey(10) == 'q') break;
52    }
53
54    return 0;
55 }
```

● プログラムリスト 4.6 　CAMshift による物体追跡 (Python)

```python
1  import cv2
2  import numpy as np
3
4  win_src = 'src'
5  win_bin = 'bin'
6
7  cap = cv2.VideoCapture(0)
8  ret, img_src = cap.read()
9  h, w, ch = img_src.shape
10
11 div = 5
12 rct = (0, 0, int(w / div), int(h / div))
13
14 cv2.namedWindow(win_src, cv2.WINDOW_NORMAL)
15 cv2.namedWindow(win_bin, cv2.WINDOW_NORMAL)
16
17 cri = (cv2.TERM_CRITERIA_COUNT | cv2.TERM_CRITERIA_EPS, 10, 1)
18
19 while(True):
20     th = 220
```

```
21    ret, img_src = cap.read()
22    bgr = cv2.split(img_src)
23    ret, img_bin = cv2.threshold(bgr[2], th, 255, cv2.THRESH_BINARY)
24
25    ret, rct = cv2.CamShift(img_bin, rct, cri)
26    pts = cv2.boxPoints(ret)
27    pts = np.int0(pts)
28    cv2.polylines(img_src, [pts], True, 255, 2)
29
30    cv2.imshow(win_src, img_src)
31    cv2.imshow(win_bin, img_bin)
32
33    if cv2.waitKey(1) == ord('q'):
34      break
35
36 cap.release()
37 cv2.destroyAllWindows()
```

●処理結果

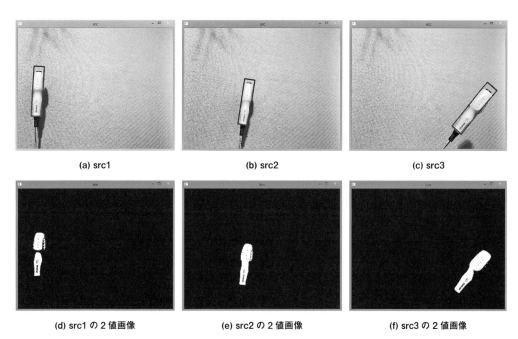

(a) src1　　　　　　　　　(b) src2　　　　　　　　　(c) src3

(d) src1 の 2 値画像　　　(e) src2 の 2 値画像　　　(f) src3 の 2 値画像

図 4.5　CAMshift による物体追跡の処理例

4.4 カルマンフィルタ

4.4.1 理論

我々が一般的に扱う**システム** (system) はいくつかの測定可能な値を持っており，またそれらの値が時間とともに離散的に変化するものがほとんどである．しかし，測定したい値が常時，正確かつ精密に測定できることは滅多になく，さまざまな要因による**誤差**（**雑音**, noise）が含まれる．

例えば，風呂の温度を計測する場合を考えよう．風呂の温度変化は，外気温や浴槽の材質，水質などに影響を受けるが，これらは物理法則に従うため，ある程度の予測が可能である．また，風呂に設置されたデジタル温度計は離散的な値しか返さず，一定の測定誤差が必ず存在するだろう．このように，温度計の値をそのまま風呂の温度と見なすわけにはいかない．

あるシステムにおいて，計測対象の真値を推定するための手法として，**カルマンフィルタ** (Kalman filter) がある．カルマンフィルタは測定値の履歴を用いて現在の真の値を推定するアルゴリズムである．ここではとくに，計算機でよく用いられる**離散時間カルマンフィルタ** (discrete-time Kalman filter) について述べる．離散時間カルマンフィルタでは，対象とするシステムを時刻 t を独立変数とした2つの差分方程式（**状態方程式**と**観測方程式**）で表現する．

$$\text{状態方程式：} \mathbf{x}_{t+1} = \mathbf{F}_t \mathbf{x}_t + \mathbf{G}_t \mathbf{w}_t \tag{4.4}$$

$$\text{観測方程式：} \mathbf{y}_t = \mathbf{H}_t \mathbf{x}_t + \mathbf{v}_t \tag{4.5}$$

ここで，

$\mathbf{x}_t$ ：システムの状態，**状態ベクトル** (state vector)

$\mathbf{y}_t$ ：観測値

$\mathbf{w}_t$ ：予測不可能な雑音，システム雑音

$\mathbf{v}_t$ ：計測機器やその他の経路で入ってくる雑音

$\mathbf{F}_t, \mathbf{G}_t, \mathbf{H}_t$ ：システムパラメータ

である．システムパラメータは，物理法則から導かれる場合と，事前実験から導かれる場合がある．また，雑音は**正規分布** (normal distribution)[*2] に従うものとする．

通常のカルマンフィルタは線形システムが対象であり，このままでは非線形システムには適用できない．非線形システムに対しては，**拡張カルマンフィルタ** (extended Kalman filter, EKF) や**アンセンテッドカルマンフィルタ** (unscented Kalman filter, UKF) などを用いれば適用可能である．詳細は文献[3]を参照されたい．

[*2] ガウス性 (Gaussian)，ガウス過程 (Gaussian process)，ガウス分布 (Gaussian distribution) とも呼ばれる．

4.4.2 OpenCVでの関数仕様

```
cv::Filter::KalmanFilter(
        int dynamParams,
        int measureParams
)
```

【引数】
- dynamParams：状態の次数
- measureParams：観測の次数

これら以外にもオプションのパラメータがあるが，ここでは省略する．

4.4.3 プログラム例

●プログラムリスト 4.7　カルマンフィルタによる物体追跡 (C++)

```cpp
#define _CRT_SECURE_NO_WARNINGS
#include <iostream>
#include <string>
#include <vector>
#include <opencv2/opencv.hpp>
std::string win = "main";

int h_upper = 115, h_lower = 60;
int s_upper = 255, s_lower = 50;
int v_upper = 200, v_lower = 20;

int main()
{
    cv::VideoCapture cap("lego2_small.wmv");
    cv::Mat img_src;
    cv::namedWindow(win);

    cv::KalmanFilter KF(4, 2);
    KF.statePre.at<float>(0) = 0;
    KF.statePre.at<float>(1) = 0;
    KF.statePre.at<float>(2) = 0;
    KF.statePre.at<float>(3) = 0;

```

```cpp
24    // 運動モデル
25    KF.transitionMatrix = (cv::Mat_<float>(4, 4) << // 等速直線運動（速度利用あり）
26      1, 0, 1, 0,
27      0, 1, 0, 1,
28      0, 0, 1, 0,
29      0, 0, 0, 1);
30
31    setIdentity(KF.measurementMatrix);
32    setIdentity(KF.processNoiseCov, cv::Scalar::all(1e-1));
33    setIdentity(KF.measurementNoiseCov, cv::Scalar::all(1e-1));
34    setIdentity(KF.errorCovPost, cv::Scalar::all(1e-1));
35
36    cv::Mat img_hsv, img_gray, img_gray_th, img_bin, img_lbl, img_dst,
        img_rgb_th;
37    cv::Mat element8 = (cv::Mat_<uchar>(3, 3) << 1, 1, 1, 1, 1, 1, 1, 1, 1); //
        8近傍
38
39    while (1) {
40      std::vector<cv::Mat> vec_hsv(3);
41      cap >> img_src;
42
43      // 追跡対象の抽出
44      cv::cvtColor(img_src, img_gray, cv::COLOR_BGR2GRAY);
45      cv::cvtColor(img_src, img_hsv, cv::COLOR_BGR2HSV_FULL);
46      cv::split(img_hsv, vec_hsv);
47
48      // HSV閾値処理
49      cv::inRange(img_hsv, cv::Scalar(h_lower, s_lower, v_lower), cv::Scalar(
          h_upper, s_upper, v_upper), img_bin);
50
51      // ノイズ処理
52      cv::erode(img_bin, img_bin, element8, cv::Point(-1, -1), 5); // 収縮
53      cv::dilate(img_bin, img_bin, element8, cv::Point(-1, -1), 5);// 膨張
54
55      // 面積最大ラベルの選択
56      cv::Mat stats, centroids;
57      int labelnum = cv::connectedComponentsWithStats(img_bin, img_lbl, stats,
          centroids);
58      //cout << labelnum << endl;
59      if (labelnum == 1) continue;
60      long int max_area = 0, max_index = 0;
61      for (int i = 1; i< labelnum; i++) {
62        int area = stats.at<int>(i, cv::CC_STAT_AREA);
```

```cpp
63        if (area > max_area) {
64          max_area = area;
65          max_index = i;
66        }
67      }
68      cv::compare(img_lbl, max_index, img_dst, cv::CMP_EQ);
69
70      // 面積最大ラベルの重心
71      cv::Moments m = cv::moments(img_dst, true);
72      cv::Point pos(m.m10 / m.m00, m.m01 / m.m00);
73
74      // カルマンフィルタ
75      // 観測
76      cv::Mat measurement(2, 1, CV_32F);
77      measurement.at<float>(0) = pos.x;
78      measurement.at<float>(1) = pos.y;
79
80      // 修正
81      cv::Mat correction = KF.correct(measurement);
82
83      // 予測
84      cv::Mat prediction = KF.predict();
85
86      // 結果の描画
87      // 重心位置
88      cv::circle(img_src, pos, 5, cv::Scalar(0, 0, 255), -1);
89
90      // 予測位置
91      cv::circle(img_src, cv::Point(prediction.at<float>(0), prediction.at<
            float>(1)), 5, cv::Scalar(0, 255, 255), -1);
92      cv::ellipse(img_src, cv::Point(prediction.at<float>(0), prediction.at<
            float>(1)),
93        cv::Size(abs(prediction.at<float>(2)), abs(prediction.at<float>(3))),
94        0.0, 0.0, 360.0, cv::Scalar(0, 255, 255), 3);
95
96      // 画面表示
97      cv::imshow(win, img_src);
98      if (cv::waitKey(1) == 'q') break;
99    }
100
101   return 0;
102 }
```

●処理結果

(a) 追跡対象の動作が遅い場合

(b) 追跡対象の動作が速い場合

図 4.6 カルマンフィルタによる物体追跡例

4.5 パーティクルフィルタ

4.5.1 理論

通常，動画像から物体追跡をする場合には，各フレームごとに画像全体を探索したり，前フレームの探索結果の周辺に限定して効率的に探索したりする．しかし，

- 計算コストが高く，処理が重い
- 探索範囲の設定が難しい
- 隠蔽（オクルージョン，occlusion）に弱い

などの問題で，追跡に失敗することが多い．

これらの問題を解決する方法の1つとして，確率的に探索する**パーティクルフィルタ** (particle filter) がある[*3]．前述のカルマンフィルタでは，システムを線形の状態方程式で表現する必要があり，制約が厳しいという問題があった[*4]．しかしパーティクルフィルタでは，**尤度**(likelihood)**関数**を状況に合わせて適当に定義するだけで使用できるので，比較的容易に導入が可能である．ただし尤度の設定により結果が大きく変化するため，その点には注意が必要である．尤度とは，それらしさ，尤もらしさの度合いである．

パーティクルフィルタによる探索の概要を説明すると，まず，パーティクルと呼ばれる点をフレーム上にばら撒き，各点における尤度を求める．尤度は追跡対象やその状況に合わせて自由に定義して

[*3] 粒子フィルタ，sampling/importance resampling(SIR) フィルタ，逐次モンテカルロ (sequential monte carlo, SMC) フィルタなどとも呼ばれる．

[*4] 拡張カルマンフィルタでは非線形の状態方程式が許されるが，いずれにせよ定式化は必要となる．

よいが，例えば，

- 金魚を追跡する場合には，赤っぽさ
- テニスボールを追跡する場合には，黄色っぽさや，丸さ（円形度）
- 指先を追跡する場合には，肌色っぽさや，先の尖り具合

などになるだろう（図 4.7）．

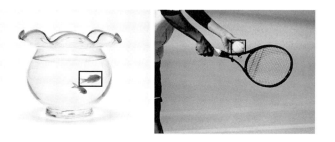

図 4.7　追跡対象例と尤度

尤度が高いパーティクルは追跡対象を捉えている，もしくは追跡対象付近に存在すると考えられる．そこで次のフレームでは，尤度の高いパーティクル付近のパーティクルを増やし，尤度の低いパーティクル付近のパーティクルを減らすように，パーティクルの分布割合を調整する．このような処理により小さな計算コストで頑健な追跡を実現している．

以上の処理は，

1. **状態推定** (sampling, measure)
2. **リサンプリング** (resampling)

と呼ばれている．さらに追跡精度を向上させるために，前フレームから次フレームへのパーティクル位置の**予測** (predict) を追加する場合もある．

4.5.2　プログラム例

OpenCV1 系にはパーティクルフィルタのためのアルゴリズム (Condensation) が標準に実装されていたが，近年の OpenCV (2, 3 系) にはこれに相当する関数は用意されていない．そこで，ここでは簡単なパーティクルフィルタを独自に実装した．追跡対象は濃い緑色のブロックのため，色相と彩度から尤度を求めている．

●プログラムリスト 4.8　パーティクルフィルタによる物体追跡 (C++)

```cpp
 1 #define _CRT_SECURE_NO_WARNINGS
 2 #define _USE_MATH_DEFINES
 3 #include <iostream>
 4 #include <string>
 5 #include <vector>
 6 #include <cmath>
 7 #include <ctime>
 8 #include <opencv2/opencv.hpp>
 9 std::string win = "main";
10
11 class Particle{
12 public:
13   cv::Point2d pos; // 位置
14   cv::Point2d vel; // 速度
15   double like; // 尤度
16   double wgt; // 重み
17   bool keep; // 残存フラグ
18   Particle(cv::Point2d pos, cv::Point2d vel, double l, double w, bool k);
19
20   // sort用
21   bool operator<(const Particle& right) const {
22     return like < right.like;
23   }
24 };
25
26 Particle::Particle(cv::Point2d p, cv::Point2d v, double l, double w, bool k)
27 {
28   pos = p;
29   vel = v;
30   like = l;
31   wgt = w;
32   keep = k;
33 }
34
35 int main()
36 {
37   cv::Mat img_src, img_hsv;
38   std::vector<cv::Mat> vec_hsv(3);
39   cv::VideoCapture cap("lego2_small.wmv");
40
41   std::vector<Particle> P;
42   cv::RNG rng((unsigned int)time(NULL));
43
```

```cpp
44    int num = 1000; // パーティクル数
45
46    cap >> img_src; // 画像取得
47
48    cv::namedWindow(win);
49
50    // パーティクル初期化．画面全体に一様分布，初期尤度1.0，初期重み0.0
51    for (int i = 0; i < num; i++) {
52      cv::Point2d pt(rng.uniform(0, img_src.cols), rng.uniform(0, img_src.rows
          ));
53      Particle p(pt, cv::Point2d(0.0, 0.0), 1.0, 0.0, false);
54      P.push_back(p);
55    }
56
57    cv::Point2d center(img_src.cols / 2, img_src.rows / 2);
58    while (1) {
59      // 予測
60      for (int i = 0; i < P.size(); i++) {
61        P.at(i).pos += P.at(i).vel;
62      }
63
64      cap >> img_src; // 画像取得
65      cv::cvtColor(img_src, img_hsv, cv::COLOR_BGR2HSV); // HSV変換，Hは0～180．S
          ,Vは0～255
66      cv::split(img_hsv, vec_hsv); // HSV分離
67
68      // 色相値，彩度値から尤度を計算．更新
69      for (int i = 0; i < P.size(); i++) {
70        if (0 < P.at(i).pos.x && P.at(i).pos.x < img_src.cols
71            && 0 < P.at(i).pos.y && P.at(i).pos.y < img_src.rows) {
72          int h = vec_hsv[0].at<unsigned char>(P.at(i).pos); // パーティクルの画素
              の色相値取得
73          int s = vec_hsv[1].at<unsigned char>(P.at(i).pos); // パーティクルの画素
              の彩度値取得
74          double len_h = abs(70 - h); // H=70からの距離
75          double len_s = abs(200 - s); // S=200からの距離
76          double like = (len_h / 180)*0.8 + (len_s / 255)*0.2; // 尤度関数．0 <=
              like <= 1
77          P.at(i).like = 1 - like; // 最高尤度を1とする
78        }
79        else {
80          P.at(i).like = 0;
81        }
```

```cpp
82      }
83
84      // 尤度を昇順にソート
85      sort(P.begin(), P.end());
86
87      // 尤度の高いパーティクルを残し，尤度の低いパーティクルを消す
88      double thresh_like = 0.9; // 尤度の閾値
89      int thresh_keep = P.size() / 100; // 残存パーティクル数1%
90      for (int i = 0; i < P.size(); i++) {
91        if (P.at(i).like > thresh_like || i > (P.size() - thresh_keep)) P.at(i).keep = true;
92        else P.at(i).keep = false;
93      }
94      std::vector<Particle>::iterator it = P.begin();
95      while (it != P.end()) {
96        if ((*it).keep) it++;
97        else it = P.erase(it);
98      }
99
100     // 尤度の高いパーティクルの計数，尤度の合計
101     int count = P.size();
102     double l_sum = 0.0;
103     for (int i = 0; i < P.size(); i++) {
104       l_sum += P.at(i).like;
105     }
106
107     // 正規化した重みを計算
108     for (int i = 0; i < P.size(); i++) {
109       P.at(i).wgt = P.at(i).like / l_sum;
110     }
111
112     // リサンプリング
113     std::vector<Particle> Pnew;
114     for (int i = 0; i < P.size(); i++) {
115       int num_new = P.at(i).wgt * (num - P.size());
116       for (int j = 0; j < num_new; j++) {
117         double r = rng.gaussian(img_src.rows + img_src.cols) * (1 - P.at(i).like);
118         double ang = rng.uniform(-M_PI, M_PI);
119         cv::Point2d pt(r*cos(ang) + P.at(i).pos.x, r*sin(ang) + P.at(i).pos.y);
120         Particle p(pt, pt - P.at(i).pos, P.at(i).like, P.at(i).wgt, false); // 等速直線運動と仮定
```

```cpp
121         Pnew.push_back(p);
122       }
123     }
124     std::copy(Pnew.begin(), Pnew.end(), std::back_inserter(P));
125
126     // パーティクル描画
127     for (int i = 0; i < P.size(); i++) {
128       if (0 < P.at(i).pos.x && P.at(i).pos.x < img_src.cols
129         && 0 < P.at(i).pos.y && P.at(i).pos.y < img_src.rows) {
130         cv::circle(img_src, P.at(i).pos, 2, cv::Scalar(0, 0, 255));
131       }
132     }
133
134     // 追加パーティクルの描画
135     for (int i = 0; i < Pnew.size(); i++) {
136       cv::circle(img_src, Pnew.at(i).pos, 2, cv::Scalar(255, 0, 0));
137     }
138
139     // パーティクルの重心
140     for (int i = 0; i < P.size(); i++) {
141       center += P.at(i).pos;
142     }
143     center *= 1.0 / P.size();
144     cv::line(img_src, cv::Point(center.x, 0), cv::Point(center.x, img_src.
        rows), cv::Scalar(0, 255, 255), 3);
145     cv::line(img_src, cv::Point(0, center.y), cv::Point(img_src.cols, center.
        y), cv::Scalar(0, 255, 255), 3);
146
147     cv::imshow(win, img_src);
148     if (cv::waitKey(1) == 'q') break;
149   }
150   return 0;
151 }
```

●処理結果

(a) 尤度の高いパーティクルが多数　　　　(b) 尤度の高いパーティクルが少数

図 **4.8**　パーティクルフィルタによる物体追跡例（パーティクル数 1000）

練習問題

❸ Visual Tracker Benchmark[4] には，物体追跡に適した動画データと真値データが公開されている．適当なデータを使って，本章で解説したそれぞれの手法を適用し，真値と比較せよ．000000.jpg，000001.jpg，... のような連番の静止画ファイルを読み込むには，プログラムリスト 4.9 を参考にせよ．

●プログラムリスト 4.9　連番の静止画ファイル読み込み

```cpp
#define _CRT_SECURE_NO_WARNINGS
#include <iostream>
#include <opencv2/opencv.hpp>

int main()
{
  cv::VideoCapture cap("%06d.jpg");

  while (1) {
    cv::Mat img_src;
    cap >> img_src;
    cv::imshow("src", img_src);
    if (cv::waitKey(10) == 'q') break;
  }
  return 0;
}
```

● プログラムリスト 4.10　Tracking API を使用した物体追跡

```cpp
#define _CRT_SECURE_NO_WARNINGS
#include <iostream>
#include <string>
#include <opencv2/opencv.hpp>
#include <opencv2/tracking.hpp>

int main()
{
  cv::Mat img_src;
  cv::VideoCapture cap(0);

  std::vector<std::string> method;
  method.push_back("MIL"); // Multiple Instance Learning
  method.push_back("TLD"); // Tracking-learning-detection
  method.push_back("MEDIANFLOW");
  method.push_back("BOOSTING");
  method.push_back("KCF"); // Kernelized Correlation Filters

  // 追跡手法を選択
  cv::Ptr<cv::Tracker> tracker = cv::Tracker::create(method[4]);

  // 追跡範囲の選択（マウスで選択してEnterキーを押す）
  cap >> img_src;
  cv::Rect2d roi = cv::selectROI(img_src, false);

  tracker->init(img_src, roi); // 初期化

  while(1) {
    cap >> img_src;
    tracker->update(img_src, roi); // 物体追跡
    cv::rectangle(img_src, roi, cv::Scalar(0, 0, 255));
    cv::imshow("result", img_src);
    if (cv::waitKey(1) == 'q') break;
  }
  return 0;
}
```

> **豆知識**
>
> OpenCV3系のExtra moduleには物体追跡用API(Tracking API)が追加されている．これを使用すれば頑健で高速な物体追跡が容易に実装できる（プログラムリスト4.10）．使用するには，`tracking.hpp`のインクルードと`opencv_tracking320.lib`のリンクが必要である．APIの詳細は文献[5]を参照されたい．

参考文献

[1] OpenCV-Python Tutorials, Meanshift and Camshift: http://docs.opencv.org/master/db/df8/tutorial_py_meanshift.html

[2] G. Bradski: Computer vision face tracking for use in a perceptual user interface, *Intel Technology Journal*, Q2, pp. 214–219, 1998.

[3] 足立修一，丸田一郎：カルマンフィルタの基礎，東京電機大学出版局，2012.

[4] Visual Tracker Benchmark: http://cvlab.hanyang.ac.kr/tracker_benchmark/datasets.html

[5] OpenCV Tracking API: http://docs.opencv.org/3.2.0/d9/df8/group__tracking.html

Chapter 5 画像レジストレーション

最近のスマートフォンのカメラアプリにはパノラマ撮影モードが搭載されているものがある．図 **5.1** のように画面に表示された矢印の方向に従って本体をゆっくり回転させると写真が連続的に撮影される．そして，カメラを 180 度ほど回転すると自動的にパノラマ写真（図 **5.2**）が生成される．

このような処理は，**画像レジストレーション** (image registration) や，**イメージモザイキング** (image mosaicing)，**イメージスティッチング** (image stitching) などとも呼ばれる．連続的に取得した画像から重複部分を検出し，部分的に重ね合わせて順次貼り合わせるという処理が行われている．スマートフォンでは本体に搭載された各種センサ（加速度センサやジャイロセンサ）の情報も利用して精度向上を図っていると考えられるが，本章では，画像情報のみを用いた画像レジストレーションについて解説する．

(a) iOS

(b) Android

図 **5.1** スマートフォンのパノラマ撮影モード

図 **5.2** 生成されたパノラマ写真

5.1 画像レジストレーションの処理手順

画像レジストレーションの処理手順としては，

1. 画像の読み込み
2. 特徴点抽出
3. 特徴点の対応付け
4. ホモグラフィ行列の算出
5. 射影変換
6. 画像の貼り合わせ

のような流れとなる（図 5.3）．以降では各ステップの処理内容について順次説明する．ここでは説明の簡略化のため，2 枚の画像 A, B のレジストレーションとしているが，この処理を連続的に行えば，より多くの画像レジストレーションも可能である．

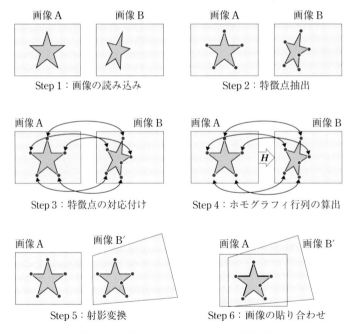

図 5.3　画像レジストレーションの処理手順

5.2 特徴点抽出

各画像から特徴となる点を抽出する処理である．ここでは，AKAZE により特徴点を抽出した．AKAZE については第 2 章に記載のため，ここでは省略する．

5.3 特徴点の対応付け

抽出される特徴は画像間で異なり，得られる特徴の数も異なる可能性がある．また特徴点記述もすべてが一対一に対応するとも限らない．そのため一方の画像で抽出された各特徴点と，もう一方の画像で抽出された各特徴点とを適切に対応付ける必要がある．以下では，代表的な 2 つの対応付け手法を紹介する．

5.3.1 ブルートフォース

ブルートフォース (brute-force) は「力ずくで行う」という意味で，総当り計算で最適な対応付けを求める手法である．画像 A 内のある特徴点の特徴量記述と，画像 B 内の各特徴点の特徴量記述とを何らかの距離計算手法を用いて距離を算出し，そのうちから最小のものを採用する．計算コストが高いため大規模データには不向きである．OpenCV では `BFMatcher` クラスとして実装されている[1]．

5.3.2 FLANN

FLANN(fast library for approximate nearest neighbors) は **k 最近傍法** (k-nearest neighbor algorithm, k-NN, 第 14 章参照) を近似計算することにより高速に処理するアルゴリズムである．大規模データに対して `BFMatcher` より高速に動作する．OpenCV では `FlannBasedMatcher` クラスとして実装されている[2]．

5.4 ホモグラフィ行列の算出

5.4.1 概要

ホモグラフィ (homography) は**射影変換** (perspective transformation) とも呼ばれ，平面から平

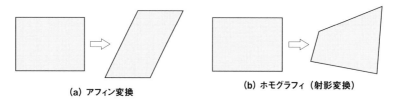

(a) アフィン変換　　　　　　(b) ホモグラフィ（射影変換）

図 **5.4**　変換の違い

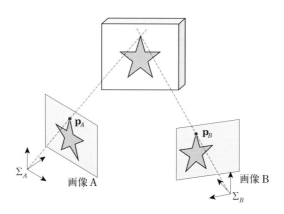

図 **5.5**　対応点

面への変換である．アフィン変換では矩形から平行四辺形への変形となるが，ホモグラフィでは矩形から凸四辺形への変形が可能となるため，アフィン変換の拡張ともいえる（**図 5.4**）．

ある対象物を2ヵ所から撮影，もしくは2台のカメラで撮影する場合を考えよう（**図 5.5**）．対象物は平面上に乗っており，2回の撮影の間に対象物は移動や変形をしない，もしくは2台のカメラは同時に撮影するものとする．撮像された画像をそれぞれ画像 A, B とし，それぞれの画像上の対応する画素の座標値を

$$\mathbf{p}_A = \begin{pmatrix} x_A \\ y_A \end{pmatrix}, \quad \mathbf{p}_B = \begin{pmatrix} x_B \\ y_B \end{pmatrix} \tag{5.1}$$

とする．以降の計算式を簡略にまとめるため，$\mathbf{p}_A, \mathbf{p}_B$ を 3×1 行列に拡張し，$(3,1)$ 要素に1を追加した $\widetilde{\mathbf{p}_A}, \widetilde{\mathbf{p}_B}$ を定義する．

$$\widetilde{\mathbf{p}_A} = \begin{pmatrix} x_A \\ y_A \\ 1 \end{pmatrix}, \quad \widetilde{\mathbf{p}_B} = \begin{pmatrix} x_B \\ y_B \\ 1 \end{pmatrix} \tag{5.2}$$

$\widetilde{\mathbf{p}_B}$ を $\widetilde{\mathbf{p}_A}$ に座標変換する 3×3 行列 $\mathbf{H}$ を

$$\mathbf{H} = \begin{pmatrix} h_{11} & h_{12} & h_{13} \\ h_{21} & h_{22} & h_{23} \\ h_{31} & h_{32} & 1 \end{pmatrix} \tag{5.3}$$

とし，s をある定数とすると，

$$s \begin{pmatrix} x_A \\ y_A \\ 1 \end{pmatrix} = \begin{pmatrix} h_{11} & h_{12} & h_{13} \\ h_{21} & h_{22} & h_{23} \\ h_{31} & h_{32} & 1 \end{pmatrix} \begin{pmatrix} x_B \\ y_B \\ 1 \end{pmatrix} \quad (5.4)$$

$$s\widetilde{\mathbf{p}_A} = \mathbf{H}\widetilde{\mathbf{p}_B} \quad (5.5)$$

となる．この変換行列 $\mathbf{H}$ を**ホモグラフィ行列** (homography matrix) と呼ぶ．

1つの対応点で2つの方程式が生成できるため，最低4つの対応点[*1]があれば，ホモグラフィ行列は求まる．それ以上の対応点がある場合には，最小2乗法などを用いて最適なホモグラフィ行列を求めることになる．

5.4.2　OpenCVでの関数仕様

```
Mat cv::findHomography(
    InputArray srcPoints,
    InputArray dstPoints
)
```

【概要】

OpenCV では関数 `cv::findHomography` を用いてホモグラフィ行列を求めることができる．この関数では再投影誤差

$$\sum_i^N \left\{ \left(x_{Ai} - \frac{h_{11}x_{Bi} + h_{12}y_{Bi} + h_{13}}{h_{31}x_{Bi} + h_{32}y_B + h_{33}} \right)^2 + \left(y_{Ai} - \frac{h_{21}x_{Bi} + h_{22}y_{Bi} + h_{23}}{h_{31}x_{Bi} + h_{32}y_{Bi} + h_{33}} \right)^2 \right\} \quad (5.6)$$

が最小になるようにホモグラフィ行列を求める．第3引数以降を省略した場合は，すべての対応点を使って最小2乗法でホモグラフィ行列の初期値を推定する．しかし，この方法では対応点が正しく求まっていない（**外れ値** (outlier) が存在するなど）場合に推定に失敗する可能性がある．これに対処するための手法（**RANSAC**(random sample consensus)，**最小メジアン法** (LMeDS, least median squares)，**PROSAC**(progressive sample consensus) に基づく手法[7]）が用意されており，追加の引数で指定可能である[3]．

【引数】

- `srcPoints`：元画像における座標群．`CV_32FC2` または `vector<Point2f>`型．
- `dstPoints`：元画像の座標群に対応する対象画像における座標群．`CV_32FC2` または `vector<Point2f>`型．

これら以外にもオプションのパラメータがあるが，ここでは省略する．

[*1] ただし，どの3点を選んでも同一直線上にないことが条件である．

5.5 射影変換

5.5.1 概要

得られたホモグラフィ行列 **H** を用いて，画像 B を画像 B′ に**射影変換**する．

5.5.2 OpenCV での関数仕様

```
void cv::warpPerspective(
    InputArray src,
    OutputArray dst,
    InputArray M,
    Size dsize
)
```

【概要】

OpenCV には射影変換のための関数 cv::warpPerspective が用意されている[4]．この関数では，

$$dst(x,y) = src\left(\frac{M_{11}x + M_{12}y + M_{13}}{M_{31}x + M_{32}y + M_{33}}, \frac{M_{21}x + M_{22}y + M_{23}}{M_{31}x + M_{32}y + M_{33}}\right) \quad (5.7)$$

に基づいて，与えた変換行列 **M** で入力画像を射影変換する．

【引数】
- src：入力画像．
- dst：出力画像．入力画像と同一のサイズと形式になる．
- M：3×3 の変換行列．
- dsize：出力画像のサイズ．

これら以外にもオプションのパラメータがあるが，ここでは省略する．

5.6 画像の貼り合わせ

5.6.1 概要

画像 A と射影変換された画像 B′ を貼り合わせて，画像レジストレーション結果を得る．貼り合わ

せて重なった部分は，上書きしたり，アルファブレンディングにより半透明表示させる方法がある．

5.6.2 OpenCV での関数仕様

```
void cv::addWeighted(
        InputArray src1,
        double alpha,
        InputArray src2,
        double beta,
        double gamma,
        OutputArray dst
)
```

【概要】
　OpenCV には半透明にして貼り合わせるための関数 cv::addWeighted が用意されている[5]．この関数では以下の式に基づいて，2 つの配列の重み付き和を計算する．

$$dst(x,y) = \alpha\, src_1(x,y) + \beta\, src_2(x,y) + \gamma \tag{5.8}$$

マルチチャンネルの配列の場合は，各チャンネルで独立に同様の計算が実行される．

【引数】
- src1：第 1 入力配列．
- alpha：第 1 入力配列の重み．
- src2：第 2 入力配列．第 1 入力配列と同一のサイズとチャンネル数であること．
- beta：第 2 入力配列の重み．
- gamma：重み付き和に足されるスカラ値．
- dst：出力配列．入力配列と同一のサイズとチャンネル数になる．

これら以外にもオプションのパラメータがあるが，ここでは省略する．

5.7　プログラム例

　ここで用いた入力画像は，California Science Center にあるスペースシャトルエンデバーを同一カメラで 2 地点から撮影したものである．撮影対象物体が平面形状ではなく，また同時撮影もしていない．そのため検出された対応点は平面上に乗っておらず，ホモグラフィ行列の精度はあまりよいと

はいえない．しかし，対象物体がかなり大きく，遠距離から撮影されているため，ほぼ平面と見なすことができる．また，特徴点はすべて対象物体上に乗っており，画像間で変形はしていない．そのため出力画像のとおり，とくに問題なく画像レジストレーションが実現できている．

●プログラムリスト 5.1　画像レジストレーション (C++)

```
 1  #define _CRT_SECURE_NO_WARNINGS
 2  #include <iostream>
 3  #include <string>
 4  #include <vector>
 5  #include <opencv2/opencv.hpp>
 6
 7  int main()
 8  {
 9    cv::Mat img_src[2], img_srcw[2], img_match, img_per, img_reg;
10    std::string filename[2] = { "05-06-a.jpg", "05-06-b.jpg" };
11    cv::Scalar color[2] = { cv::Scalar(0, 0, 255), cv::Scalar(255, 0, 0) };
12    int best = 20;
13    cv::Mat H;
14
15    for (int i = 0; i <= 1; i++){
16      img_src[i] = cv::imread(filename[i], 1); // 画像読み込み
17      cv::rectangle(img_src[i], cv::Point(0, 0), cv::Point(img_src[i].cols,
         img_src[i].rows), color[i], 2); // 外枠の描画
18      img_srcw[i] = cv::Mat::zeros(img_src[i].size() * 2, img_src[i].type());
19      cv::Mat roi = img_srcw[i](cv::Rect(img_srcw[i].cols / 4, img_srcw[i].rows
         / 4, img_src[i].cols, img_src[i].rows));
20      img_src[i].copyTo(roi); // 縦横倍のMatの中央にコピー
21    }
22
23    // 特徴点抽出
24    cv::Ptr<cv::AKAZE> detector = cv::AKAZE::create();
25    std::vector<cv::KeyPoint> kpts1, kpts2;
26    cv::Mat desc1, desc2;
27    detector->detectAndCompute(img_srcw[0], cv::noArray(), kpts1, desc1);
28    detector->detectAndCompute(img_srcw[1], cv::noArray(), kpts2, desc2);
29
30    // 特徴点が少なすぎる場合は停止
31    std::cout << kpts1.size() << " " << kpts2.size() << std::endl;
32    if (kpts1.size() < best || kpts2.size() < best) {
33      std::cout << "few keypoints : "
34        << kpts1.size() << " or " << kpts2.size() << "< " << best << std::endl;
35      return -1;
36    }
37
```

```cpp
38    // 特徴点の対応付け
39    //brute-force
40    cv::BFMatcher matcher(cv::NORM_HAMMING);
41    std::vector<cv::DMatch> matches;
42
43    // FLANN
44    //cv::FlannBasedMatcher matcher;
45    //std::vector<cv::DMatch> matches;
46    //desc1.convertTo(desc1, CV_32F);
47    //desc2.convertTo(desc2, CV_32F);
48
49    matcher.match(desc1, desc2, matches);
50
51    std::cout << "best = " << best << std::endl;
52    std::cout << "match size = " << matches.size() << std::endl;
53    if (matches.size() < best) {
54      std::cout << "few matchpoints" << std::endl;
55    }
56
57    // 上位best個を採用
58    std::nth_element(begin(matches), begin(matches) + best - 1, end(matches));
59    matches.erase(begin(matches) + best, end(matches));
60    std::cout << "matchs size = " << matches.size() << std::endl;
61
62    // 特徴点の対応を表示
63    cv::drawMatches(img_srcw[0], kpts1, img_srcw[1], kpts2, matches, img_match
        );
64    cv::imshow("matchs", img_match);
65
66    // 特徴点をvectorにまとめる
67    std::vector<cv::Point2f> points_src, points_dst;
68    for (int i = 0; i < matches.size(); i++) {
69      points_src.push_back(kpts1[matches[i].queryIdx].pt);
70      points_dst.push_back(kpts2[matches[i].trainIdx].pt);
71    }
72
73    // ホモグラフィ行列の算出
74    H = cv::findHomography(points_src, points_dst);
75
76    // 射影変換
77    cv::warpPerspective(img_srcw[0], img_per, H, img_per.size());
78
79    // 画像の貼り合わせ
```

```
80      cv::addWeighted(img_per, 0.5, img_srcw[1], 0.5, 0.0, img_reg);
81
82      // 表示
83      cv::imshow("registration", img_reg);
84      cv::waitKey(0);
85
86      return 0;
87 }
```

●処理結果

(a) src1

(b) src2

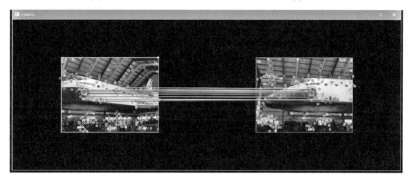
(c) matches

(d) registration

図 5.6　画像レジストレーションの処理例

❶ 3画像以上の画像レジストレーションを実装せよ．
❷ 入力画像間の色合いの違いや明度の差異を補正する方法を考えて，実装せよ．

> **豆知識**
>
> OpenCVには画像のパノラマ化をするためのStitcherクラス[6]（プログラムリスト5.2）が用意されており，画像レジストレーション処理が容易に実装できる（**図 5.7**，**図 5.8**）．

●プログラムリスト5.2　Stitcherクラスによる画像レジストレーション (C++)

```cpp
1  #define _CRT_SECURE_NO_WARNINGS
2  #include <iostream>
3  #include <opencv2/opencv.hpp>
4  #include <opencv2/stitching.hpp>
5  
6  int main()
7  {
8    cv::Mat img_dst;
9    std::vector< cv::Mat > img_src;
10   
11   img_src.push_back(cv::imread("05-08-a.jpg"));
12   img_src.push_back(cv::imread("05-08-b.jpg"));
13   img_src.push_back(cv::imread("05-08-c.jpg"));
14   img_src.push_back(cv::imread("05-08-d.jpg"));
15   img_src.push_back(cv::imread("05-08-e.jpg"));
16   img_src.push_back(cv::imread("05-08-f.jpg"));
17   
18   cv::Stitcher stitcher = cv::Stitcher::createDefault();
19   cv::Stitcher::Status status = stitcher.stitch(img_src, img_dst);
20   
21   if (status == cv::Stitcher::OK) cv::imshow("dst", img_dst);
22   else std::cout << "failed" << std::endl;
23   
24   cv::waitKey(0);
25   
26   return 0;
27  }
```

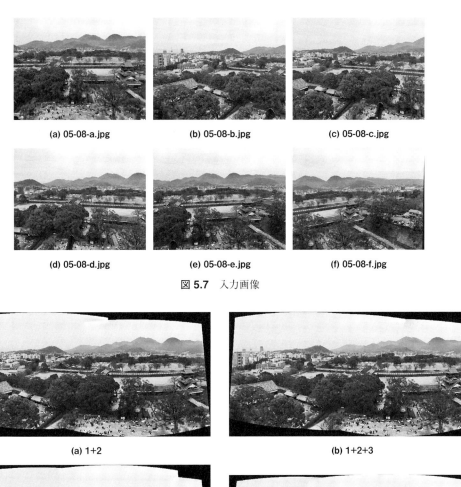

(a) 05-08-a.jpg　　(b) 05-08-b.jpg　　(c) 05-08-c.jpg

(d) 05-08-d.jpg　　(e) 05-08-e.jpg　　(f) 05-08-f.jpg

図 5.7　入力画像

(a) 1+2

(b) 1+2+3

(c) 1+2+3+4　　(d) 1+2+3+4+5

(e) 1+2+3+4+5+6

図 5.8　Stitcher クラスによる画像レジストレーションの処理例

5.7　プログラム例

参考文献

[1] cv::BFMatcher Class Reference: http://docs.opencv.org/3.2.0/d3/da1/classcv_1_1BFMatcher.html

[2] cv::FlannBasedMatcher Class Reference: http://docs.opencv.org/3.2.0/dc/de2/classcv_1_1FlannBasedMatcher.html

[3] Mat cv::findHomography: http://docs.opencv.org/3.2.0/d9/d0c/group__calib3d.html#ga4abc2ece9fab9398f2e560d53c8c9780

[4] void cv::warpPerspective: http://docs.opencv.org/3.2.0/da/d54/group__imgproc__transform.html#gaf73673a7e8e18ec6963e3774e6a94b87

[5] void cv::addWeighted: http://docs.opencv.org/3.2.0/d2/de8/group__core__array.html#gafafb2513349db3bcff51f54ee5592a19

[6] cv::Stitcher Class Reference: http://docs.opencv.org/3.2.0/d2/d8d/classcv_1_1Stitcher.html

[7] O. Bilaniuk, H. Bazargani, and R. Laganiere: Fast target recognition on mobile devices: Revisiting gaussian elimination for the estimation of planar homographies, In *Proc. of Computer Vision and Pattern Recognition Workshops (CVPRW)*, pp. 119–125, 2014.

Chapter 6 カメラモデル

本章では,空間中の3次元位置が画像平面上のどこに投影されるかをシンプルに表現でき数学的に扱いやすいモデルとして,コンピュータビジョンの世界で広く使われている**ピンホールカメラモデル**(pinhole camera model)と,実際に3次元位置をデジタル画像上のデータに変換する手順について解説する.

6.1 ピンホールカメラモデル

図 **6.1** にピンホールカメラモデルの概念図を示す.画像平面 I から距離 f のところに,I と平行な面 F をおき,面 F 上にピンホールを開け,そのピンホールを点 C_F とする.この点 C_F は,カメラの**レンズ中心**(光学中心, optical center)であると考える.3次元空間中の物体の1点を通る光は,直進してピンホール(点 C_F)を通り,画像平面 I にその点の像を構成する.点 C_F は**焦点**(focal point),面 F は**焦点面**(focal plane),レンズ中心から画像平面までの距離 f は**焦点距離**(focal length)という.点 C_F を通り画像平面に垂直な線を**光軸**(optical axis)という.光軸と画像平面との交点 C_I が画像中心となる.

図 6.1 をみると,画像平面では上下が反転することが分かる.そこで,図 **6.2** のように焦点面 F と物体の間に焦点距離 f を保持したまま画像平面を配置すると,上下が反転するため理解しやすくなる.これを**虚像平面**(virtual image plane)と呼ぶ.

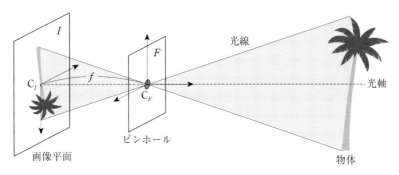

図 **6.1** ピンホールカメラモデル

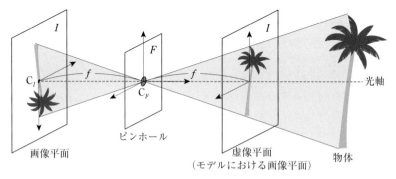

図 6.2　虚像平面

6.2 座標系の定義

6.1 節で導入したピンホールカメラモデルを用いて，空間中の物体と画像平面上の位置関係について考えよう．まず最初に，以下のような 3 種の座標系を定義する．これら 3 種の座標系の関係は，図 6.3 のようになる．

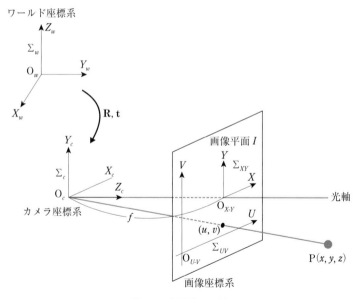

図 6.3　座標系の関係

ワールド座標系

物体の存在する 3 次元空間に「ユーザが」設定した座標系を右手系で表現する．右手系とは，右手の親指を立て，人差し指をまっすぐ伸ばし，中指を手のひら方向に 90 度倒して直交系を作成したと

きに，親指を X 軸，人差し指を Y 軸，中指方向を Z 軸とするような座標系である．

カメラ座標系

カメラのレンズ中心（焦点）O_c を原点とし，光軸方向を Z 軸とする．X 軸・Y 軸は，投影する画像平面 I（Z 軸方向に焦点距離 f 離れた点 O_{X-Y} が原点となる）における座標系 Σ_{XY} の X 軸・Y 軸にそれぞれ揃えて右手系で構成した座標系である．

画像座標系

画像上の点 O_{U-V} を原点とし，U 軸・V 軸はそれぞれ実際の撮像素子配置軸に合わせた座標系 Σ_{UV} である．

ワールド座標系→カメラ座標系→画像平面への投影→画像座標系へと変換することで，ユーザが定義した空間上の3次元位置が，画像座標系のどの位置に投影されるかを計算できるようになる．最終的には，レンズ歪みの考慮とデジタル画像として取り扱うための離散化が必要となる．

6.3 同次座標

3次元空間上の1点の座標は，一般的に位置ベクトル

$$\mathbf{M} = \begin{pmatrix} x \\ y \\ z \end{pmatrix}$$

として表すことができるが，平行移動や射影変換までを行列演算で表現するために，**同次座標** (homogeneous coordinate) を導入する．同次座標表現では3次元空間中の点 (x, y, z) に，要素を1つ増やして記号の上にチルダ（ ˜ ）をつける．

$$\tilde{\mathbf{M}} = \begin{pmatrix} x \\ y \\ z \\ w \end{pmatrix}$$

このように同次座標では表現しようとする空間の次元より，1つ多い数の組で座標を表す．同次座標の定義では，実際の3次元座標は $(x/w, y/w, z/w)$ となる．$w = 1$ のとき，実座標が (x, y, z) であれば，その同次座標は $(x, y, z, 1)$ となる．また $w = 0$ のとき，実座標は無限遠点を表す．

6.4 ワールド座標系からカメラ座標系への変換（外部パラメータ）

ワールド座標系とカメラ座標系の相対的な関係を図 6.4 に示す．ワールド座標系の原点 O_w から見て，カメラ座標系の原点 O_c は，ベクトル $\mathbf{T} = (T_x\ T_y\ T_z)^\top$ の位置にあるとする（ワールド座標系で $\mathbf{T}$ だけ並進するとカメラ座標系の原点と一致する）．また，ワールド座標系において，カメラ座標系の各軸の方向を表す単位ベクトルが以下のように表されているとする．

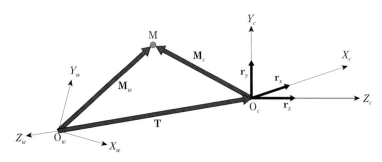

図 6.4 ワールド座標系とカメラ座標系の相対関係

$$\mathbf{r}_x = (rx_x\ rx_y\ rx_z)^\top \tag{6.1}$$

$$\mathbf{r}_y = (ry_x\ ry_y\ ry_z)^\top \tag{6.2}$$

$$\mathbf{r}_z = (rz_x\ rz_y\ rz_z)^\top \tag{6.3}$$

このとき，カメラ座標系で $\mathbf{M}_c = (x_c\ y_c\ z_c)^\top$ で与えられる点 M の座標を，ワールド座標系での表現 $\mathbf{M}_w = (x_w\ y_w\ z_w)^\top$ で表すと，

$$x_w = x_c rx_x + y_c ry_x + z_c rz_x + T_x \tag{6.4}$$

$$y_w = x_c rx_y + y_c ry_y + z_c rz_y + T_y \tag{6.5}$$

$$z_w = x_c rx_z + y_c ry_z + z_c rz_z + T_z \tag{6.6}$$

$$\mathbf{M}_w = x_c \mathbf{r}_x + y_c \mathbf{r}_y + z_c \mathbf{r}_z + \mathbf{T} \tag{6.7}$$

となる．

ここでは，ワールド座標系からカメラ座標系への変換を考えているので，式 (6.7) をもとに逆変換を考える．まず，式 (6.7) の両辺に $\mathbf{r}_x^\top$ をかけると，

$$\begin{aligned}\mathbf{r}_x^\top \mathbf{M}_w &= x_c \mathbf{r}_x^\top \mathbf{r}_x + y_c \mathbf{r}_x^\top \mathbf{r}_y + z_c \mathbf{r}_x^\top \mathbf{r}_z + \mathbf{r}_x^\top \mathbf{T} \\ &= x_c + \mathbf{r}_x^\top \mathbf{T}\end{aligned} \tag{6.8}$$

となる．式 (6.8) の変換には，$\mathbf{r}_x, \mathbf{r}_y, \mathbf{r}_z$ が互いに直交していることより，

$$\mathbf{r}_x{}^\top \mathbf{r}_x = 1 \tag{6.9}$$

$$\mathbf{r}_x{}^\top \mathbf{r}_y = 0 \tag{6.10}$$

$$\mathbf{r}_x{}^\top \mathbf{r}_z = 0 \tag{6.11}$$

であることから導かれる.

同様に,式 (6.7) にそれぞれ $\mathbf{r}_y{}^\top, \mathbf{r}_z{}^\top$ をかけると,

$$\mathbf{r}_y{}^\top \mathbf{M}_w = y_c + \mathbf{r}_y{}^\top \mathbf{T} \tag{6.12}$$

$$\mathbf{r}_z{}^\top \mathbf{M}_w = z_c + \mathbf{r}_z{}^\top \mathbf{T} \tag{6.13}$$

が得られる.これらより,

$$\begin{pmatrix} x_c \\ y_c \\ z_c \end{pmatrix} = \begin{pmatrix} \mathbf{r}_x{}^\top \\ \mathbf{r}_y{}^\top \\ \mathbf{r}_z{}^\top \end{pmatrix} \mathbf{M}_w - \begin{pmatrix} \mathbf{r}_x{}^\top \\ \mathbf{r}_y{}^\top \\ \mathbf{r}_z{}^\top \end{pmatrix} \mathbf{T} \tag{6.14}$$

ここで,

$$\mathbf{R} = \begin{pmatrix} \mathbf{r}_x{}^\top \\ \mathbf{r}_y{}^\top \\ \mathbf{r}_z{}^\top \end{pmatrix}$$

とおくと,

$$\mathbf{M}_c = \mathbf{R}\mathbf{M}_w - \mathbf{R}\mathbf{T} \tag{6.15}$$

さらに,

$$\mathbf{t} = -\mathbf{R}\mathbf{T}$$

とすることで,カメラ座標系の原点 O_c からワールド座標系の原点 O_w へのカメラ座標系での並進ベクトルを $\mathbf{t}$ で表現する.このようにして得られた回転行列 $\mathbf{R}$ と並進ベクトル $\mathbf{t}$ をカメラの**外部パラメータ**という.3 次元空間中の任意の点のカメラ座標系における座標 $\mathbf{M}_c$ とワールド座標系における座標 $\mathbf{M}_w$ の関係は

$$\mathbf{M}_c = \mathbf{R}\mathbf{M}_w + \mathbf{t} \tag{6.16}$$

あるいは

$$\tilde{\mathbf{M}}_c = \mathbf{D}_{4\times 4}\tilde{\mathbf{M}}_w$$
$$\mathbf{D}_{4\times 4} = \begin{pmatrix} \mathbf{R} & \mathbf{t} \\ \mathbf{0}_3{}^\top & 1 \end{pmatrix}, \quad \mathbf{0}_3 = \begin{pmatrix} 0 & 0 & 0 \end{pmatrix}^\top \tag{6.17}$$

で表される.この行列 $\mathbf{D}_{4\times 4}$ によって,ワールド座標系で表されていた座標を,カメラ座標系での座標値に変換することができる.

6.5 カメラ座標系における画像平面への透視投影変換

カメラ座標系における任意の点の3次元位置ベクトル $\mathbf{M}_c = (x_c \ y_c \ z_c)^\top$ を，画像平面 I に投影して得られる2次元位置ベクトル $\mathbf{m}_c = (x \ y)^\top$ の関係は，以下のようになる（図 **6.5**）．

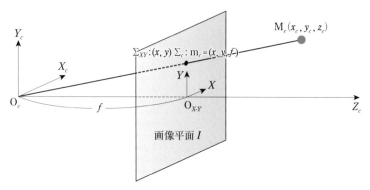

図 6.5 透視投影変換

$$x = f\frac{x_c}{z_c}$$
$$y = f\frac{y_c}{z_c} \tag{6.18}$$

式 (6.18) は，6.3 節で導入した同次座標を用いると以下のような行列演算で表現できる．

$$s\begin{pmatrix} x \\ y \\ 1 \end{pmatrix} = \begin{pmatrix} f & 0 & 0 & 0 \\ 0 & f & 0 & 0 \\ 0 & 0 & 1 & 0 \end{pmatrix}\begin{pmatrix} x_c \\ y_c \\ z_c \\ 1 \end{pmatrix} \tag{6.19}$$

ここで，s は同次座標で表現するためのパラメータで任意のスカラである．同次座標表現された位置ベクトルを $\tilde{\mathbf{m}}_c$，$\tilde{\mathbf{M}}_c$ として表すと，式 (6.19) は

$$s\tilde{\mathbf{m}}_c = \mathbf{P}\tilde{\mathbf{M}}_c = \mathbf{P}\mathbf{D}_{4\times 4}\tilde{\mathbf{M}}_w \tag{6.20}$$

と書ける．ここで

$$\mathbf{P} = \begin{pmatrix} f & 0 & 0 & 0 \\ 0 & f & 0 & 0 \\ 0 & 0 & 1 & 0 \end{pmatrix} \tag{6.21}$$

を，中心射影の**透視投影変換行列** (perspective projection matrix) という．

6.6 カメラ座標系から画像座標系への変換（内部パラメータ）

ここでは，カメラ座標系で定義されていた画像平面 I における座標系から，実カメラの撮像面をモデル化した画像座標系への変換を考えよう．6.5 節で定義した透視投影変換行列 $\mathbf{P}$ を実カメラの特性を考慮した行列で表現する．この行列をカメラモデルの**内部パラメータ**と呼ぶ．内部パラメータを考えるにあたって，以下のような前提があるとする．

- 画像中心位置は不明である．
- 撮像素子の画素が正方形でない場合，画像平面の xy 座標軸のスケールは異なる可能性がある．
- 実際の画像平面の両座標軸は必ずしも直交していない．

ここで，カメラ座標系における画像平面 I 上に定義した座標系 Σ_{XY} と，画像座標系 Σ_{UV} を図 **6.6** に示す．座標系 Σ_{XY} は，画像中心 O_{XY} を原点とし，X 軸と Y 軸は同じスケールであり，かつ直交している．一方 Σ_{UV} を，先に示した前提を持つ画像座標系であるとする．

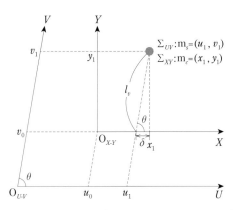

図 **6.6** 内部パラメータ

座標系 Σ_{XY} と座標系 Σ_{UV} の変換を考えよう．まず，X 軸を U 軸と平行になるように設定する．U 軸と V 軸の単位長は座標系 Σ_{XY} を基準にして，それぞれ k_u と k_v とする．また，座標系 Σ_{UV} の U 軸と V 軸のなす角度を θ とする．

座標系 Σ_{UV} における画像中心の座標を (u_0, v_0) とする．ある任意の点の座標系 Σ_{UV} と座標系 Σ_{XY} における座標表現をそれぞれ $\mathbf{m}_s = (u_1, v_1)$，$\mathbf{m}_c = (x_1, y_1)$ とする．図 6.6 から，

$$\frac{y_1}{\delta} = \tan\theta \tag{6.22}$$

$$\delta = \frac{y_1}{\tan\theta} = y_1 \cot\theta \tag{6.23}$$

$$\frac{y_1}{l_v} = \sin\theta \tag{6.24}$$

$$l_v = \frac{y_1}{\sin\theta} \tag{6.25}$$

となるため，

$$u_1 = k_u x_1 - k_u y_1 \cot\theta + u_0 \tag{6.26}$$

$$v_1 = k_v \frac{y_1}{\sin\theta} + v_0 \tag{6.27}$$

と表すことができる．これを行列表現すると

$$\tilde{m}_s = \mathbf{H}\tilde{m}_c \tag{6.28}$$

ここで，

$$\mathbf{H} = \begin{pmatrix} k_u & -k_u \cot\theta & u_0 \\ 0 & k_v/\sin\theta & v_0 \\ 0 & 0 & 1 \end{pmatrix} \tag{6.29}$$

である．式 (6.20) を式 (6.28) に代入すると，

$$s\tilde{m}_s = \mathbf{P}_{new}\tilde{\mathbf{M}}_c \tag{6.30}$$

が得られる．ここで，

$$\mathbf{P}_{new} = \mathbf{HP} = \begin{pmatrix} fk_u & -fk_u \cot\theta & u_0 & 0 \\ 0 & fk_v/\sin\theta & v_0 & 0 \\ 0 & 0 & 1 & 0 \end{pmatrix} \tag{6.31}$$

である．fk_u と fk_v が積の形で残ってしまうので，焦点距離の変化と画素のサイズの変化が区別できない．そこで，fk_u と fk_v をそれぞれ α_u と α_v で置き換え，$\mathbf{P}_{new}$ の前3行3列を取り出して行列 $\mathbf{A}$ とおく．

$$\mathbf{A} = \begin{pmatrix} \alpha_u & -\alpha_u \cot\theta & u_0 \\ 0 & \alpha_v/\sin\theta & v_0 \\ 0 & 0 & 1 \end{pmatrix} \tag{6.32}$$

この行列 $\mathbf{A}$ はカメラの内部の変数のみによって構成されており，**カメラ内部行列** (camera intrinsic matrix) と呼ばれる．$\alpha_u, \alpha_v, \theta, u_0, v_0$ という5つのパラメータはカメラ固有のもので，**内部パラメータ** (intrinsic parameters) と呼ばれる．

最近のカメラでは，画像の両座標軸のなす角度は直角 ($\theta = \pi/2$)，撮像素子も正方形 ($\alpha = \alpha_u = \alpha_v$) と見なすことができる．この条件を式 (6.32) のカメラ内部行列の定義にあてはめると，

$$\mathbf{A} = \begin{pmatrix} \alpha & 0 & u_0 \\ 0 & \alpha & v_0 \\ 0 & 0 & 1 \end{pmatrix} \tag{6.33}$$

となり，内部パラメータ3個，すなわち画像中心 (u_0, v_0) と焦点距離 f の定数倍 (α) となる．

さて式 (6.17) と式 (6.30) を結合すると，内部パラメータと外部パラメータの双方を含む一般的な射影行列

$$\mathbf{P} = \mathbf{A} \begin{pmatrix} \mathbf{R} & \mathbf{t} \end{pmatrix} = \mathbf{A}\mathbf{D}_{3\times 4} \tag{6.34}$$

が得られる．すなわち，ワールド座標系で表現した位置ベクトル $\tilde{\mathbf{M}}_w = (x_w \ y_w \ z_w \ 1)^\top$ から画像座標系で表現した位置ベクトル $\tilde{\mathbf{m}}_s = (u \ v \ 1)^\top$ への射影は

$$s\tilde{\mathbf{m}}_s = \mathbf{P}\tilde{\mathbf{M}}_w \tag{6.35}$$

によって決定される．ここで，s はスカラである．$\mathbf{P}$ はスケールが任意なので，11 の自由度がある．これは，内部パラメータの数 ($=5$) と外部パラメータの数 ($=6$) の和に等しい．

6.7 レンズ歪みの考慮

実際のカメラレンズでは，半径方向や円周方向に歪みを有しているため，6.6 節で述べた画像座標に加えて**レンズ歪み**も考慮する必要がある．半径方向の歪みは，レンズ形状が曲面であることより，光線がレンズに当たった場所に応じて撮像素子上での投射位置が移動することで発生する歪みである．光軸から離れるほど移動量は大きく，移動方向は光軸を中心に等方的である．樽型歪み，糸巻型歪みとも呼ばれている．一方，円周方向の歪みは，レンズと撮像素子が完全に平行でない場合に発生する歪みである．半径方向の歪みに比べて，歪み量は小さい．

このようなレンズの歪みは，図 6.7 に示す Weng[7] らが提案したモデルがよく使われている．このモデルでは，(u, v) を歪みのない投影による画像座標上の点，(u_D, v_D) を歪みを含んだ画像座標上の点とし，k_1, k_2, k_3 を半径方向の歪み係数，p_1, p_2 を円周方向の歪み係数とすると，以下の式が成り立つとしている．

$$\begin{aligned} u_D &= u + u(k_1 r^2 + k_2 r^4 + k_3 r^6) + 2p_1 uv + p_2(r^2 + 2u^2) \\ v_D &= v + v(k_1 r^2 + k_2 r^4 + k_3 r^6) + 2p_2 uv + p_1(r^2 + 2v^2) \end{aligned} \tag{6.36}$$

ここで

$$r = \sqrt{u^2 + v^2}$$

である．ただし，多くの場合は，第 2 項の半径方向の歪みを考慮すれば十分である．

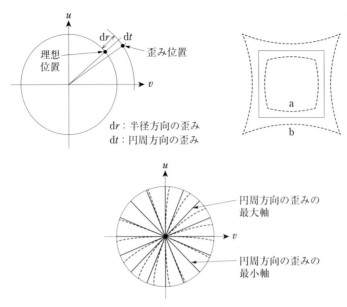

図 6.7 Weng レンズ歪みモデル
［文献[7] を参考に作成］

6.8 画像の離散化（デジタル座標系への変換）

投影された点をデジタル画像で取り扱うためには，座標を**離散化**する必要がある．デジタル画像上の離散化された座標値 (u_f, v_f) は，

$$u_f = \frac{u_D}{s_u} + c_u$$
$$v_f = \frac{v_D}{s_v} + c_v \tag{6.37}$$

のように計算できる．このとき (c_u, c_v) はデジタル画像上の原点座標，(s_u, s_v) は画素サイズである．OpenCV では画像は左上を原点とし，y 軸は下向きとなるため y 軸の座標値は

$$v_f = -\frac{v_D}{s_v} + c_v \tag{6.38}$$

となることに注意する．

参考文献

- [1] R. Hartley and A. Zisserman: *Multiple view geometry in computer vision*, Cambridge University Press, 2004.
- [2] 徐剛, 辻三郎：3次元ビジョン, 共立出版, 1998.
- [3] 出口光一郎：ロボットビジョンの基礎, コロナ社, 2000.
- [4] D. A. Forsyth and J. Ponce（著）, 大北剛（訳）：コンピュータビジョン, 共立出版, 2007.
- [5] G. Bradski and A. Kaehler: *Learning OpenCV: Computer vision with the OpenCV library*, O'Reilly, 2008.
- [6] J. E. Solem（著）, 相川愛三(訳)：実践 コンピュータビジョン, オライリージャパン, 2013.
- [7] J. Weng, P. Cohen, and M. Herniou: Camera calibration with distortion models and accuracy evaluation, *IEEE Transactions on Pattern Analysis and Machine Intelligence*, Vol. 14, No. 10, pp. 965–980, 1992.

Chapter 7 エピポーラ幾何

第6章では,3次元空間中の点と,それを画像平面上に投影したときの対応点との位置関係について解説した.本章では,3次元空間中のあるシーンを異なる2つの視点の画像平面に投影して得られる画像間に存在する幾何学的な関係について述べる.この関係は**エピポーラ幾何** (epipolar geometry) と呼ばれており,ステレオ視,カメラの運動推定,3次元形状の再構成などコンピュータビジョンのさまざまな場面に適用できる.

7.1 エピポーラ線

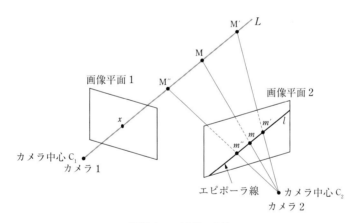

図 **7.1** エピポーラ線

図 **7.1** において,カメラ中心(光学中心)が C_1 であるカメラ1において,空間中のある点 M が画像平面1上に投影され, x に像を結んだとする.このとき, x に対応する空間中の候補点は, C_1 と x を結ぶ直線 L 上に存在する.この直線 L を,カメラ中心が C_2 であるカメラ2の画像平面2に投影して得られる線分 l は,画像平面1上の点 x に対応する画像平面2上の対応点の集合となる.すなわち,画像平面1上の点 x に対応する点は,画像平面2上では直線 l 上のどこかに存在する.このような直線を**エピポーラ線** (epipolar line) と呼ぶ.カメラパラメータが既知である2つの画像間には,このような幾何学的な関係が存在する.

7.2 エピポーラ平面・エピポール

ここではエピポーラ幾何の中でも重要な，(7.1 節でも説明した) エピポーラ線，エピポーラ平面，エピポールについて説明する．

図 **7.2** は，ある空間中の点 M が，2 つのカメラの画像平面に投影された様子を示している．2 つのカメラ中心を C_1, C_2 としたとき，3 点 M, C_1, C_2 を通る平面を**エピポーラ平面** (epipolar plane)，エピポーラ平面とそれぞれの画像平面とが交わる線は**エピポーラ線**となる．7.1 節では画像平面 1 を基準として考えたが，逆に画像平面 2 を基準として考えたときには，画像平面 1 上のエピポーラ線 l_1 は，画像平面 2 上の点 x_2 に対応する画像平面 1 上の点集合である．このように，どちらの画像平面についても，対応点はそれぞれの画像平面上のエピポーラ線上に存在するという関係（**エピポーラ拘束**）が成り立つ．さらに，線分 C_1C_2 がそれぞれの画像平面と交わる点を**エピポール** (epipole) という．画像平面 1 上のエピポール e_1 は，カメラ中心 C_2 を，カメラ 1 の視点で画像平面 1 上に投影した点でもある．

次に，図 **7.3** に示すように，空間中の n 個の点 $M_1, M_2, M_3, ..., M_n$ を考えると，それぞれの位置とカメラ中心 C_1, C_2 によって構成されるエピポーラ平面が n 個存在する．それぞれのエピポーラ

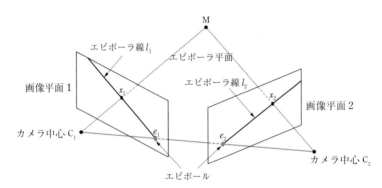

図 **7.2** エピポーラ平面・エピポール

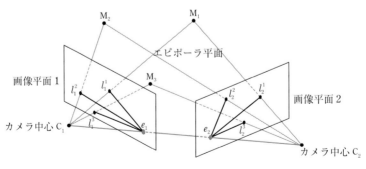

図 **7.3** 複数のエピポーラ平面

平面と画像平面との交線が，それぞれのエピポーラ線 $l_1^1, l_1^2, l_1^3, ..., l_1^n$ $l_2^1, l_2^2, l_2^3, ..., l_2^n$ として得られる．各画像平面上のエピポーラ線は，それぞれの平面上のエピポール e_1, e_2 で交わる．これは，どのエピポーラ平面も C_1, C_2 を結ぶ直線を通ることから明らかである．

7.3　E 行列（基本行列）

カメラ中心 C_1 を原点とする座標系を Σ_1，カメラ中心 C_2 を原点とする座標系を Σ_2 とする（図 **7.4**）．ここから，Σ_1 を基準としてエピポーラ拘束を考えよう．Σ_1 での空間座標 $\mathbf{M}$ の位置を $\mathbf{M}_1$，同様に Σ_2 での空間座標 $\mathbf{M}$ の位置を $\mathbf{M}_2$ とする．ここで，$\mathbf{M}_1, \mathbf{M}_2$ は 3×1 行列である．

このときカメラ中心 C_2 の位置を $\mathbf{T}$ とすると，$\mathbf{M}_1, \mathbf{M}_2$ の関係は，

$$\mathbf{M}_2 = \mathbf{R}(\mathbf{M}_1 - \mathbf{T}) \tag{7.1}$$

で表せる．ここで，$\mathbf{R}$ は Σ_2 を基準としたときの Σ_1 の姿勢を表す回転行列である．エピポーラ平面は C_1 を原点とするベクトル $\mathbf{M}_1, \mathbf{T}$ から成り立っているので，法線として $\mathbf{n} = \mathbf{T} \times \mathbf{M}_1$ を得る．したがって，ベクトル $\mathbf{T}$ と $\mathbf{M}_1$ を含むこのエピポーラ平面上の点すべてに対して以下の式が成り立つ[*1]．

$$(\mathbf{M}_1 - \mathbf{T})^\top (\mathbf{T} \times \mathbf{M}_1) = 0 \tag{7.2}$$

ここで

$$\mathbf{T} \times \mathbf{M}_1 = \mathbf{S}\mathbf{M}_1 \tag{7.3}$$

とおく．ただし，$\mathbf{S}$ は式 (7.4) で示すベクトル $\mathbf{T}$ の各要素からなる 3×3 の行列を表す．

$$\mathbf{S} = \begin{pmatrix} 0 & -T_z & T_y \\ T_z & 0 & -T_x \\ -T_y & T_x & 0 \end{pmatrix} \tag{7.4}$$

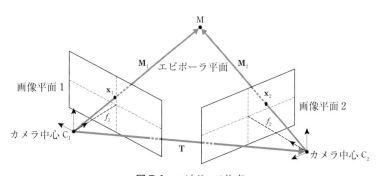

図 **7.4**　エピポーラ拘束

[*1] 法線ベクトル $\mathbf{n}$ を持ち，位置ベクトル $\mathbf{a}$ で表される点を通る平面があるとする（この 2 つがあれば平面は 1 つに確定できる）．このとき，この平面上の任意の点を位置ベクトル $\mathbf{x}$ で表すと，$(\mathbf{x} - \mathbf{a})^\top \mathbf{n} = 0$ を満たす．この式は $\mathbf{x} - \mathbf{a}$ と $\mathbf{n}$ が直交していることを表している．

この $\mathbf{S}$ は，$\mathbf{S} = [\mathbf{T}]_\times$ とも表現され，歪対称行列と呼ばれている．歪対称行列 $\mathbf{S}$ は $\mathbf{S}^\top = -\mathbf{S}$ という性質を持っている．

$\mathbf{S}$ を用いると，式 (7.2) は

$$(\mathbf{M}_1 - \mathbf{T})^\top \mathbf{S} \mathbf{M}_1 = 0 \tag{7.5}$$

となり，また，式 (7.1) を変形すると

$$\mathbf{R}^{-1} \mathbf{M}_2 = \mathbf{M}_1 - \mathbf{T} \tag{7.6}$$

が得られる．式 (7.6) を式 (7.5) に代入すると，

$$(\mathbf{R}^{-1} \mathbf{M}_2)^\top \mathbf{S} \mathbf{M}_1 = 0 \tag{7.7}$$

となり，$\mathbf{R}$ は直交行列であり，$\mathbf{R}^{-1} = \mathbf{R}^\top$ が成り立つので

$$(\mathbf{R}^\top \mathbf{M}_2)^\top \mathbf{S} \mathbf{M}_1 = 0 \tag{7.8}$$

が得られる．さらに転置行列を展開[*2]すると

$$\mathbf{M}_2^\top \mathbf{R} \mathbf{S} \mathbf{M}_1 = 0 \tag{7.9}$$

となり，$\mathbf{E} = \mathbf{R}\mathbf{S}$ と置き換えることにより，最終的に 2 つのカメラ座標系における $\mathbf{M}_1, \mathbf{M}_2$ の間には以下の関係式が成り立つ．

$$\mathbf{M}_2^\top \mathbf{E} \mathbf{M}_1 = 0 \tag{7.10}$$

また，図 7.4 に示すように点 M を画像平面に投影した点の位置ベクトルをそれぞれ $\mathbf{x}_1, \mathbf{x}_2$ とし，$\mathbf{x}_1 = f_1 \mathbf{M}_1 / z_1$, $\mathbf{x}_2 = f_2 \mathbf{M}_2 / z_2$ を代入して両辺を $z_1 z_2 / f_1 f_2$ で割ると，

$$\mathbf{x}_2^\top \mathbf{E} \mathbf{x}_1 = 0 \tag{7.11}$$

が得られる．ここで $\mathbf{E}$ は 3×3 の行列であり，基本行列（essential matrix，$\mathbf{E}$ 行列）と呼ばれ，2 視点の画像間の位置関係（外部パラメータ）のみで，両方の画像平面上の対応点同士の位置の拘束を表現することができる．この行列にはカメラの内部パラメータに関する情報は含まれておらず，カメラ座標内での点を関連づけるものである．E 行列は 2 つのカメラの並進と回転による位置関係に関する情報を記述しているといえる．

7.4　F 行列（基礎行列）

E 行列はカメラ座標系での関係を示したが，一般的なカメラ画像座標（ピクセル表示での座標）を

[*2] $(\mathbf{A}\mathbf{B})^\top = \mathbf{B}^\top \mathbf{A}^\top$.

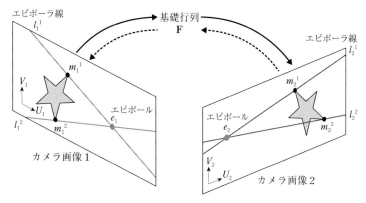

図 7.5　基礎行列

用いて表すことを考えよう（図 7.5）．$\mathbf{x}_1, \mathbf{x}_2$ の画像座標系における位置を同次座標表現を使ってそれぞれ $\tilde{\mathbf{m}}_1, \tilde{\mathbf{m}}_2$ と表すと，

$$\tilde{\mathbf{m}}_1 = \mathbf{A}_1 \mathbf{x}_1 \tag{7.12}$$

$$\tilde{\mathbf{m}}_2 = \mathbf{A}_2 \mathbf{x}_2 \tag{7.13}$$

$$\mathbf{x}_1 = \mathbf{A}_1^{-1} \tilde{\mathbf{m}}_1 \tag{7.14}$$

$$\mathbf{x}_2 = \mathbf{A}_2^{-1} \tilde{\mathbf{m}}_2 \tag{7.15}$$

が成り立つ[*3]．ただしこれらが成り立つのは $\mathbf{x}_1, \mathbf{x}_2$ の z 座標がそれぞれのカメラの焦点距離に等しい（画像平面上の点）からである．式 (7.11) に式 (7.14)，式 (7.15) を代入して，次の関係式が得られる．ここで $\mathbf{A}^{-\top}$ は行列 $\mathbf{A}$ の逆行列の転置を表す．

$$\tilde{\mathbf{m}}_2^\top \mathbf{A}_2^{-\top} \mathbf{E} \mathbf{A}_1^{-1} \tilde{\mathbf{m}}_1 = 0 \tag{7.16}$$

さらに

$$\mathbf{F} = \mathbf{A}_2^{-\top} \mathbf{E} \mathbf{A}_1^{-1} \tag{7.17}$$

と置き換えることにより，最終的に，2 つの画像における投影点のカメラ画像座標 $\tilde{\mathbf{m}}_1, \tilde{\mathbf{m}}_2$ の間には以下の関係が成り立つ．

$$\tilde{\mathbf{m}}_2^\top \mathbf{F} \tilde{\mathbf{m}}_1 = 0 \tag{7.18}$$

ここで $\mathbf{F}$ は 3×3 の行列であり，**基礎行列**（fundamental matrix，**F 行列**）と呼ばれる．F 行列にはカメラの内部パラメータと外部パラメータ（カメラ間の並進・回転）の双方を含んでいる．

式 (7.17) を変形して $\mathbf{E}$ を $\mathbf{F}$ で表現することもできる．

$$\mathbf{E} = \mathbf{A}_2^\top \mathbf{F} \mathbf{A}_1 \tag{7.19}$$

[*3] ここで，$\mathbf{x}_1, \mathbf{x}_2$ は 3×1 行列，$\mathbf{A}$ は 3×3 行列，$\tilde{\mathbf{m}}_1, \tilde{\mathbf{m}}_2$ は 3×1 行列である．

エピポールは F 行列（E 行列）より求めることができる．画像平面 1 におけるエピポール $\mathbf{e}_1$ は，画像平面 2 のすべての点に対応するので，方程式

$$\mathbf{e}_1^\top \mathbf{F} \tilde{\mathbf{m}}_2 = 0, \ \forall \tilde{\mathbf{m}}_2 \tag{7.20}$$

が成り立つ．そのためには，

$$\mathbf{F}^\top \mathbf{e}_1 = 0 \tag{7.21}$$

が成り立つ必要がある．同様に，$\mathbf{e}_2$ については

$$\mathbf{F} \mathbf{e}_2 = 0 \tag{7.22}$$

が成り立つ必要がある．よって，F 行列が与えられれば，2 つのエピポール $\mathbf{e}_1$ と $\mathbf{e}_2$ はそれぞれ $\mathbf{F}^\top \mathbf{F}$ と $\mathbf{F} \mathbf{F}^\top$ の最も小さい固有値に対応する固有ベクトルとして求められる．

参考文献

[1] R. Hartley and A. Zisserman: *Multiple view geometry in computer vision*, Cambridge University Press, 2004.

[2] 徐剛, 辻三郎：3 次元ビジョン, 共立出版, 1998.

[3] 出口光一郎：ロボットビジョンの基礎, コロナ社, 2000.

[4] G. Bradski and A. Kaehler: *Learning OpenCV: Computer vision with the OpenCV library*, O'Reilly, 2008.

Chapter 8 カメラキャリブレーション

第6章で説明したカメラモデルの各パラメータが，使用するカメラ，設置方法，座標系の設定など実際の使用条件下においてどのような値になるか推定することを，**カメラキャリブレーション** (camera calibration) という．日本語では**カメラ校正**（**較正**）と呼ばれる．

本章では

1. 空間中の特徴点の位置（3次元座標値）とその特徴点のデジタル画像における位置（2次元座標値）の対応が分かっている場合
2. 空間中における複数の特徴点の位置関係（3次元座標値は知らなくてもよい）と画像上での位置の対応が分かっている場合
3. 画像上での特徴点対応関係のみが分かっている場合（2次元座標同士の対応のみ既知の場合）

に分けて解説していく．とくに 2. では，OpenCV に関数として実装されている複数の平面パターンを用いるキャリブレーション方法を取り上げて説明する．

8.1 特徴点の3次元座標と画像座標の対応からのキャリブレーション

8.1.1 透視投影変換行列の推定

最も簡単なキャリブレーションの考え方として，「空間中の3次元位置が既知」のパターンを用い，空間中の点とデジタル画像上の点との幾何学的な位置関係だけを表現する透視投影変換行列 $\mathbf{P}$ を求める方法がある．

第6章で説明したように，透視投影変換行列 $\mathbf{P}$ が既知の場合には，空間中のワールド座標 (x_w, y_w, z_w) と画像上の座標 (u, v) には，

$$s \begin{pmatrix} u \\ v \\ 1 \end{pmatrix} = \mathbf{P} \begin{pmatrix} x_w \\ y_w \\ z_w \\ 1 \end{pmatrix} \tag{8.1}$$

の関係がある（図 **8.1**）．ただし，s は 0 でない定数であり，$\mathbf{R}$, $\mathbf{t}$ をそれぞれカメラの位置・姿勢を表

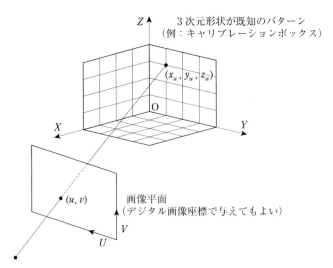

図 8.1 3次元の既知パターンを用いるキャリブレーション

す回転行列，並進ベクトルとすると

$$\mathbf{P} = \mathbf{A}\begin{pmatrix}\mathbf{R} & \mathbf{t}\end{pmatrix} = \begin{pmatrix} fk_u & fk_u\cot\theta & u_0 \\ 0 & fk_v/\sin\theta & v_0 \\ 0 & 0 & 1 \end{pmatrix}\begin{pmatrix}\mathbf{R} & \mathbf{t}\end{pmatrix} \tag{8.2}$$

となる．ここで，f, k_u, k_v, u_0, v_0 は 6.6 節で説明したパラメータである．透視投影変換行列 $\mathbf{P}$ は 3×4 の行列で，その成分を

$$\mathbf{P} = \begin{pmatrix} p_{11} & p_{12} & p_{13} & p_{14} \\ p_{21} & p_{22} & p_{23} & p_{24} \\ p_{31} & p_{32} & p_{33} & p_{34} \end{pmatrix} \tag{8.3}$$

とすると，式 (8.1) に式 (8.3) を代入のうえ s を消去すれば，ワールド座標と画像座標の関係は，

$$u = \frac{p_{11}x_w + p_{12}y_w + p_{13}z_w + p_{14}}{p_{31}x_w + p_{32}y_w + p_{33}z_w + p_{34}} \tag{8.4}$$

$$v = \frac{p_{21}x_w + p_{22}y_w + p_{23}z_w + p_{24}}{p_{31}x_w + p_{32}y_w + p_{33}z_w + p_{34}} \tag{8.5}$$

と表される．すると，決定すべきパラメータは行列 $\mathbf{P}$ の $p_{11}\sim p_{34}$ の 12 個の成分であるが，式 (8.4), (8.5) で $p_{11}\sim p_{34}$ を定数倍しても成り立つことから，$p_{34}=1$ とおいてその他の要素 11 個を決定すればよい．

そこで，3次元空間中の任意の点 (x_{wi}, y_{wi}, z_{wi}) とそれに対応する画像上の点 (u_i, v_i) の組を式 (8.4) と式 (8.5) に代入すると以下のような 2 つの方程式が得られる．

$$x_{wi}p_{11} + y_{wi}p_{12} + z_{wi}p_{13} + p_{14} - u_i x_{wi} p_{31} - u_i y_{wi} p_{32} - u_i z_{wi} p_{33} - u_i p_{34} = 0 \tag{8.6}$$

$$x_{wi}p_{21} + y_{wi}p_{22} + z_{wi}p_{23} + p_{24} - v_i x_{wi} p_{31} - v_i y_{wi} p_{32} - v_i z_{wi} p_{33} - v_i p_{34} = 0 \tag{8.7}$$

ここで $p_{34} = 1$ とおき，式 (8.6), (8.7) の左辺の最終項を右辺に移項すると，

$$x_{wi}p_{11} + y_{wi}p_{12} + z_{wi}p_{13} + p_{14} - u_i x_{wi} p_{31} - u_i y_{wi} p_{32} - u_i z_{wi} p_{33} = u \tag{8.8}$$

$$x_{wi}p_{21} + y_{wi}p_{22} + z_{wi}p_{23} + p_{24} - v_i x_{wi} p_{31} - v_i y_{wi} p_{32} - v_i z_{wi} p_{33} = v \tag{8.9}$$

となる．n 点の対応が与えられたとき，これらの方程式を重ねて行列で表現すると

$$\mathbf{Bp} = \mathbf{C} \tag{8.10}$$

となるので，この連立方程式を解けばよい．ただし，

$$\mathbf{B} = \begin{pmatrix} x_{w1} & y_{w1} & z_{w1} & 1 & 0 & 0 & 0 & 0 & -u_1 x_{w1} & -u_1 y_{w1} & -u_1 z_{w1} \\ 0 & 0 & 0 & 0 & x_{w1} & y_{w1} & z_{w1} & 1 & -v_1 x_{w1} & -v_1 y_{w1} & -v_1 z_{w1} \\ \vdots & \vdots & \vdots & \vdots & \vdots & \vdots & \vdots & \vdots & \vdots & \vdots & \vdots \\ x_{wn} & y_{wn} & z_{wn} & 1 & 0 & 0 & 0 & 0 & -u_n x_{wn} & -u_n y_{wn} & -u_n z_{wn} \\ 0 & 0 & 0 & 0 & x_{wn} & y_{wn} & z_{wn} & 1 & -v_n x_{wn} & -v_n y_{wn} & -v_n z_{wn} \end{pmatrix}$$

$$\mathbf{p} = \begin{pmatrix} p_{11} \\ p_{12} \\ p_{13} \\ p_{14} \\ p_{21} \\ p_{22} \\ p_{23} \\ p_{24} \\ p_{31} \\ p_{32} \\ p_{33} \end{pmatrix}, \quad \mathbf{C} = \begin{pmatrix} u_1 \\ v_1 \\ \vdots \\ u_n \\ v_n \end{pmatrix}$$

である．6 組以上の対応が与えられれば，下記のように $\mathbf{B}$ の疑似逆行列 $\mathbf{B}^+$ を用いて，$\mathbf{p}$ を求めることができる．

$$\mathbf{p} = \mathbf{B}^+ \mathbf{C} \tag{8.11}$$

このようにして，行列 $\mathbf{P}$ が求まると，式 (8.2) の行列 $\mathbf{A}$ が上三角行列であることを利用し，行列の QR 分解（任意の正則行列を直交行列と上三角行列の積に分解する手法）により数値的に内部パラメータと外部パラメータを導くこともできる．しかし実画像を用いた場合は安定した解を得ることが難しい．

8.1.2　OpenCV の関数を用いた透視投影変換行列の推定とプログラム例

前述の手順を OpenCV の関数を用いて，以下のように実装していく．

(1) 連立方程式 (8.10) の解

与えられた 3 次元座標と対応する 2 次元座標の座標値を式 (8.10) の行列にそれぞれセットする．OpenCV に用意された方程式を解く関数 cv::solve により $\mathbf{p}$ を求めたのち，透視投影変換行列 $\mathbf{P}$ の形にセットする．

```
bool cv::solve(
        InputArray src1,
        InputArray src2,
        OutputArray dst,
        int flags = DECOMP_LU
)
```

この関数では，引数を次のように設定する．

- src1：連立方程式の左辺の入力行列．
- src2：連立方程式の右辺の入力行列．
- dst：出力される解．
- flags：解（逆行列）を求める手法．
  - DECOMP_LU：最適なピボット選択を行うガウスの消去法．
  - DECOMP_CHOLESKY：コレスキー $\mathbf{LL}^\top$ 分解．src1 は対称行列でなければならない．
  - DECOMP_EIG：固有値分解．src1 は対称行列でなければならない．
  - DECOMP_SVD：特異値分解 (SVD)．連立方程式が優決定，かつ/あるいは src1 が特異行列でも構わない．
  - DECOMP_QR：QR 分解．連立方程式が優決定，かつ/あるいは src1 が特異行列でも構わない．
  - DECOMP_NORMAL：正規方程式を用いて解く（上記の flags の 1 つと同時に使用可能）．

(2) 透視投影変換行列より，内部パラメータ，外部パラメータを求める

前節に述べているとおり安定した解を求めることは困難であるが，OpenCV に用意された関数 cv::decomposeProjectionMatrix を用いて透視投影変換行列 $\mathbf{P}$ を内部パラメータ，外部パラメータに分解することができる．

```
void cv::decomposeProjectionMatrix(
    InputArray projMatrix,
    OutputArray cameraMatrix,
    OutputArray rotMatrix,
    OutputArray transVect,
    OutputArray rotMatrixX = noArray(),
    OutputArray rotMatrixY = noArray(),
    OutputArray rotMatrixZ = noArray(),
    OutputArray eulerAngles = noArray()
)
```

この関数では，引数を次のように設定する．

- `ProjMatrix`：入力として与える 3×4 の透視投影変換行列 $\mathbf{P}$．
- `cameraMatrix`：出力として得られる 3×3 のカメラ行列 $\mathbf{A}$．
- `rotMatrix`：出力として得られる 3×3 の回転行列 $\mathbf{R}$．
- `transVect`：出力として得られる 4×1 の並進ベクトル $\mathbf{T}$．
- `rotMatrX`：オプション．3×3 の x 軸回りの回転行列．
- `rotMatrY`：オプション．3×3 の y 軸回りの回転行列．
- `rotMatrZ`：オプション．3×3 の z 軸回りの回転行列．
- `eulerAngles`：オプション．回転を表す3つのオイラー角．

(1)(2)を併せて実際に透視投影変換行列を求めるプログラムを以下に示す．

◉プログラムリスト 8.1　6組以上の対応を与えて透視投影変換行列 $\mathbf{P}$ を計算する (C++)

```
1  #define _CRT_SECURE_NO_WARNINGS
2  #include <opencv2/opencv.hpp>
3  #include <iostream>
4
5  cv::Mat calcProjectionMatrix(std::vector<cv::Point3d> op, std::vector<cv::Point2d> ip)
6  {
7      cv::Mat B((int)ip.size()*2, 11, CV_64FC1);
8      cv::Mat C((int)ip.size()*2,  1, CV_64FC1);
9
10     for (int i = 0, j = 0; i < op.size()*2; i+=2, j++) {
11         B.at<double>( i, 0 ) = op[j].x;
12         B.at<double>( i, 1 ) = op[j].y;
13         B.at<double>( i, 2 ) = op[j].z;
14         B.at<double>( i, 3 ) = 1.0;
15
```

```
16        B.at<double>( i,   4 ) = 0.0;
17        B.at<double>( i,   5 ) = 0.0;
18        B.at<double>( i,   6 ) = 0.0;
19        B.at<double>( i,   7 ) = 0.0;
20
21        B.at<double>( i,   8 ) = -ip[j].x*op[j].x;
22        B.at<double>( i,   9 ) = -ip[j].x*op[j].y;
23        B.at<double>( i,  10 ) = -ip[j].x*op[j].z;
24
25        C.at<double>( i,   0 ) = ip[j].x;
26
27        B.at<double>( i+1, 0 ) = 0.0;
28        B.at<double>( i+1, 1 ) = 0.0;
29        B.at<double>( i+1, 2 ) = 0.0;
30        B.at<double>( i+1, 3 ) = 0.0;
31
32        B.at<double>( i+1, 4 ) = op[j].x;
33        B.at<double>( i+1, 5 ) = op[j].y;
34        B.at<double>( i+1, 6 ) = op[j].z;
35        B.at<double>( i+1, 7 ) = 1.0;
36
37        B.at<double>( i+1, 8 ) = -ip[j].y*op[j].x;
38        B.at<double>( i+1, 9 ) = -ip[j].y*op[j].y;
39        B.at<double>( i+1,10 ) = -ip[j].y*op[j].z;
40
41        C.at<double>( i+1, 0 ) = ip[j].y;
42     }
43
44     // 方程式を解く
45     cv::Mat pp;
46     cv::solve( B, C, pp, cv::DECOMP_SVD );
47
48     cv::Mat P(3, 4, CV_64FC1);
49     for ( int i = 0; i < 11; i++ )   P.at<double>(i/4, i%4) = pp.at<double>( i, 0 );
50     P.at<double>(2,3)=1.0;
51
52     // 透視投影変換行列を分解して内部パラメータ，外部パラメータを求める
53     cv::Mat A, R, t;
54     cv::decomposeProjectionMatrix( P, A, R, t );
55
56     return P;
57  }
```

●処理結果

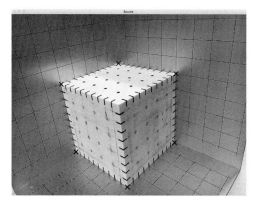 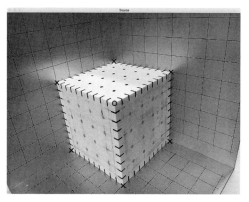

(a) ×印位置に対応する3次元座標を入力　　(b) 座標 (150, 150, 150) 位置の再投影結果（○印）

図 8.2　3 次元座標と画像座標の 6 組の対応からのキャリブレーション結果例
（一辺 150 mm の立方体キャリブレーションボックスを使用）

8.2　特徴点の3次元位置関係と画像座標の対応からのキャリブレーション

3次元空間における特徴点の位置関係（形状）とそれらの画像上での対応が分かっていれば，3次元空間中の正確な座標を知らなくてもカメラパラメータを推定することができる．ここでは，OpenCVにも実装されており，有名で安定な **Zhang** のキャリブレーション手法について説明する．

8.2.1　Zhang のキャリブレーションアルゴリズム

Zhang のキャリブレーション法では，図 8.3 に示すようなチェスボードパターンやサークルパターンなどの幾何特性が既知の平面パターンを多方向から撮影し，「得られた複数画像中の特徴点の位置関係をもとに」カメラパラメータを推定する．

8.1 節でも述べたが，ワールド座標 $M_w = (x_w, y_w, z_w)$ から画像座標 $m_s = (u, v)$ への変換は

$$s\tilde{\mathbf{m}}_s = \mathbf{P}\tilde{\mathbf{M}}_w = \mathbf{A} \begin{pmatrix} \mathbf{R} & \mathbf{t} \end{pmatrix} \tilde{\mathbf{M}}_w \tag{8.12}$$

によって決定される．s は任意のスカラである．

ここで，$\mathbf{R} = \begin{pmatrix} \mathbf{r}_1 & \mathbf{r}_2 & \mathbf{r}_3 \end{pmatrix}$ のように回転行列を 3×1 列に分解して表現すると，式 (8.12) は

$$s\tilde{\mathbf{m}}_s = \mathbf{P}\tilde{\mathbf{M}}_w = \mathbf{A} \begin{pmatrix} \mathbf{r}_1 & \mathbf{r}_2 & \mathbf{r}_3 & \mathbf{t} \end{pmatrix} \tilde{\mathbf{M}}_w \tag{8.13}$$

として表すことができる．

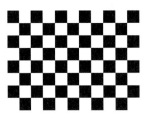
(a) スクエアグリッド
(チェックパターン，チェスボード
パターンなどとも呼ばれる)

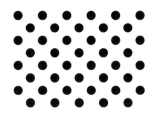
(b) サークルグリッド
(サークルパターンとも呼ばれる)

図 8.3　キャリブレーションパターン例

図 8.4 に示すように，1 つのカメラに対して複数個の位置・姿勢で「平面の」キャリブレーションパターンを撮影する．各位置・姿勢番号を k として，それぞれの位置・姿勢でのワールド座標系 k と画像座標系との関係を考えよう．各座標系においては平面パターンであることから，常に $z_w = 0$ としてよい．この条件で式 (8.13) を展開すると，

$$s \begin{pmatrix} u \\ v \\ 1 \end{pmatrix} = \mathbf{A} \begin{pmatrix} \mathbf{r}_1 & \mathbf{r}_2 & \mathbf{r}_3 & \mathbf{t} \end{pmatrix} \begin{pmatrix} x_w \\ y_w \\ 0 \\ 1 \end{pmatrix} = \mathbf{A} \begin{pmatrix} \mathbf{r}_1 & \mathbf{r}_2 & \mathbf{t} \end{pmatrix} \begin{pmatrix} x_w \\ y_w \\ 1 \end{pmatrix} \tag{8.14}$$

のように回転行列の列ベクトルが 1 つ消えた形で表現できる．これにより平面パターンと画像上の対応点は

$$\mathbf{H} = \mathbf{A} \begin{pmatrix} \mathbf{r}_1 & \mathbf{r}_2 & \mathbf{t} \end{pmatrix} \tag{8.15}$$

となる 3×3 のホモグラフィ行列 $\mathbf{H}$ によって以下のように関係付けられる．

$$s \begin{pmatrix} u \\ v \\ 1 \end{pmatrix} = \mathbf{H} \begin{pmatrix} x_w \\ y_w \\ 1 \end{pmatrix} \tag{8.16}$$

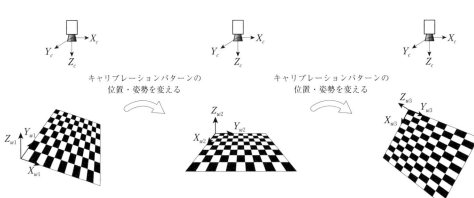

図 8.4　キャリブレーションパターンの位置・姿勢を変えて撮影する

つぎに，1枚の画像から行列 $\mathbf{H}$ を求めていく．$\mathbf{H}$ の要素数は 9 個であるが，自由度は 8 となる[*1]．これより，キャリブレーションパターンの画像から最低 4 組[*2] のワールド座標系と画像座標系との対応が与えられれば，$\mathbf{H}$ を確定することができる．

ここで $\mathbf{H} = \begin{pmatrix} \mathbf{h}_1 & \mathbf{h}_2 & \mathbf{h}_3 \end{pmatrix}$ とすると，

$$s\mathbf{H} = s\begin{pmatrix} \mathbf{h}_1 & \mathbf{h}_2 & \mathbf{h}_3 \end{pmatrix} = \mathbf{A}\begin{pmatrix} \mathbf{r}_1 & \mathbf{r}_2 & \mathbf{t} \end{pmatrix} \tag{8.17}$$

となり，式 (8.17) を展開すると，

$$s\mathbf{h}_1 = \mathbf{A}\mathbf{r}_1 \tag{8.18}$$
$$s\mathbf{h}_2 = \mathbf{A}\mathbf{r}_2 \tag{8.19}$$
$$s\mathbf{h}_3 = \mathbf{A}\mathbf{t} \tag{8.20}$$
$$\mathbf{r}_1 = s\mathbf{A}^{-1}\mathbf{h}_1 \tag{8.21}$$
$$\mathbf{r}_2 = s\mathbf{A}^{-1}\mathbf{h}_2 \tag{8.22}$$
$$\mathbf{t} = s\mathbf{A}^{-1}\mathbf{h}_3 \tag{8.23}$$

が得られる．

回転行列の列ベクトルは互いに直交する単位ベクトルであり，以下の 2 つの制約条件が成立する．

1. $\mathbf{r}_1$ と $\mathbf{r}_2$ の内積は「0」

$$s^2\mathbf{r}_1^\top \mathbf{r}_2 = 0$$
$$(\mathbf{A}^{-1}\mathbf{h}_1)^\top (\mathbf{A}^{-1}\mathbf{h}_2) = 0$$
$$\mathbf{h}_1^\top \mathbf{A}^{-\top}\mathbf{A}^{-1}\mathbf{h}_2 = 0 \tag{8.24}$$

2. $\mathbf{r}_1, \mathbf{r}_2$ の大きさは「1」

$$\mathbf{r}_1^\top \mathbf{r}_1 = \mathbf{r}_2^\top \mathbf{r}_2 = \frac{1}{s}$$
$$\mathbf{h}_1^\top \mathbf{A}^{-\top}\mathbf{A}^{-1}\mathbf{h}_1 = \mathbf{h}_2^\top \mathbf{A}^{-\top}\mathbf{A}^{-1}\mathbf{h}_2 \tag{8.25}$$

ここで

$$\mathbf{B} = \mathbf{A}^{-\top}\mathbf{A}^{-1} \tag{8.26}$$

とおく．一方で内部パラメータ $\mathbf{A}$ を

$$\mathbf{A} = \begin{pmatrix} f_x & 0 & u_0 \\ 0 & f_y & v_0 \\ 0 & 0 & 1 \end{pmatrix} \tag{8.27}$$

[*1] $\mathbf{H}$ の中のゼロでない要素を選び，その要素で全要素を割れば少なくとも 1 つの要素は「1」となり未知数が 8 個になる．
[*2] 1 点あたり x, y の 2 つの対応があるため．

とおき，式 (8.26) に式 (8.27) を代入すると，

$$\mathbf{B} = \mathbf{A}^{-\top}\mathbf{A}^{-1} = \begin{pmatrix} \frac{1}{f_x{}^2} & 0 & \frac{-u_0}{f_x{}^2} \\ 0 & \frac{1}{f_y{}^2} & \frac{-v_0}{f_y{}^2} \\ \frac{-u_0}{f_x{}^2} & \frac{-v_0}{f_y{}^2} & \frac{u_0{}^2}{f_x{}^2} + \frac{v_0{}^2}{f_y{}^2} + 1 \end{pmatrix} = \begin{pmatrix} b_{11} & b_{12} & b_{13} \\ b_{12} & b_{22} & b_{23} \\ b_{13} & b_{23} & b_{33} \end{pmatrix} \tag{8.28}$$

が得られる．$\mathbf{B}$ が対称行列であることから，要素を並べた際に同じ添字を持つ要素が現れる．ここで，$\mathbf{B}$ の要素を 6 次元の列ベクトルの形で表し，$\mathbf{b}$ とおくと

$$\mathbf{b} = \begin{pmatrix} b_{11} \\ b_{12} \\ b_{22} \\ b_{13} \\ b_{23} \\ b_{33} \end{pmatrix} \tag{8.29}$$

となる．また，ホモグラフィ行列 $\mathbf{H}$ の i 列目のベクトルをそれぞれ $\mathbf{h}_i = \begin{pmatrix} h_{i1} & h_{i2} & h_{i3} \end{pmatrix}^\top$ とすると，

$$\mathbf{h}_i{}^\top \mathbf{B} \mathbf{h}_j = \mathbf{v}_{ij}{}^\top \mathbf{b} \tag{8.30}$$

となり，ここで，

$$\mathbf{v}_{ij} = \begin{pmatrix} h_{i1}h_{j1} \\ h_{i1}h_{j2} + h_{i2}h_{j1} \\ h_{i2}h_{j2} \\ h_{i3}h_{j1} + h_{i1}h_{j3} \\ h_{i3}h_{j2} + h_{i2}h_{j3} \\ h_{i3}h_{j3} \end{pmatrix} \tag{8.31}$$

である．
式 (8.24) と式 (8.25) の制約条件に，式 (8.30) を当てはめ，まとめると以下のように表現できる．

$$\begin{pmatrix} \mathbf{v}_{12}{}^\top \\ (\mathbf{v}_{11} - \mathbf{v}_{22})^\top \end{pmatrix} \mathbf{b} = \mathbf{0} \tag{8.32}$$

1 枚のキャリブレーションパターンから，この 2 式が得られることより，n 枚のキャリブレーションパターンを撮影した画像を縦に積み重ねることで，

$$\mathbf{V}\mathbf{b} = \mathbf{0} \tag{8.33}$$

が得られる．ここで $\mathbf{V}$ は $2n \times 6$ の行列である．キャリブレーションパターン画像 n が 3 以上であれ

ば，$\mathbf{b}$ について解くことができる[*3]．$\mathbf{b}$ が求まると必然的に $\mathbf{B}$ も決定できることより，式 (8.28) からカメラの内部パラメータの各値は以下のように計算できる．

$$f_x = \sqrt{\frac{\lambda}{b_{11}}} \tag{8.34}$$

$$f_y = \sqrt{\frac{\lambda b_{11}}{b_{11}b_{22} - b_{12}^2}} \tag{8.35}$$

$$u_0 = \frac{-b_{12}f_x^2}{\lambda} \tag{8.36}$$

$$v_0 = \frac{b_{12}b_{13} - b_{11}b_{23}}{b_{11}b_{22} - b_{12}^2} \tag{8.37}$$

ただし

$$\lambda = b_{33} - \frac{b_{13}^2 + v_0(b_{12}b_{13} - b_{11}b_{23})}{b_{11}} \tag{8.38}$$

である．

内部パラメータが求まると，最後にそれぞれの位置・姿勢ごとの外部パラメータは式 (8.21) から，以下のように計算できる．

$$\mathbf{r}_1 = s\mathbf{A}^{-1}\mathbf{h}_1 \tag{8.39}$$

$$\mathbf{r}_2 = s\mathbf{A}^{-1}\mathbf{h}_2 \tag{8.40}$$

$$\mathbf{r}_3 = \mathbf{r}_1 \times \mathbf{r}_2 \tag{8.41}$$

$$\mathbf{t} = s\mathbf{A}^{-1}\mathbf{h}_3 \tag{8.42}$$

ここで，s は正規直交条件 $s = 1/\left\|\mathbf{A}^{-1}\mathbf{h}_1\right\|$ から求められる．

8.2.2　OpenCV の関数を用いたキャリブレーションの実行

Zhang のアルゴリズムによるカメラキャリブレーションは OpenCV に実装されている．ここでは，OpenCV の関数を使って実際にカメラキャリブレーションを行う手順を解説する．具体的には，

(1) チェスボードパターン画像の読み込み，チェスボードパターンの交点検出
(2) 内部パラメータ，外部パラメータ，歪み係数の推定

の手順で行う．

[*3] $\mathbf{b}$ は $\mathbf{V}^\top\mathbf{V}$ の最小固有値に対する固有ベクトルとして求める．

(1) チェスボードパターン画像の読み込みと交点検出

キャリブレーション用画像は最低3枚必要であるが，十分な精度を得るためにはブレなどのない画像を10枚以上用意することが望ましい．読み込んだ画像の交点を検出するためには，関数 cv::findChessboardCorners を用いる．この関数は，入力画像がチェスボードパターンであるかを判断し，もしそうならば，チェスボードの内側コーナーの位置を検出する．すべてのチェスボードの交点が検出された場合は true を返し，そのコーナーは特定の順序（1行ごとに，各行は左から右に）で格納される．交点の完全な検出や順序づけに失敗した場合は，false を返す．OpenCV3系では，関数 cv::findChessboardCorners 内で交点位置の高精度化（関数 cv::cornerSubpix）は自動的に行われている．

```
bool cv::findChessboardCorners(
    InputArray image,
    Size patternSize,
    OutputArray corners,
    int flags = CALIB_CB_ADAPTIVE_THRESH+CALIB_CB_NORMALIZE_IMAGE
)
```

この関数では，引数を次のように設定する．

- image：チェスボードの画像．8ビットグレースケール画像，またはカラー画像．
- patternSize：チェスボードの行と列ごとの内側コーナーの個数 (Size(columns,rows))．
- corners：検出されたコーナーの出力配列．
- flags：処理用オプション．0または以下の値の組み合わせ．
    - CALIB_CB_ADAPTIVE_THRESH：入力画像を白黒画像に変換する際に，（画像の明るさの平均値から計算された）固定閾値の代わりに適応的閾値を使用する．
    - CALIB_CB_NORMALIZE_IMAGE：固定あるいは適応的閾値を適用する前に，関数 cv::EqualizeHist を用いて画像のガンマ値を正規化する．
    - CALIB_CB_FILTER_QUADS：輪郭抽出の際に検出された誤った四角を除外するために，（輪郭領域面積，周囲長，正方形度合いのような）追加の基準を使用する．
    - CALIB_CB_FAST_CHECK：画像からチェスボードのコーナーを探す高速なチェックを行い，もし見つからなければ関数を終了する．これによって，劣悪な条件下でチェスボードが観測できない場合に高速化することができる．

(2) 内部パラメータ，外部パラメータ，歪み係数の推定

得られた画像上のチェックパターン交点位置座標と，実際の平面パターンの交点位置の関係をもとにして，関数 cv::calibrateCamera でカメラパラメータ，歪み係数を推定する．

```
double cv::calibrateCamera(
    InputArrayOfArrays objectPoints,
    InputArrayOfArrays imagePoints,
    Size imageSize,
    InputOutputArray cameraMatrix,
    InputOutputArray distCoeffs,
    OutputArrayOfArrays rvecs,
    OutputArrayOfArrays tvecs,
    int flags = 0,
    TermCriteria criteria = TermCriteria(TermCriteria::COUNT+
    TermCriteria::EPS, 30, DBL_EPSILON)
)
```

この関数では，引数を次のように設定する．

- objectPoints：チェスボードパターンのワールド座標系での交点座標を表すベクトル．
- imagePoints：チェスボードパターンの画像座標系での交点座標を表すベクトル．objectPointsと同じ順序で与える必要がある．
- imageSize：画像サイズ．
- cameraMatrix：推定された内部パラメータ行列 $\mathbf{A} = \begin{pmatrix} f_x & 0 & c_x \\ 0 & f_y & c_y \\ 0 & 0 & 1 \end{pmatrix}$．処理オプションに，CALIB_USE_INTRINSIC_GUESS または CALIB_FIX_ASPECT_RATIO が指定される場合，f_x, f_y, c_x, c_y のいくつか（あるいはすべて）に初期値を与える必要がある．
- distCoeffs：出力される歪み係数．
- rvecs：各ビューにおいて推定された外部パラメータの回転ベクトル（回転ベクトルの方向が回転軸，大きさが回転量を示す．関数 cv::Rodrigues のリファレンスマニュアルを参照のこと）．
- tvecs：各ビューにおいて推定された外部パラメータの並進ベクトル．
- flags：処理用オプション．通常は 0 でよい（関数 cv::calibrateCamera のリファレンスマニュアル[7] を参照）．
- criteria：関数内部で使用する繰り返し最適化の終了基準．

(1) (2) を併せて実際にキャリブレーションを行うプログラムを以下に示す．

● プログラムリスト 8.2　Zhang のアルゴリズムによるカメラキャリブレーション (C++)

```cpp
1  #define _CRT_SECURE_NO_WARNINGS
2  #include <iostream>
3  #include <opencv2/opencv.hpp>
4
5  int main()
6  {
7    // ウィンドウ名やファイル名に関するパラメータ
8    const std::string  win_src = "Source";
9    const std::string  win_und = "Undistorted Image";
10   const std::string  file_cam_param = "cam_param.xml";
11
12   // チェッカーパターンに関する変数とパラメータ
13   std::vector<cv::Mat>  img;                        // チェッカーパターン画像
14   const int             NUM_IMG = 5;                // チェッカーパターンが何枚あるか
15   const cv::Size        PAT_SIZE(10, 7);            // チェッカーパターンの交点の数
16   float                 CHESS_SIZE = 24.0;          // チェッカーパターンのマス目のサイ
                                                         ズ [mm]
17
18   // 座標に関する変数
19   std::vector<std::vector<cv::Point3f> >  obj_pos(NUM_IMG);    // チェッカー交
        点座標と対応する世界座標の値を格納する行列
20   std::vector<std::vector<cv::Point2f> >  img_pos(NUM_IMG);    // チェッカー交
        点座標を格納する行列
21
22   // カメラキャリブレーションのパラメータ
23   cv::TermCriteria  criteria(cv::TermCriteria::MAX_ITER | cv::TermCriteria::
        EPS, 20, 0.001);
24
25   // カメラパラメータ行列
26   cv::Mat             inner;         // 内部パラメータ行列
27   cv::Mat             distort;       // レンズ歪み行列
28   std::vector<cv::Mat> r_vec;        // 撮影画像ごとに得られる回転ベクトル
29   std::vector<cv::Mat> t_vec;        // 撮影画像ごとに得られる平行移動ベクトル
30
31   // (1) キャリブレーションパターンの読み込み
32   for (int i = 0; i < NUM_IMG; i++) {
33     std::string fileName = "./calib_img" + std::to_string(i + 1) + ".jpg";
34     img.push_back(cv::imread(fileName));
35   }
36
37   // (2) 3次元空間座標での交点位置の設定
38   for (int i = 0; i < NUM_IMG; i++) {
```

```cpp
39      for (int j = 0; j < PAT_SIZE.area(); j++) {
40        obj_pos[i].push_back(
41          cv::Point3f(static_cast<float>(j % PAT_SIZE.width * CHESS_SIZE),
42                      static_cast<float>(j / PAT_SIZE.width * CHESS_SIZE),
43                      0.0));
44      }
45    }
46
47    // (3) チェスボード（キャリブレーションパターン）のコーナー検出
48    for (int i = 0; i < NUM_IMG; i++) {
49      std::cout << "calib_img" << i + 1 << ".jpg";
50      cv::imshow(win_src, img[i]);
51      if (cv::findChessboardCorners(img[i], PAT_SIZE, img_pos[i])) {
52        cv::drawChessboardCorners(img[i], PAT_SIZE, img_pos[i], true);
53        cv::imshow(win_src, img[i]);
54        std::cout << " − success" << std::endl;
55        cv::waitKey(0);
56      }
57      else {
58        std::cout << " − fail" << std::endl;
59        cv::waitKey(0);
60        return −1;
61      }
62    }
63
64    // (4) Zhangの手法によるキャリブレーション
65    cv::calibrateCamera(obj_pos, img_pos, img[0].size(), inner, distort, r_vec,
         t_vec);
66
67    // (5) 回転ベクトルと平行移動ベクトルを4x4の外部パラメータ行列に書き換え(1枚目の外部
         パラメータ行列のみ出力)
68    cv::Mat       extr(4, 4, CV_64F);
69    cv::setIdentity(extr);
70    cv::Rodrigues(r_vec[0], extr(cv::Rect(0, 0, 3, 3))); // 回転ベクトルの変換
71    t_vec[0].copyTo(extr(cv::Rect(3, 0, 1, 3))); // 並進ベクトルの変換
72
73    // (6) xmlファイルへの書き出し
74    cv::FileStorage       fswrite(file_cam_param, cv::FileStorage::WRITE);
75    if (fswrite.isOpened()) {
76      fswrite << "extrinsic" << extr;
77      fswrite << "intrinsic" << inner;
78      fswrite << "distortion" << distort;
79    }
```

```
80      fswrite.release();
81
82      // (7) 画像の歪み補正
83      cv::Mat         img_undist;
84      for (int i = 0; i < NUM_IMG; i++) {
85        cv::undistort(img[i], img_undist, inner, distort);
86        cv::imshow(win_src, img[i]);
87        cv::imshow(win_und, img_undist);
88        cv::waitKey(0);
89      }
90
91      return 0;
92    }
```

●プログラムリスト 8.3　キャリブレーション計算結果例（xml ファイル）

```
 1  <?xml version="1.0"?>
 2  <opencv_storage>
 3  <extrinsic type_id="opencv-matrix">
 4    <rows>4</rows>
 5    <cols>4</cols>
 6    <dt>d</dt>
 7    <data>
 8      7.3157982707015001e-01 -6.8083684586173820e-01
 9      -3.5385674234768766e-02 -6.3684189322574710e+01
10      6.8018023570464736e-01 7.2537863593915974e-01 1.0573874162204862e-01
11      -9.3977016149416940e+01 -4.6322819223140826e-02
12      -1.0142496655204648e-01 9.9376414333539742e-01
13      6.5828713627259481e+02 0. 0. 0. 1.</data></extrinsic>
14  <intrinsic type_id="opencv-matrix">
15    <rows>3</rows>
16    <cols>3</cols>
17    <dt>d</dt>
18    <data>
19      7.3524237807342706e+02 0. 3.5772139680305020e+02 0.
20      7.3422234147443419e+02 1.8471249263193423e+02 0. 0. 1.</data></intrinsic>
21  <distortion type_id="opencv-matrix">
22    <rows>1</rows>
23    <cols>5</cols>
24    <dt>d</dt>
25    <data>
26      -1.4712485530864933e-01 3.1053784313888739e+00
27      -2.0503738160292696e-02 -3.5733276942556146e-03
```

```
28        -1.2405132968982397e+01</data></distortion>
29  </opencv_storage>
```

● 処理結果

図 8.5　チェスボードの検出例

8.3　画像座標同士の対応からのキャリブレーション

　第 7 章では，3 次元空間中のある 1 点を別の視点画像として投影したとき，投影座標間にある幾何学的な関係は F 行列で表現できることを解説した．本節では，2 枚の画像において複数の点対応が得られている条件のもとで F 行列を推定し，その F 行列から各種カメラパラメータを推定していく方法について解説する．

8.3.1　F 行列の推定

　画像 1 における点 $\mathbf{m}_i = (u_i\ v_i)^\top$ と画像 2 における対応点 $\mathbf{m}'_i = (u'_i\ v'_i)^\top$ は，式 (7.18) に示すようにエピポーラ方程式 $\tilde{\mathbf{m}}_i^\top \mathbf{F} \tilde{\mathbf{m}}'_i = 0$ を満たす．この式を展開すると，

$$\begin{pmatrix} u_i & v_i & 1 \end{pmatrix} \begin{pmatrix} f_{11} & f_{12} & f_{13} \\ f_{21} & f_{22} & f_{23} \\ f_{31} & f_{32} & f_{33} \end{pmatrix} \begin{pmatrix} u'_i \\ v'_i \\ 1 \end{pmatrix}$$

$$= \begin{pmatrix} u_i f_{11} + v_i f_{21} + f_{31} & u_i f_{12} + v_i f_{22} + f_{32} & u_i f_{13} + v_i f_{23} + f_{33} \end{pmatrix} \begin{pmatrix} u'_i \\ v'_i \\ 1 \end{pmatrix}$$

$$
\begin{aligned}
&= u'_i(u_i f_{11} + v_i f_{21} + f_{31}) + v'_i(u_i f_{12} + v_i f_{22} + f_{32}) + (u_i f_{13} + v_i f_{23} + f_{33}) \\
&= u_i u'_i f_{11} + u_i v'_i f_{12} + u_i f_{13} + v_i u'_i f_{21} + v_i v'_i f_{22} + v_i f_{23} + u'_i f_{31} + v'_i f_{32} + f_{33} \\
&= 0
\end{aligned}
\tag{8.43}
$$

となる．F 行列の要素を列ベクトルで表現すると，式 (8.43) は

$$
\mathbf{u}_i^\top \mathbf{f} = 0 \tag{8.44}
$$

に変形できる．ここで

$$
\mathbf{u}_i = (u_i u'_i \ u_i v'_i \ u_i \ v_i u'_i \ v_i v'_i \ v_i \ u'_i \ v'_i \ 1)^\top
$$
$$
\mathbf{f} = (f_{11} \ f_{12} \ f_{13} \ f_{21} \ f_{22} \ f_{23} \ f_{31} \ f_{32} \ f_{33})^\top
$$

である．今，n 組の対応が与えられたとすると，式 (8.44) を積み重ねて，

$$
\mathbf{U}\mathbf{f} = 0 \tag{8.45}
$$

を解けばよいことになる．ここで，

$$
\mathbf{U} = \begin{pmatrix} \mathbf{u}_1^\top \\ \vdots \\ \mathbf{u}_n^\top \end{pmatrix} \tag{8.46}
$$

である．

F 行列の各要素を，式 (8.43) から求める代表的な手法である **8 点アルゴリズム** (eigh-point algorithm) について説明する．F 行列は 9 個の要素を有しているが，定数倍の自由度があるため，8 組以上の対応 ($n \geq 8$) があればよいことになる．対応が 8 組の場合は単純に連立 1 次方程式を解くことで，また 8 組より多い場合は最小 2 乗法を用いて，

$$
\min_F \sum_i (\tilde{\mathbf{m}}_i^\top \mathbf{F} \tilde{\mathbf{m}}'_i)^2 \tag{8.47}
$$

を解くことになる．式 (8.45) を用い，式 (8.47) を

$$
\min_f \mathbf{f}^\top \mathbf{U}^\top \mathbf{U} \mathbf{f} \tag{8.48}
$$

のように書き換える．このとき $\mathbf{f}$ のスケールは任意である．$\mathbf{f} = \mathbf{0}$ となることを避けるために，$\|\mathbf{f}\| = 1$ を拘束条件として加えて，式 (8.48) を解く．結果的に $\mathbf{f}$ は $\mathbf{U}^\top \mathbf{U}$ の最小の固有値に対応する固有ベクトルとして求められる．

このような計算方法をそのまま適用すると，計算誤差の影響を大きく受ける[*4]．計算誤差の影響を解

[*4] $\mathbf{u}_i$ の中身を見てみると，要素間のスケール差が非常に大きくなってしまい，計算結果に大きな影響を及ぼす．

消するために，画像の座標原点を左上から特徴点の重心に移し，さらに画像のスケールを $-\sqrt{2} \sim \sqrt{2}$ の範囲に縮小するという線形変換を施したうえで，線形解法を適用するという工夫をし計算精度を上げる手法（**正規化 8 点アルゴリズム**）もある．

8.3.2 F 行列からのカメラパラメータ推定

第 7 章で説明したとおり F 行列は，カメラの外部パラメータと内部パラメータ両方の情報を含んでいる．F 行列には 9 個の要素があるが，スケールに関する不定性と $\det \mathbf{F} = 0$ であることより，7 つの要素しか意味を持たず自由度は 7 となる[1]．得られた F 行列からカメラパラメータを推定することを考えると，外部パラメータ（E 行列を構成している要素）は，回転 3 自由度と並進 2 自由度（並進ベクトルの大きさは一意に定めることができないため[2]）の 5 自由度である．内部パラメータは 5（あるいは 3）自由度であることより，すべてのパラメータを一度に推定することはできない[*5]．しかし「1 番目のカメラが基準である」という仮定をおくことで，得られた F 行列から 2 つのカメラの射影変換行列 $\mathbf{P}_1, \mathbf{P}_2$ は以下のようにして求められる．

$$\mathbf{P}_1 = \begin{pmatrix} \mathbf{I} & \mathbf{0} \end{pmatrix} \tag{8.49}$$

$$\mathbf{P}_2 = \begin{pmatrix} [\mathbf{e}_2]_\times \mathbf{F} & \mathbf{e}_2 \end{pmatrix} \tag{8.50}$$

$\mathbf{I}$ は単位行列，$\mathbf{e}_2$ は画像平面 2 におけるエピポールである．

カメラの内部パラメータ $\mathbf{A}_1, \mathbf{A}_2$ が既知の場合は，F 行列から外部パラメータを推定できる．最初に

$$\mathbf{E} = \mathbf{A}_1^\top \mathbf{F} \mathbf{A}_2 \tag{8.51}$$

を用いて，E 行列を計算する．次に，前述したとおり

$$\mathbf{E} = \mathbf{R}[\mathbf{t}]_\times \tag{8.52}$$

とおけば，$\mathbf{E}$ を分解することにより，2 台のカメラ間の相対的な回転 $\mathbf{R}$ と並進 $\mathbf{t}$ が求まる．この分解は，特異値分解などを用いて行う．

8.3.3 OpenCV での F 行列推定

ここでは，OpenCV に実装された関数 cv::findFundamentalMat を使って，F 行列とカメラパラメータを推定する手順を解説する．具体的には，

[*5] それぞれのカメラの焦点距離 f_1, f_2 のみ未知とし，画像中心は既知であると仮定するなどの条件を設定すれば，F 行列からカメラパラメータを推定できる[6]．

(1) 2枚の画像を読み込み，対応する特徴点を抽出
(2) 得られた特徴点間のマッチング
(3) マッチング結果からF行列を推定
(4) E行列から外部パラメータを推定

の手順で行う．

(1) 特徴点抽出

この部分は 5.2 節に記述されているのでここでは省略する．

(2) 得られた特徴点間のマッチング

この部分は 5.3 節に記述されているのでここでは省略する．

(3) マッチング結果から F 行列を推定

画像レジストレーションにより特徴点同士の対応が求まれば，関数 cv::findFundamentalMat で F 行列を推定する．

```
Mat cv::findFundamentalMat(
        InputArray points1,
        InputArray points2,
        int method = FM_RANSAC,
        double param1 = 3.,
        double param2 = 0.99,
        OutputArray mask = noArray()
)
```

この関数では，引数を次のように設定する．

- points1：1番目の画像中の N 個の点の配列．点座標は浮動小数点型（単精度または倍精度）．
- points2：2番目の画像中対応点の配列．points1 と同じサイズ，同じフォーマット．
- method：F 行列を計算する手法．
  - FM_7POINT：7点アルゴリズム．
  - FM_8POINT：8点アルゴリズム．
  - FM_RANSAC：RANSAC アルゴリズム．
  - FM_LMEDS：LMedS アルゴリズム．
- param1：RANSAC の場合のみ使用されるパラメータ．点からエピポーラ線までの最大距離をピクセル単位で表す．その距離を超えるものは外れ値であると判断され，最終的な F 行列の計算に使用されない．

- param2：RANSAC または LMedS の場合にのみ使用されるパラメータ．推定される F 行列がどれほど正しいかを示す信頼（確率）値の要求値を表す．
- mask：N 要素の出力配列．各要素は対応する点が外れ値ならば 0 にセットされ，そうでなければ 1 にセットされる．この配列は RANSAC または LMedS の場合のみ計算され，その他の手法の場合は，すべて 1 にセットされる．

(4) E 行列から外部パラメータを推定

あらかじめカメラの内部パラメータが分かっていれば，関数 cv::findEssentialMat で E 行列を求め，関数 cv::recoverPose で外部パラメータ $\mathbf{R}, \mathbf{t}$ を分離する．

```
Mat cv::findEssentialMat(
        InputArray points1,
        InputArray points2,
        InputArray cameraMatrix,
        int method = RANSAC,
        double prob = 0.999,
        double threshold = 1.0,
        OutputArray mask = noArray()
)
```

この関数では，5 点アルゴリズムを用いて E 行列を推定する．また引数は次のように設定する．

- points1：1 番目の画像中の N 個の点の配列 ($N \geq 5$)．点座標は浮動小数点型（単精度または倍精度）．
- points2：2 番目の画像中対応点の配列．points1 と同じサイズ，同じフォーマット．
- cameraMatrix：3×3 の内部パラメータ $\mathbf{A}$．
- method：F 行列を求めるためのアルゴリズム．RANSAC か LMedS が指定できる．
- prob：RANSAC または LMedS の場合にのみ使用されるパラメータ．推定される行列がどれほど正しいかを示す信頼（確率）値の要求値を表す．
- threshold：RANSAC の場合のみ使用されるパラメータ．点からエピポーラ線までの最大距離をピクセル単位で表す．その距離を超えるものは外れ値であると判断され，最終的な F 行列の計算に使用されない．
- mask：N 要素の出力配列．各要素は対応する点が外れ値ならば 0 にセットされ，そうでなければ 1 にセットされる．この配列は，RANSAC または LMedS の場合のみ計算され，その他の手法の場合は，すべて 1 にセットされる．

```
int cv::recoverPose(
    InputArray E,
    InputArray points1,
    InputArray points2,
    InputArray cameraMatrix,
    OutputArray R,
    OutputArray t,
    InputOutputArray mask = noArray()
)
```

この関数では，引数を次のように設定する．

- `E`：E 行列．
- `points1`：1 番目の画像中の N 個の点の配列．点座標は浮動小数点型（単精度または倍精度）．
- `points2`：2 番目の画像中対応点の配列．`points1` と同じサイズ，同じフォーマット．
- `cameraMatrix`：3×3 の内部パラメータ **A**．
- `R`：回転行列．
- `t`：並進ベクトル．
- `mask`：N 要素の入出力配列．各要素は対応する点が外れ値ならば 0 にセットされ，そうでなければ 1 にセットされる．

(1)〜(4)を併せて，実際に F 行列を推定し，外部パラメータを推定するプログラムを以下に示す．

●プログラムリスト 8.4　2 枚の画像の対応に基づくキャリブレーション (C++)

```
1  #define _CRT_SECURE_NO_WARNINGS
2  #include <iostream>
3  #include <string>
4  #include <vector>
5  #include <opencv2/opencv.hpp>
6
7  int best = 30;
8
9  int main()
10 {
11     const std::string file_cam_param = "/data_file/cam_param.xml";
12
13     cv::Mat img_src[2], img_srcw[2], img_match, img_per, img_reg;
14     std::string filename[2] = { "/data_file/regist5-1.jpg", "/data_file/regist5
       -2.jpg" };
15     cv::Scalar color[2] = { cv::Scalar(0, 0, 255), cv::Scalar(255, 0, 0) };
```

```cpp
16
17  for (int i = 0; i < 2; i++){
18    img_src[i] = cv::imread(filename[i], 1); // 画像読み込み
19    cv::rectangle(img_src[i], cv::Point(0, 0), cv::Point(img_src[i].cols,
        img_src[i].rows), color[i], 2); // 外枠
20    img_srcw[i] = cv::Mat::zeros(img_src[i].size() * 2, img_src[i].type());
21    cv::Mat roi = img_srcw[i](cv::Rect(img_srcw[i].cols / 4, img_srcw[i].rows
        / 4, img_src[i].cols, img_src[i].rows));
22    img_src[i].copyTo(roi); // 縦横倍のMatの中央にコピー
23  }
24  cv::imshow("img_src[0]", img_srcw[0]);
25  cv::imshow("img_src[1]", img_srcw[1]);
26
27  cv::waitKey(0);
28
29  // (1) 特徴点抽出
30  cv::Ptr<cv::AKAZE> detector = cv::AKAZE::create();
31  std::vector<cv::KeyPoint> kpts1, kpts2;
32  cv::Mat desc1, desc2;
33  detector->detectAndCompute(img_srcw[0], cv::noArray(), kpts1, desc1);
34  detector->detectAndCompute(img_srcw[1], cv::noArray(), kpts2, desc2);
35
36  // 特徴点が少なすぎる場合は停止する
37  std::cout << kpts1.size() << " " << kpts2.size() << std::endl;
38  if(kpts1.size() < best || kpts2.size() < best) {
39    std::cout << "few keypoints : "
40      << kpts1.size() << " or " << kpts2.size() << "< " << best << std::endl;
41    return -1;
42  }
43
44  // (2) 得られた特徴点間のマッチング
45  cv::BFMatcher matcher(cv::NORM_HAMMING);
46  std::vector<cv::DMatch> matches;
47  matcher.match(desc1, desc2, matches);
48
49  std::cout << "best = " << best << std::endl;
50  std::cout << "match size = " << matches.size() << std::endl;
51  if (matches.size() < best) {
52    std::cout << "few matchpoints" << std::endl;
53  }
54
55  // 上位best個を採用
56  std::nth_element(begin(matches), begin(matches) + best - 1, end(matches));
```

```cpp
57      matches.erase(begin(matches) + best, end(matches));
58      std::cout << "matchs size = " << matches.size() << std::endl;
59
60      // 特徴点の対応を表示
61      cv::drawMatches(img_srcw[0], kpts1, img_srcw[1], kpts2, matches, img_match
        );
62      cv::imshow("matchs", img_match);
63
64      // 特徴点をvectorにまとめる
65      std::vector<cv::Point2f> points_src, points_dst;
66      for (int i = 0; i < matches.size(); i++) {
67        points_src.push_back(kpts1[matches[i].queryIdx].pt);
68        points_dst.push_back(kpts2[matches[i].trainIdx].pt);
69      }
70
71      // (3) マッチング結果から，F行列を推定する
72      cv::Mat F = cv::findFundamentalMat(points_src, points_dst);
73      std::cout << "F=" << F << std::endl;
74
75      // (4) カメラの内部パラメータが既知の場合はE行列を計算し，外部パラメータを推定する
76      // カメラ内部パラメータ読み込み
77      cv::Mat A;
78      cv::FileStorage fs(file_cam_param, cv::FileStorage::READ);
79      fs["intrinsic"] >> A;
80      fs.release();
81      std::cout << "A=" << A << std::endl;
82
83      // E行列の計算
84      cv::Mat E = cv::findEssentialMat(points_src, points_dst, A);
85
86      // 外部パラメータ（回転，並進ベクトル）の計算
87      cv::Mat R, t;
88      cv::recoverPose(E, points_src, points_dst, A, R, t);
89
90      cv::waitKey(0);
91
92      return 0;
93    }
```

参考文献

- [1] R. Hartley and A. Zisserman: *Multiple view geometry in computer vision*, Cambridge University Press, 2004.
- [2] 徐剛, 辻三郎：3次元ビジョン，共立出版, 1998.
- [3] 出口光一郎：ロボットビジョンの基礎，コロナ社, 2000.
- [4] G. Bradski and A. Kaehler: *Learning OpenCV: Computer vision with the OpenCV library*, O'Reilly, 2008.
- [5] Z. Zhang: A flexible new technique for camera calibration, *IEEE Transactions on Pattern Analysis and Machine Intelligence*, Vol. 22, No. 11, pp. 1330–1334, 2000.
- [6] 金谷健一, 菅谷保之, 金澤靖：3次元コンピュータビジョン計算ハンドブック，森北出版, 2016.
- [7] void cv::Rodrigues: `http://docs.opencv.org/3.2.0/d9/d0c/group__calib3d.html#ga61585db663d9da06b68e70cfbf6a1eac`
- [8] double cv::calibrateCamera: `http://docs.opencv.org/3.2.0/d9/d0c/group__calib3d.html#ga3207604e4b1a1758aa66acb6ed5aa65d`

Chapter 9 3次元再構成

人間は両眼で奥行き情報を取得することが可能である．コンピュータでも空間中の任意のある物体を異なる視点から撮影した画像を 2 枚以上用意することで，その物体が空間中のどの位置にあるかを知ることができる．本章では，2 枚以上の画像から 3 次元位置を推定する **3 次元再構成** (three-dimensional reconstruction) について解説する．

9.1 ステレオ視

3 次元空間中の 3 次元位置 M_w が 2 次元画像上のどこに位置するかは，第 6 章で述べたとおり，透視投影変換行列を用いて計算することができる．この関係を記述するためのカメラパラメータが既知であるとすると，図 9.1(a) に示すように，画像平面上の位置 (u_1, v_1) とカメラ中心（カメラ座標原点）を結ぶ直線が一意に決まる．また，空間中の 3 次元位置のうち，その線上に存在する点はすべて画像平面上の同一位置 (u_1, v_1) に射影される．このことは，画像平面上の位置がわかっても，そこから空間の位置を一意に定めることはできないことも意味している．

次に，別の視点から同じ 3 次元位置 M_w を見ることを考えよう．図 9.1(b) に示すように，点 M_w を別の視点の画像平面上に投影した点（図 9.1(b) の (u_2, v_2) の位置）が分かれば，画像平面上の位置 (u_2, v_2) とカメラ中心 C_2 を結ぶ直線が同様にして定まる．この 2 本の直線の交点は 2 つの視点か

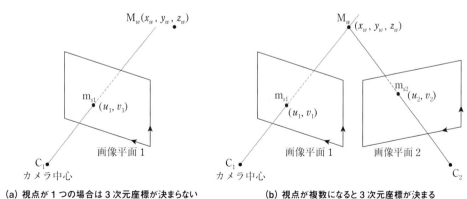

(a) 視点が 1 つの場合は 3 次元座標が決まらない　　(b) 視点が複数になると 3 次元座標が決まる

図 9.1　ステレオ視の基本

ら見た空間中の同じ3次元位置 M_w を表しており，視点の異なる画像を用いれば3次元位置を復元できる．このように2つの視点画像を用いて3次元位置を取得する手法を**ステレオ視**という．

9.1.1　平行ステレオによる3次元位置計測の原理

簡単のために，図 9.2 に示す2台のカメラ（2つの視点と考える）が以下のような関係を持っているとする．

- 2台のカメラは内部パラメータが等しく，既知である．
- 2台のカメラの光軸が平行である．
- 図 9.2 の U_L 軸と U_R 軸が同一直線上で同じ向き（2枚の画像が同一平面上，かつ画像の高さが同じ）になるように設置している．
- 光軸と画像面の交点を原点とし，画素サイズを換算してワールド座標系と単位を合わせた画像座標を (u_L, v_L) と (u_R, v_R) とする．

このようなカメラ配置を**平行ステレオ** (parallel stereo) と呼ぶ．平行ステレオの場合のエピポーラ線は図 9.2 に示すように同じ高さの水平な直線となる．

平行ステレオから計測対象の点の3次元位置を求める方法を考えよう．今，y 軸方向から見た図 9.3 において，空間の位置 (x_{wL}, y_{wL}, z_{wL}) は左側のカメラ C_L のカメラ座標系 Σ_L を基準にした座標値

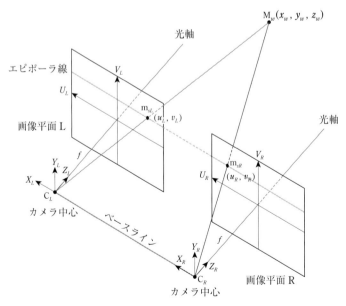

図 9.2　平行ステレオ

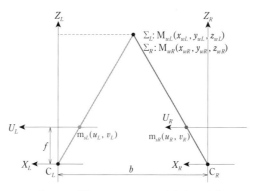

図 9.3 平行ステレオからの奥行きの計算

を，また (x_{wR}, y_{wR}, z_{wR}) は右側のカメラ C_R のカメラ座標系 Σ_R を基準にしたワールド座標系での座標値であるとすると，

$$x_{wR} = x_{wL} - b \tag{9.1}$$
$$y_{wR} = y_{wL} \tag{9.2}$$
$$z_{wR} = z_{wL} \tag{9.3}$$

の関係がある．

式 (6.18) から

$$u_L = f\frac{x_{wL}}{z_{wL}} \tag{9.4}$$
$$v_L = f\frac{y_{wL}}{z_{wL}} \tag{9.5}$$
$$u_R = f\frac{x_{wR}}{z_{wR}} \tag{9.6}$$
$$v_R = f\frac{y_{wR}}{z_{wR}} \tag{9.7}$$

である．式 (9.1)〜(9.3) を式 (9.6), (9.7) に代入すると，

$$u_R = f\frac{x_{wL} - b}{z_{wL}} = \frac{fx_{wL}}{z_{wL}} - \frac{fb}{z_{wL}} = u_L - \frac{fb}{z_{wL}} \tag{9.8}$$
$$v_R = f\frac{y_{wL}}{z_{wL}} = v_L \tag{9.9}$$

が得られる．これより

$$u_L - u_R = \frac{fb}{z_{wL}} \tag{9.10}$$
$$z_{wL} = \frac{fb}{u_L - u_R} \tag{9.11}$$

となり，奥行き z_{wL} を求めることができる．この奥行きを用いて

$$x_{wL} = \frac{u_L z_{wL}}{f} = \frac{u_L b}{u_L - u_R} \tag{9.12}$$

$$y_{wL} = \frac{v_L z_{wL}}{f} = \frac{v_L b}{u_L - u_R} \tag{9.13}$$

として，平行に設置した2台のカメラの画像における，空間中の対象位置 M_w の位置の違いを用いて3次元空間中の座標位置を計算することができる．

式 (9.12) において，分母はすべて $u_L - u_R$ である．3次元位置を計算するために重要なこの値は，2つの画像上における投影点の横方向のずれ量であり，**視差** (disparity) と呼ばれている．またこの視差を利用し，視差の大きさを画素値として表現した画像を**視差画像** (disparity map) と呼ぶ．とくに，空間点の奥行き z_{wL} は，b, f が一定であれば，視差 $u_L - u_R$ により一意に決まる．対象位置が近いときには視差は大きくなり，逆に対象位置が遠いときには視差は小さくなり，奥行きが無限大になると，差は 0 に近づく．

9.1.2　2つの画像からの位置計算

9.1.1 節では平行カメラによる3次元空間の位置を計算する方法を示したが，ここでは2つのカメラ（異なるカメラパラメータ，かつ任意のカメラ配置）画像からの一般化した3次元位置計算方法を透視投影変換行列を用いて考えよう．空間の位置 (x_w, y_w, z_w) にある点の2つの画像への投影点の画像座標をそれぞれ (u_1, v_1), (u_2, v_2) とするとき，式 (6.35) より次の関係式が得られる．

$$s\tilde{\mathbf{m}}_s = \mathbf{P}\tilde{\mathbf{M}}_w \tag{9.14}$$

$$s'\tilde{\mathbf{m}}'_s = \mathbf{P}'\tilde{\mathbf{M}}_w \tag{9.15}$$

ここで，$\tilde{\mathbf{m}}_s = \begin{pmatrix} u_1 \\ v_1 \\ 1 \end{pmatrix}$, $\tilde{\mathbf{m}}'_s = \begin{pmatrix} u_2 \\ v_2 \\ 1 \end{pmatrix}$, $\tilde{\mathbf{M}}_w = \begin{pmatrix} x_w \\ y_w \\ z_w \\ 1 \end{pmatrix}$, $\mathbf{P} = \begin{pmatrix} p_{11} & p_{12} & p_{13} & p_{14} \\ p_{21} & p_{22} & p_{23} & p_{24} \\ p_{31} & p_{32} & p_{33} & p_{34} \end{pmatrix}$,

$\mathbf{P}' = \begin{pmatrix} p'_{11} & p'_{12} & p'_{13} & p'_{14} \\ p'_{21} & p'_{22} & p'_{23} & p'_{24} \\ p'_{31} & p'_{32} & p'_{33} & p'_{34} \end{pmatrix}$ である．$\mathbf{P}, \mathbf{P}'$ はそれぞれのカメラに対する透視投影変換行列で，あらかじめカメラキャリブレーションにより既知であるとする．

式 (9.14) を展開すると以下のようになる．

$$su_1 = p_{11}x_w + p_{12}y_w + p_{13}z_w + p_{14} \tag{9.16}$$

$$sv_1 = p_{21}x_w + p_{22}y_w + p_{23}z_w + p_{24} \tag{9.17}$$

$$s = p_{31}x_w + p_{32}y_w + p_{33}z_w + p_{34} \tag{9.18}$$

$$u_1 = \frac{p_{11}x_w + p_{12}y_w + p_{13}z_w + p_{14}}{p_{31}x_w + p_{32}y_w + p_{33}z_w + p_{34}} \tag{9.19}$$

$$v_1 = \frac{p_{21}x_w + p_{22}y_w + p_{23}z_w + p_{24}}{p_{31}x_w + p_{32}y_w + p_{33}z_w + p_{34}} \tag{9.20}$$

$$(p_{11} - u_1 p_{31})x_w + (p_{12} - u_1 p_{32})y_w + (p_{13} - u_1 p_{33})z_w + (p_{14} - u_1 p_{34}) = 0 \tag{9.21}$$

$$(p_{21} - v_1 p_{31})x_w + (p_{22} - v_1 p_{32})y_w + (p_{23} - v_1 p_{33})z_w + (p_{24} - v_1 p_{34}) = 0 \tag{9.22}$$

これと同様に,2台目のカメラからも

$$(p'_{11} - u_2 p'_{31})x_w + (p'_{12} - u_2 p'_{32})y_w + (p'_{13} - u_2 p'_{33})z_w + (p'_{14} - u_2 p'_{34}) = 0 \tag{9.23}$$

$$(p'_{21} - v_2 p'_{31})x_w + (p'_{22} - v_2 p'_{32})y_w + (p'_{23} - v_2 p'_{33})z_w + (p'_{24} - v_2 p'_{34}) = 0 \tag{9.24}$$

が得られる.式 (9.21)〜(9.24) は空間の位置 (x_w, y_w, z_w) を未知数とする連立方程式となるので,それらの未知数に関してまとめることで,以下のように表すことができる.

$$\begin{pmatrix} u_1 p_{31} - p_{11} & u_1 p_{32} - p_{12} & u_1 p_{33} - p_{13} \\ v_1 p_{31} - p_{21} & v_1 p_{32} - p_{22} & v_1 p_{33} - p_{23} \\ u_2 p'_{31} - p'_{11} & u_2 p'_{32} - p'_{12} & u_2 p'_{33} - p'_{13} \\ v_2 p'_{31} - p'_{21} & v_2 p'_{32} - p'_{22} & v_2 p'_{33} - p'_{23} \end{pmatrix} \begin{pmatrix} x_w \\ y_w \\ z_w \end{pmatrix} = \begin{pmatrix} p_{14} - u_1 p_{34} \\ p_{24} - v_1 p_{34} \\ p'_{14} - u_2 p'_{34} \\ p'_{24} - v_2 p'_{34} \end{pmatrix} \tag{9.25}$$

この連立方程式は未知数の数が 3 に対して方程式の数は 4 なので,空間の位置 (x_w, y_w, z_w) の最小 2 乗解を得ることができる.

カメラパラメータとして,2つのカメラの内部パラメータ行列 $\mathbf{A}, \mathbf{A}'$ と,2つのカメラの間の位置関係を表す回転行列 $\mathbf{R}$,並進ベクトル $\mathbf{t}$ が既知である場合を考えよう.その場合は,一方のカメラ座標系をワールド座標系と見なすことで,式 (6.34) における $\mathbf{P}, \mathbf{P}'$ を次のようにおけば同様にして 3 次元位置を計算することができる.

$$\mathbf{P} = \mathbf{A}(\mathbf{I} \quad \mathbf{0}) \tag{9.26}$$

$$\mathbf{P}' = \mathbf{A}'(\mathbf{R} \quad \mathbf{t}) \tag{9.27}$$

なお平行ステレオの場合は,$\mathbf{A}, \mathbf{A}', \mathbf{R}, \mathbf{t}$ を以下のようにおいて $\mathbf{P}, \mathbf{P}'$ を求めると,同様にして 3 次元位置を計算できる.

$$\mathbf{A} = \mathbf{A}' = \begin{pmatrix} f & 0 & 0 \\ 0 & f & 0 \\ 0 & 0 & 1 \end{pmatrix} \tag{9.28}$$

$$\mathbf{R} = \mathbf{I} \tag{9.29}$$

$$\mathbf{t} = \begin{pmatrix} -b \\ 0 \\ 0 \end{pmatrix} \tag{9.30}$$

9.1.3 プログラム例

平行ステレオカメラ画像（図 9.4）を入力として，OpenCV のステレオ対応点探索クラス StereoBM を用いて視差画像を生成するプログラム例を示す．StereoBM オブジェクトを生成した後，関数 cv::StereoBM::compute を呼ぶことで視差画像の計算を行う．

```
static Ptr<StereoBM> cv::StereoBM::create(
        int numDisparities = 0,
        int blockSize = 21
)
```

この関数は，引数を次のように設定する．

- numDisparities：取り得る最大の視差値（16 の倍数）．
- blockSize：左右の画像間での対応点を探索するための領域の大きさ（奇数）．

```
virtual void cv::StereoMatcher::compute(
        InputArray left,
        InputArray right,
        OutputArray disparity
)
```

この関数は，引数を次のように設定する．

- left：左画像．8 ビット，シングルチャンネル．
- right：右画像．左画像と同じサイズ，同じ型．
- disparity：出力される視差画像．入力画像と同じサイズで，16 ビット，符号ありのシングルチャンネル画像．16 倍された視差値が保存される．浮動小数点型の視差画像を得るには，disparity の要素を 16 で割る必要がある．

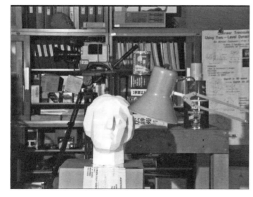

(a) 入力画像（左）　　　　　　　　　(b) 入力画像（右）

図 9.4　ステレオ視の入力画像

これまで説明してきたステレオ視による視差画像生成のプログラム例を示す．

●プログラムリスト 9.1　ステレオ視による視差画像生成 (C++)

```
1  #define _CRT_SECURE_NO_WARNINGS
2  #include <iostream>
3  #include <string>
4  #include <opencv2/opencv.hpp>
5
6  const std::string  windowDisparity = "Disparity";
7  const std::string  fileLeft  = "/09-04-a.jpg";
8  const std::string  fileRight = "/09-04-b.jpg";
9
10 int main()
11 {
12
13   // (1) 画像ファイルの読み込み
14   cv::Mat imgLeft  = cv::imread( fileLeft,  cv::IMREAD_GRAYSCALE );
15   cv::Mat imgRight = cv::imread( fileRight, cv::IMREAD_GRAYSCALE );
16   if( imgLeft.empty() || imgRight.empty() ){
17     std::cout<< " ──指定されたファイルがありません！" << std::endl;
18     return -1;
19   }
20
21   // 視差画像用の領域確保
22   cv::Mat imgDisparity16S = cv::Mat( imgLeft.rows, imgLeft.cols, CV_16S );
23   cv::Mat imgDisparity8U  = cv::Mat( imgLeft.rows, imgLeft.cols, CV_8UC1 );
24
25   // (2) StereoBMクラスのインスタンスを生成
26   int ndisparities = 16*5; // 探索したいdisparitiesの最大値を16の倍数で指定
```

```
27    int SADWindowSize = 21;  // ブロック窓のサイズ．最大21の奇数で指定
28
29    cv::Ptr<cv::StereoBM> sbm = cv::StereoBM::create( ndisparities,
        SADWindowSize );
30
31    //(3) 視差画像を計算
32    sbm->compute( imgLeft, imgRight, imgDisparity16S );
33
34    //(4) 視差画像の最小値が0，最大値が255になるように線形変換（正規化）して表示
35    double minVal, maxVal;
36    cv::minMaxLoc( imgDisparity16S, &minVal, &maxVal );
37    imgDisparity16S.convertTo( imgDisparity8U, CV_8UC1, 255/(maxVal - minVal));
38
39    cv::namedWindow( windowDisparity, cv::WINDOW_NORMAL );
40    cv::imshow( windowDisparity, imgDisparity8U );
41
42    //(5) 視差画像をファイルに保存
43    cv::imwrite("/SBM_sample.jpg", imgDisparity16S);
44
45    cv::waitKey(0);
46
47    return 0;
48 }
```

● 処理結果

図 9.5　ステレオ視による視差画像生成例

9.2 SfM(structure from motion)

ある対象を複数のカメラで撮影する，あるいは 1 つのカメラで移動しながら（視点を動かしながら）撮影することで，複数の画像を得たとする．この複数画像間の各特徴点を対応付けすることで，3 次元再構成と各視点姿勢を同時に推定することができる．この手法を **SfM**(**structure from motion**) といい，最近では Web 上から写真を集め，それぞれの画像に対するカメラの位置姿勢情報を推定し，3 次元形状を再構成することもできる．また，このような SfM 用のソフトウェアも多く開発されている．

9.2.1 SfM の原理

SfM は次のような手順で実行される．

1. 2 枚の画像から特徴点を検出し，それぞれの対応づけを行う．
2. 対応点から F 行列を推定する．
3. 透視投影変換行列 $\mathbf{P}$ を推定する．
4. 3 次元形状を再構成する．
5. 複数視点での再構成結果が誤差最小になるように最適化する．

基本的には，2 視点（2 フレーム）間の特徴点の関係からの 3 次元位置計算を，各視点の組み合わせ（動画中の全フレーム）を用いて行い，誤差が最小になるように最適化を行う処理である．

画像特徴点対応から F 行列を推定し，透視投影変換行列 $\mathbf{P}$ を求める手順については，第 8 章ですでに説明したとおりである．また，透視投影変換行列 $\mathbf{P}$ が求まれば，9.1.2 節で説明したように画像対応点の組から 3 次元位置を計算することができる．ここまでの手順が SfM のステップ 4 までの手順である．

SfM の最終ステップである最適化は，**バンドル調整** (bundle adjustment) と呼ばれる非線形最適化手法により行う．画像から得られる座標 $z_{ij} = (u_{ij}, v_{ij})$ と，推定中の透視投影変換行列 $\mathbf{P}_i$ とそれを用いて得られる 3 次元位置 $\mathbf{q}_j$ を再投影して計算される画像座標 $(\hat{u}(\mathbf{P}_i, \mathbf{q}_i), \hat{v}(\mathbf{P}_i, \mathbf{q}_i))$ の 2 乗距離の和

$$E(\mathbf{P}_1, \mathbf{P}_2, \ldots, \mathbf{P}_m, \mathbf{q}_1, \mathbf{q}_2, \ldots, \mathbf{q}_n) = \frac{1}{2} \sum_{i=1}^{m} \sum_{j=1}^{n} \left\{ (u_{ij} - \hat{u}(\mathbf{P}_i, \mathbf{q}_j))^2 + (v_{ij} - \hat{v}(\mathbf{P}_i, \mathbf{q}_j))^2 \right\} \tag{9.31}$$

が最小になるように，$\mathbf{P}_i$ と $\mathbf{q}_j$ を計算する．式 (9.31) で定義されるコスト関数 E を**再投影誤差** (reprojection error) と呼ぶ．通常は，最小 2 乗アルゴリズムを用いて反復的に計算することで最適解を求める．実際の画像を用いて自分で実装する際には特徴点の誤検出や誤対応などが起こるため，基本のアルゴリズムを素直に実装すると不十分な場合が多く，安定したカメラパラメータや再構成結果を

得るためにさまざまな研究が行われている.

9.2.2　OpenCV の関数を用いた SfM の例

OpenCV3.1 から SfM がモジュール化された. モジュール化された SfM において複数の画像（図 9.6）からキャリブレーションを行い 3 次元再構成（点群での表現）するためには，関数 cv::sfm::reconstruct を用いる.

```
void cv::sfm::reconstruct(
      const std::vector< std::string > images,
      OutputArray Rs,
      OutputArray Ts,
      InputOutputArray K,
      OutputArray points3d,
      bool is_projective = false
)
```

この関数は，引数を次のように設定する.

- images：入力として与える複数の画像ファイル名.
- Rs：推定されたカメラの回転を表す 3×3 の行列，推定されたカメラ数だけある.
- Ts：推定されたカメラの並進を表す 3×1 のベクトル，推定されたカメラ数だけある.
- K：カメラの内部パラメータ 3×3 の行列で与える．入力されたパラメータは初期値として取り扱うため，あらかじめキャリブレーションした値を用いるとよい.

$$\mathbf{K} = \begin{pmatrix} f_x & 0 & c_x \\ 0 & f_y & c_y \\ 0 & 0 & 1 \end{pmatrix}$$

- points3d：再構成された 3 次元位置.
- is_projective：true を指定した場合，画像は透視投影変換により生成されたと仮定する.

図 9.6 SfM の入力画像

この関数を用いて 3 次元再構成するプログラム例を以下に示す．

●プログラムリスト 9.2 SfM モジュールを用いた 3 次元再構成 (C++)

```
1  #define _CRT_SECURE_NO_WARNINGS
2  #include <opencv2/opencv.hpp>
3  #include <opencv2/sfm.hpp>
4
5  int main()
6  {
7    // カメラの内部パラメータに関する変数（キャリブレーションした値を入れる）
8    float   f  = 1094.0;    // 焦点距離
9    float   cx = 491.0;     // 画像中心(x) pixel
10   float   cy = 368.0;     // 画像中心(y) pixel
11
12   // 入力画像に関する変数
13   const int          NUM_IMG = 5;              //入力画像の数
14   std::vector<std::string>   image_files; //入力画像のファイル名（サンプルではカレント
         ディレクトリにあるとする）
15
16   // (1)入力ファイル名のセット
17   for (int i = 0; i < NUM_IMG; i++)
18     image_files.push_back("09-06-" + std::to_string(i + 1) + ".jpg");
19
20   // (2)内部パラメータ行列の生成
21   cv::Matx33d K = cv::Matx33d(f, 0, cx,
22                               0, f, cy,
```

```cpp
23                                  0, 0, 1);
24
25   // (3)SfMモジュールを用いた複数の画像データからの3次元再構成（点群が計算される）
26   bool is_projective = true;
27   std::vector<cv::Mat> Rs_est, ts_est, points3d_estimated;
28   cv::sfm::reconstruct(image_files, Rs_est, ts_est, K, points3d_estimated,
       is_projective);
29
30   // (4)結果の表示(Vizを使用する)
31   //...Windowを生成
32   cv::viz::Viz3d window("Coordinate Frame");
33   window.setWindowSize(cv::Size(800, 600));
34   window.setBackgroundColor(); // 指定しないと背景は黒
35
36   //...推定された3次元位置をセット
37   std::vector<cv::Vec3f> point_cloud_est;
38   for (int i = 0; i < points3d_estimated.size(); ++i)
39     point_cloud_est.push_back(cv::Vec3f(points3d_estimated[i]));
40
41   //...カメラ位置のセット
42   std::vector<cv::Affine3d> path;
43   for (size_t i = 0; i < Rs_est.size(); ++i)
44     path.push_back(cv::Affine3d(Rs_est[i], ts_est[i]).inv());
45
46   //...3次元座標（点での）の表示
47   cv::viz::WCloud cloud_widget(point_cloud_est, cv::viz::Color::green());
48   window.showWidget("point_cloud", cloud_widget);
49
50   //...カメラ位置の表示
51   window.showWidget("cameras_frames_and_lines", cv::viz::WTrajectory(path, cv
       ::viz::WTrajectory::BOTH, 0.1, cv::viz::Color::green()));
52   window.showWidget("cameras_frustums", cv::viz::WTrajectoryFrustums(path, K,
       0.1, cv::viz::Color::yellow()));
53   window.setViewerPose(path[0]);
54
55   //...'q'を押すとプログラム終了
56   std::cout << std::endl << "Press 'q' to close each windows ... " << std::
       endl;
57   window.spin();
58
59   return 0;
60 }
```

●処理結果

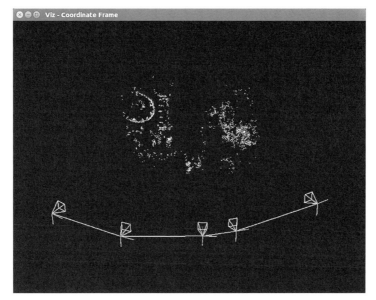

(a) 視点1

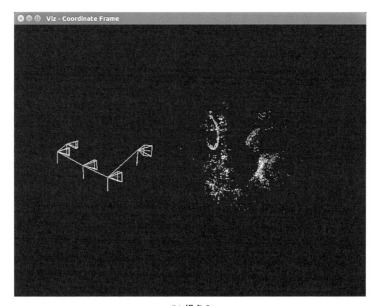

(b) 視点2

図 9.7 3次元再構成例

参考文献

[1] R. Hartley and A. Zisserman: *Multiple view geometry in computer vision*, Cambridge University Press, 2004.

[2] 徐剛, 辻三郎：3次元ビジョン, 共立出版, 1998.

[3] 出口光一郎：ロボットビジョンの基礎, コロナ社, 2000.

[4] G. Bradski and A. Kaehler: *Learning OpenCV: Computer vision with the OpenCV library*, O'Reilly, 2008.

[5] 八木康史, 斎藤英雄(編)：コンピュータビジョン最先端ガイド5, アドコム・メディア, 2012.

Chapter 10 機械学習とは?

　機械学習 (machine learning) とは，人間が持つ学習能力と同様の機能を，コンピュータ上でさまざまなデータに基づいて実現しようとすることであり，機械学習法とは，その実現方法のことを表す．機械学習の厳格な定義は，いくつか存在する．例えば，機械学習法の著名な研究者である米国カーネギーメロン大学のトム・ミッチェルは，「コンピュータプログラムがある種のタスク T と評価尺度 P において経験 E から学習するとは，タスク T におけるその性能を P によって評価した際に，経験 E によってそれが改善されている場合である」と定義している[1]．また，米国スタンフォード大学の著名な統計学者らは，「機械学習の目的は，データ集合を入力して解析し，そのデータから有用な規則・傾向などを抽出することが目的である」と定義している[2]．つまり，機械学習法は，データに内在する潜在的な特徴を捉え，データ間に存在する複雑な関係を定量化し，その定量化した関係を用いて新たなデータについて予測を行う手法であるといえる．

　機械学習法には，大まかに分けると，**教師あり学習法** (supervised learning method) と**教師なし学習法** (unsupervised learning method) の2種類がある．入力データとそれに対応する答えの組を大量に与えて，その大量のデータの組から，入力データと答えの間の関係を求める機械学習法が教師あり学習法である．教師あり学習法を用いて解く問題は，答えの属性によって，2つに分類できる．答えの属性がラベルである場合は**識別** (classification) 問題といい，その属性が数値である場合は**回帰** (regression) 問題や**関数近似** (function approximation) 問題という．

　一方，入力データだけを大量に与えて，その大量のデータに内在する構造を見つける機械学習法が教師なし学習法である．大量の入力データをある基準に従って類似したデータごとにまとめる手法は**クラスタリング** (clustering) と呼ばれ，教師なし学習法の1つである．また，高次元の入力データを，元の入力データが持つ情報をできるだけ保存するように，低次元のデータに変換する手法は**次元圧縮** (dimension reduction) **法**と呼ばれ，これも教師なし学習法の1つである．

　機械学習の根本的な課題は，学習に使用するデータとして学習対象の挙動のすべてのとりうる値を取得すると，その量が大きくなりすぎて実装に困難が生じることである．したがって，機械学習法は，与えられたデータだけを使用して学習した後に，新たな見たことのない例について正確に判断（予測，推定）できる能力を持たなければならない．このような能力のことを**汎化能力** (generalization ability) という．この汎化能力を獲得することが，機械学習法の最も重要な目的となる．

　機械学習法は，基本的に次のような手順で実行される．

1. データの入手
2. データ前処理（加工，整形，尺度の変換などにより素性を生成する）

3. 手法の選択

4. パラメータの選択

5. モデルの学習

6. モデルの評価

7. チューニング（3. から 6. を繰り返す）

本書では，このような機械学習法を実施する際の手順に従って，それぞれの項目について順番に解説していく．まず第 11 章で，機械学習法を実験・検証する際に必要になる人工的なデータの生成方法について解説する．そして第 12〜19 章で，教師なし学習・教師あり学習法について代表的な手法について解説する．OpenCV は，以下のような各種の機械学習法についてのモジュールを有している．

- 主成分分析 (principal component analysis, PCA)
- **K-means 法** (K-means method)
- **k 最近傍法** (k-nearest-neighbor method, k-NN)
- ベイズ識別 (naive bayes method)
- サポートベクトルマシン (support vector machines, SVM)
- 決定木 (decision trees)
- ニューラルネットワーク (neural networks, NN)
- ブースティング (boosting method)

各章では，これらの機械学習法について概説した後，各学習法ごとに OpenCV のモジュール（C++ API および Python API）を用いた実装方法について紹介する．なお，OpenCV の Python API を用いた実装方法に関しては，Python の機械学習用のモジュール (scikit-learn) が別途存在し，こちらのモジュールを用いたほうが利便性が高いものもある．

前述したように，この汎化能力を獲得することが機械学習法の最も重要な目的であるため，**識別器** (classifier) の評価方法には，従来からいくつかの常套手段的な手法が存在する．これらの評価方法についても第 20 章で解説する．

なお，本書では，機械学習法の中で，主に識別問題に用いる手法について紹介している．機械学習法を回帰問題に用いる場合でも，答えの属性を数値に変えて，本章で紹介している各種の手法のパラメータを調整することで対応できる．

参 考 文 献

[1] T. Mitchell: *Machine learning*, McGraw-Hill, 1997.

[2] T. Hastie, R. Tibshirani, and J. H. Friedman: *The elements of statistical learning: Data mining, inference, and prediction*, Springer, 2001.

[3] C. M. Bishop: *Pattern recognition and machine learning*, Springer, 2006.

Chapter 11 人工的なデータの生成

11.1 機械学習で使用するデータ

　機械学習では，入力データとそのデータに対応する答えを組にしたデータが大量に必要となる．これを**訓練データ** (training data) と呼ぶ[*1]．学習に用いられるすべての訓練データの集合を**訓練データセット**と呼ぶ．入力データは，通常 k 個の数値で構成する k 次元列ベクトルで表現される．ベクトルの各要素は，入力データで表されるパターンの**特徴** (feature) ということもある．この場合，そのベクトルのことを，とくに**特徴ベクトル** (feature vector) といい，特徴ベクトルで表される空間のことを，**パターン空間** (pattern space) または**特徴空間** (feature space) という．

　なお，教師なし学習で用いられる訓練データには，入力データに対応する答えは含まれておらず，入力データのみが含まれている．教師あり学習で用いられる訓練データには，入力データとそのデータに対応する答えの組が含まれており，教師あり学習を用いて識別問題を解く場合には，とくに，この答えを**ラベル**と呼ぶ．また，この答えに相当する値がスカラ値であることもあれば，多次元の値を持つベクトルで表現されることもある．

　学習を行う際に，訓練データだけでは学習されたモデルを十分に評価できないという問題がある．この問題は**過剰適合** (overtraining) や**過学習** (overfitting) と呼ばれる問題で，要するに，機械学習法の最終的な目的としての汎化能力の獲得が達成できているか否かを十分に評価できないという問題である．この問題を解決するために，通常，学習に用いないデータを用意し，そのデータを用いて学習されたモデルを評価する．この評価を行うためのデータを**検証データ** (test data) と呼ぶ[*2]．

11.2 人工的データの生成

　自分で何らかの機械学習法を使用または考案したときには，その学習法が正しく動作しているか否かを検証しなければならない．そのような際には，まず，特定の条件を満たすような人工的なデータを生成してアルゴリズムを検証する．その後，一般に公開されているデータセット（例えば，CaltechやILSVRC など）を使用して考案した学習法を検証する．

[*1] 学習データや教師データと呼ぶこともある．
[*2] テストデータや未学習データと呼ぶこともある．

以下では，人工的なデータを作成する方法について紹介する．人工的なデータとしては，線形分離可能なデータや線形分離不可能なデータなど，ある機械学習法を試すために都合のよいデータを生成できることが望ましい．例えば，正規分布に従うようなデータがほしい場合は，正規分布に従う乱数を生成する関数を使うというように，ある確率分布に従ってランダムな数値（乱数）を生成する関数を使うことで実現できる．ランダムな数値を生成するために，何らかの乱数生成アルゴリズムを用いる．一般的に，乱数は初期状態と状態を変化させるアルゴリズムにより生成されるため，乱数生成の初期状態が同じなら，生成される乱数も同じになる．したがって，本当の意味で異なる乱数を生成するためには，初期状態を固定しないようにするために，時刻などを利用して初期状態を決定することが多い．

次に，OpenCV を用いた乱数生成の具体例について紹介する．

11.3 OpenCV(C++)による乱数生成

OpenCV ライブラリのいくつかの関数を用いることで，簡単に人工的なデータを生成することができる．人工的なデータを生成する際には，ランダムに数値を生成することがよく行われる．このようなランダムな数値を生成するために OpenCV ライブラリでは cv::RNG クラスを用いる．

cv::RNG クラスのオブジェクト rng を生成し，通常，コンストラクタで乱数生成の初期化を行う．コンストラクタへの引数は，乱数生成のための初期値（Seed ということが多い）で，以下の例では，時刻を与える関数 time を用いている．これにより，プログラムを実行するたびに，乱数生成のための初期値を異なった値で設定することができる．

```
cv::RNG rng((unsigned int)time(NULL));
```

ある確率分布に従って乱数を生成する関数を使うことで，ある特定の条件を満たすデータを生成できる．以下ではそのいくつかの例を示す．

11.3.1 一様分布に基づくデータ生成

OpenCV ライブラリを用いて一様分布に基づくランダムデータを生成する際には，cv::RNG クラスのメンバ関数 cv::RNG::uniform を使用する．

```
double cv::RNG::uniform(
        double low,
        double high
)
```

この関数では引数を次のように設定する．

- low：生成される乱数の下限値を指定する．
- high：生成される乱数の上限値を指定する．

cv::RNG クラスのオブジェクト rng が生成されているとき，下限値 0.0，上限値 1.0 の範囲で一様分布に基づいて乱数を生成するためにはメンバ関数 cv::RNG::uniform を次のように用いる．

```
double rng.uniform(0.0,1.0);
```

11.3.2　正規分布に基づくデータ生成

OpenCV ライブラリを用いて正規分布に基づくランダムデータを生成する際には，cv::RNG クラスのメンバ関数 cv::RNG::gaussian を使用する．この関数では生成される乱数の正規分布の平均値は 0.0 である．

```
double cv::RNG::gaussian(
        double sigma
)
```

この関数では，引数を次のように設定する．

- sigma：生成される乱数の正規分布の標準偏差を指定する．

cv::RNG クラスのオブジェクト rng が生成されているとき，平均値 0.0 で標準偏差 1.0 となる正規分布に基づいて乱数を生成するためにはメンバ関数 cv::RNG::gaussian を次のように用いる．

```
double rng.gaussian(1.0);
```

11.3.3　OpenCV(C++) による人工的なデータの生成例

以下では，2次元の人工的なデータを作成する例を示す．2次元の点の集合を作り，それぞれの集合を2つのクラスに割り当てて，データを保存する．2つの正規分布を使用して，2つの点集合を生成するプログラム例を以下に示す．

● プログラムリスト 11.1　正規分布に基づく人工的なデータの生成

```cpp
1  #define _CRT_SECURE_NO_WARNINGS
2  #define _USE_MATH_DEFINES //M_PIを使用するために必要
3  #include <iostream>
4  #include <fstream>
5  #include <cmath>
6  #include <ctime>
7  #include <opencv2/opencv.hpp>
8
9  int main()
10 {
11    int num_data = 200; //各クラスのデータ総数
12    cv::Mat class1(num_data, 2, CV_64FC1); //クラス1のデータ保存用
13    cv::Mat class2(num_data, 2, CV_64FC1); //クラス2のデータ保存用
14    cv::Mat labels(2 * num_data, 1, CV_32SC1); //クラスのラベル値保存用
15    std::ofstream fout;
16
17    //乱数生成器を初期化
18    cv::RNG rng((unsigned int)time(NULL));
19    //人工的データの生成
20    for (int i = 0; i < num_data; i++){
21      class1.at<double>(i, 0) = rng.gaussian(0.5); //x(平均値0)
22      class1.at<double>(i, 1) = rng.gaussian(0.5); //y(平均値0)
23
24      class2.at<double>(i, 0) = rng.gaussian(2.0) + 5.0; //x(平均値5.0)
25      class2.at<double>(i, 1) = rng.gaussian(2.0) + 1.0; //y(平均値1.0)
26    }
27    for (int i = 0; i < 2 * num_data; i++){
28      if (i < num_data) labels.at<int>(i) = 0; //前半クラス1のラベル値
29      else labels.at<int>(i) = 1; //後半クラス2のラベル値
30    }
31
32    //人工的なデータの保存
33    fout.open("data.txt");
34    if (!fout.is_open()) {
35      std::cerr << "ERR: fout open" << std::endl;
36      return -1;
37    }
38
39    for (int i = 0; i < num_data; i++) {
40      fout << class1.at<double>(i, 0) << " " << class1.at<double>(i, 1) << " "
           << labels.at<int>(i) << std::endl;
41    }
42    for (int i = 0; i < num_data; i++) {
```

```
43      fout << class2.at<double>(i, 0) << " " << class2.at<double>(i, 1) << " "
            << labels.at<int>(i + num_data) << std::endl;
44    }
45
46    fout.close();
47
48    return 0;
49 }
```

このプログラム例に従って生成された2次元データを図示したものが図 **11.1** である．

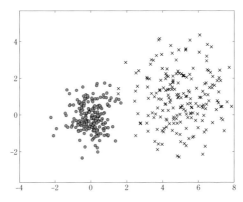

図 **11.1** 正規分布に基づく人工的なデータの生成例

次に，正規分布に従って点が分布する集合と，その集合の周りにリング状に点が分布するような集合を生成するプログラム例を以下に示す．

●プログラムリスト 11.2 一様分布と正規分布に基づく人工的なデータの生成

```
1  #define _CRT_SECURE_NO_WARNINGS
2  #define _USE_MATH_DEFINES
3  #include <iostream>
4  #include <fstream>
5  #include <cmath>
6  #include <ctime>
7  #include <opencv2/opencv.hpp>
8
9  int main()
10 {
11    int num_data = 200;//各クラスのデータ総数
12    cv::Mat class1(num_data, 2, CV_64FC1);//クラス1のデータ保存用
13    cv::Mat class2(num_data, 2, CV_64FC1);//クラス2のデータ保存用
14    cv::Mat labels(2*num_data, 1, CV_32SC1);//クラスのラベル値保存用
```

```
15    std::ofstream fout;
16
17    //乱数生成器を初期化
18    cv::RNG rng((unsigned int)time(NULL));
19
20    //人工的なデータの生成
21    for(int i = 0; i < num_data; i++){
22      class1.at<double>(i, 0)= rng.gaussian(0.5); //x(平均値0)
23      class1.at<double>(i, 1)= rng.gaussian(0.5); //y(平均値0)
24
25      double r = 0.6*rng.gaussian(1.0)+5.0;
26      double angle = 2.0*M_PI*rng.uniform(0.0,1.0);
27
28      class2.at<double>(i, 0)= r*cos(angle);
29      class2.at<double>(i, 1)= r*sin(angle);
30    }
31    for (int i = 0; i < 2*num_data; i++){
32      if(i<num_data)
33        labels.at<int>(i)=0;//前半クラス1のラベル値
34      else
35        labels.at<int>(i)=1;//後半クラス2のラベル値
36    }
37
38    //人工的なデータの保存
39    fout.open("data.txt");
40    if (!fout.is_open()) {
41      std::cerr << "ERR: fout open" << std::endl;
42      return -1;
43    }
44
45    for (int i = 0; i < num_data; i++) {
46      fout << class1.at<double>(i, 0) << " " << class1.at<double>(i, 1) << " "
           << labels.at<int>(i) << std::endl;
47    }
48
49    for (int i = 0; i < num_data; i++) {
50      fout << class2.at<double>(i, 0) << " " << class2.at<double>(i, 1) << " "
           << labels.at<int>(i + num_data) << std::endl;
51    }
52    fout.close();
53
54    return 0;
55  }
```

このプログラム例に従って生成された2次元データを図示したものが図 11.2 である．

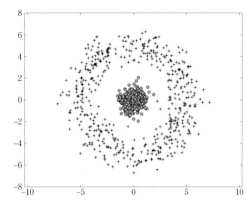

図 11.2　一様分布と正規分布に基づく人工的なデータの生成例

11.4　OpenCV(C++) による訓練データ・検証データの生成

11.4.1　訓練データの生成

　機械学習法では訓練データを扱う必要がある．訓練データは通常，大量のデータの集合であり，それぞれのデータは特徴ベクトルで表現されている．それらのベクトルは，量的データまたは質的データを表している．さらに，使用する機械学習法に応じて，各データには，特徴ベクトルだけでなく，その特徴ベクトルに対応するスカラ値やベクトルなどが含まれていることもある．訓練された機械学習法の性能を評価するために，通常，訓練データの一部を使用して訓練し，残りの訓練データを検証用データとして使用する．

　OpenCV で用意されているさまざまな機械学習法を用いる際に，このような訓練データを扱いやすくするために，OpenCV の機械学習モジュール（ml モジュール）には，cv::ml::TrainData クラスがある．cv::ml::TrainData クラスのメンバ関数として，訓練データを生成するための関数 cv::ml::TrainData::create がある．

```
static Ptr<TrainData> cv::ml::TrainData::create(
    InputArray samples,
    int layout,
    InputArray responses,
    InputArray varIdx,
    InputArray sampleIdx,
    InputArray sampleWeights,
```

```
                InputArray varType,
    )
```

この関数の引数には，次のような値・行列などを設定する．

- `samples`：特徴ベクトルの集合を保存した行列を指定する．
- `layout`：1つの訓練データが行方向，または列方向に並んでいるかを示す値を指定する．
- `responses`：特徴ベクトルに対応した値，またはベクトルを保存した行列を指定する．
- `varIdx`：1つの特徴ベクトルのうちのどの変数を訓練に使用するかを行列で指定する．この引数は省略可能である．
- `sampleIdx`：特徴ベクトルの集合のうち，どの要素を訓練に使用するかを行列で指定する．この引数は省略可能である．
- `sampleWeights`：特徴ベクトルの集合のそれぞれの要素に与える重みを行列で指定する．この引数は省略可能である．
- `varType`：訓練データのそれぞれの変数の種類を行列で指定する．この引数は省略可能である．

例えば，訓練データとして，2次元の特徴ベクトルがnumTrainingSamples個あり，それぞれの特徴ベクトルに対応したスカラ値が同数ある場合に，この訓練データをOpenCVで用意されているさまざまな機械学習法を用いる際には，`cv::ml::TrainData`クラスのオブジェクト`trainingData`を次のようにして生成する必要がある．なお，numTrainingSamples個の2次元の特徴ベクトルは，`cv::Mat`型のオブジェクト`trainSamples`で定義されるnumTrainingSamples行2列の行列に，numTrainingSamples個の2次元の特徴ベクトルに対応するスカラ値[*3]は，`cv::Mat`型のオブジェクト`trainLabels`で定義されるnumTrainingSamples行1列の行列に，あらかじめ保存しておく．

```
cv::Mat trainingSamples(numTrainingSamples, 2, CV_32FC1);
cv::Mat trainingLabels(numTrainingSamples, 1, CV_32FC1);
Ptr<TrainData> trainingData = TrainData::create(trainingSamples, ROW_SAMPLE,
    trainingLabels);
```

このようにして生成された`cv::ml::TrainData`クラスのオブジェクト`trainingData`を各種の機械学習法で使用する例は，それらの機械学習法を紹介する際に示す．

[*3] 例えば，識別問題の場合はラベルを示す値．

11.4.2　1つの訓練データから訓練データ・検証データを生成する方法

前述したように，ある機械学習アルゴリズムを訓練する際には，通常，訓練データの一部を使用し，残りの訓練データを検証データとして使用する．このようなデータの取捨選択を行う際には，選択に偏りが生じないような工夫が必要となる．そのような工夫の1つとして，訓練データの集合をランダムにシャッフルして，データの並んでいる順番を入れ替える方法が考えられる．例えば，このようなシャッフルの方法は，帽子に入れた数字の書かれたカードをなくなるまで取り出して並べていく手順に似ている．このような手順として，**Fisher-Yates法**というアルゴリズム[6]が存在する．

また，OpenCVでもこれと同様のことを行える関数 cv::randShuffle がある．この関数は，配列の要素の組をランダムに選択し，それらの要素の順番を入れ替えることで，配列の要素をランダムにシャッフルする．

```
void cv::randShuffle(
    InputOutputArray dst,
    double iterFactor = 1.,
    RNG *rng = 0
)
```

この関数の引数には，次のような値・行列などを設定する．

- dst：ランダムにシャッフルしたい配列を指定する．シャッフルされた結果は，この配列に上書きされる．
- iterFactor：要素の組の入れ替えの回数を決める係数を指定する．この係数を用いて，要素の組の入れ替えの回数は，dst.rows*dst.cols*iterFactor 回となる．
- rng：シャッフルに使用する乱数生成器を指定する．この値が 0 に指定されているとき（デフォルト）は関数 theRNG が使用される．

11.5　実際のデータセット

11.5.1　概要

各種の機械学習法を実際に使いこなすためには，世の中に存在する実際のデータに対して機械学習法を適用し，機械学習法のパラメータを調整して，機械学習法の結果について考察することが重要となる．通常，この際に必要となる実際のデータを収集するには時間的・金銭的コストがかかることが多いが，世の中には，取得が簡単で自由に使える適度な大きさのデータが存在する．

有名な機械学習やデータマイニング用の一般に公開されているデータセットとして，UCI Machine Learning Repository（以下，UCI リポジトリと表す）[1] で公開されているものがある．このサイトにあるデータセット（UCI データセット）は，カリフォルニア大学アーバイン校の研究者が公開しているもので，現在 264 種類ものデータセットが存在している．データセットの中には，パターンの属性値が数値で表されるものやカテゴリーデータ（13.1.2 節参照）で表されているもの，データ数の少ないものから多いものまで，さまざまなデータセットが存在する．自分で実装した機械学習用のプログラムが正しく動作しているかを検証するときには，UCI データセットから適切なものを選択して利用すると便利である．

有名な物体認識用のデータセットとしては，CIFAR-10[4]，MNIST[3], SUN Database[5]，ImageNet[2] などが存在する．CIFA-10 は，10 クラス (airplane, automobile, bird, cat, deer, dog, frog, horse, ship, truck) の画像（32 × 32 のカラー画像）とクラスラベルが，学習用・テスト用それぞれで 50,000 個，10,000 個含まれているデータセットである．MNIST は，手書き文字認識のためのデータセットで，0〜9 のそれぞれの数字の画像（28 × 28 の濃淡画像）とクラスラベルが，学習用・テスト用それぞれで 60,000 個，10,000 個含まれているデータセットである．SUN Database は，シーン認識に特化したデータセットで，画像は 13 万枚ほどあり，クラス数も約 900 個存在している．このデータセットでは，元画像が直接配布されるだけでなく，このデータセットのホームページ上で，画像特徴量を抽出するソースコードも公開されている．ImageNet は，自然言語処理分野で用いられる概念辞書 WordNet の様式に合わせて，各概念のサンプル画像を網羅的に収集したものである．2017 年 5 月時点では，21,841 クラス 14,197,122 枚もの，クラスラベルが付与された画像データを有している．

11.5.2 OpenCV(C++) による UCI データセット（CSV 形式）の読み込み

`cv::ml::TrainData` クラスには，CSV 形式のファイルから訓練データを読み込む関数 `loadFromCSV` が用意されている．CSV 形式の中身は，1 行の最初から特徴ベクトルのデータが並び，行の最後の要素にその特徴ベクトルに対応するラベルの値が並ぶという順序で，データの個数分だけの行数が保存されていることが前提である．

```
static Ptr<TrainData> cv::ml::TrainData::loadFromCSV(
    const String & filename,
    int headerLineCount,
    int responseStartIdx,
    int responseEndIdx,
    const String & varTypeSpec,
    char delimiter,
    char missch
)
```

この関数の引数には，次のような値などを設定する．

- `filename`：CSV 形式の訓練データのファイル名を指定する．
- `headerLineCount`：ファイルの先頭部分の読み飛ばす行数を指定する．
- `responseStartIdx`：出力変数が始まる最初の列数を指定する．ある行の最後の列だけが出力変数である場合は，この変数を -1 と指定する．デフォルトの値は -1 である．
- `responseEndIdx`：出力変数の最後の列数に 1 を足した値を指定する．スカラ値の出力変数の場合はこの変数を -1 と指定する．デフォルトの値は -1 である．
- `varTypeSpec`：変数の型を指定する．この引数は省略可能である．
- `delimiter`：各行において数値を分離している文字を指定する．デフォルトの値は「,」である．
- `missch`：欠損値を表す文字を指定する．デフォルトの値は「?」である．

なお，入力ベクトルだけが含まれ，これに対応するラベル値が含まれていないような CSV 形式の訓練データファイルを，この関数を使って読み込む場合は，`responseStartIdx = -2`，`responseEndIdx = 0` と指定する．こうすることで，訓練データの出力変数部分はすべて 0 であるとして，訓練データが読み込まれる．

この関数の実際の使用例は次のようになる．UCI データセットの iris データセットをダウンロードして，iris.data というファイル名で保存しておくものとする．なお，iris.data は，アヤメに関するデータセットで，3 種類のアヤメ (setosa, versicolor, virginica) の萼片と花弁について，それぞれ長さと幅を計測したデータが特徴量として収集されていて，各アヤメについて 50 個のデータが保存されている．つまり，このデータセットには 4 種類の特徴量（4 次元ベクトル）が全部で 150 個ある．このファイルを OpenCV の機械学習法で訓練データとして読み込むためには，次のようにする．

```
cv::Ptr<cv::ml::TrainData> raw_data = cv::ml::TrainData::loadFromCSV("iris.data", 0);
```

このようにして生成された cv::ml::TrainData クラスのオブジェクト raw_data を各種の機械学習法で使用する例は，それらの機械学習法を紹介する際に示す．

練習問題

❶ 3 つの正規分布を用いて，3 つの点集合を生成するプログラムを作成せよ．1 つの点集合は 2 次元の点の集合とし，1 つの集合を 1 つのクラスに割り当てて，データを保存するものとする．

❷ 図 11.3 に示すような点集合を生成するプログラムを作成せよ．

❸ UCI リポジトリで公開されている Pima Indians Diabetes データセットを読み込み，bmi（肥満度を表す指数）と glu（血糖値）に関するデータのみを取り出して保存するプログラムを作成せよ．

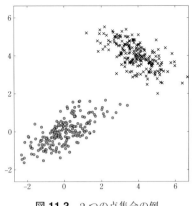

図 11.3　2 つの点集合の例

> **豆知識 Matplotlib は便利**
>
> 　本章に掲載されているすべての図は Python でグラフを描画するときなどに使われる標準的なツール Matplotlib を用いて作成している（プログラムリスト 11.3）．このツールによって，高速なデータの可視化手法や出版品質の図を多くのフォーマットで作成できるようになる．
>
> ●プログラムリスト 11.3　Matplotlib のプログラム例
>
> ```
> 1  # -*- coding: cp932 -*-
> 2  import numpy as np
> 3  import matplotlib.pyplot as plt
> 4  #
> 5  # 1行のデータの形式：先頭（1列目）にラベル，残りの列で特徴量データ
> 6  #
> 7  data = np.loadtxt('data.txt',comments='#',delimiter=' ')
> 8
> 9  data1 = data[data[:,0]==1,1:3]
> 10
> 11 x=data1[:,0]
> 12 y=data1[:,1]
> 13
> 14 plt.plot(x,y,'o',color='y')
> 15 plt.show()
> ```

[1] http://archive.ics.uci.edu/ml/index.php
[2] http://www.image-net.org/
[3] http://yann.lecun.com/exdb/mnist/
[4] http://www.cs.utoronto.ca/~kriz/cifar.html
[5] http://vision.cs.princeton.edu/projects/2010/SUN/
[6] R. A. Fisher and F. Yates: *Statistical tables for biological, agricultural and medical research (3rd ed.)*, Oliver & Boyd, pp. 26–27, 1948.

12 主成分分析

12.1 概要

　個々のデータが高次元なベクトルで表現された大量のデータを効率的に処理するためには，個々のデータがなるべく低次元なベクトルで表現できるほうがよい．**主成分分析** (principal component analysis, PCA) は，個々のデータが D 次元ベクトルで表現された大量の入力データの中から，重要な情報を含んだより低次元な $R(R \ll D)$ 次元ベクトルで表現されたデータを抽出する方法の1つである[*1]．主成分分析は，大量の入力データ

$$\mathbf{x}_i = (\begin{array}{ccc} x_{i_1} & \cdots & x_{i_D} \end{array})^\top \quad (i = 1 \sim N) \tag{12.1}$$

の**共分散行列** (covariance matrix) の**固有値問題** (eigenvalue problem) を解き，大きな固有値を持つ固有ベクトルを基底とする**部分空間** (subspace) を構成して，元の情報を表現する．このとき，基底ベクトルの数 R を，元のデータの次元数 D よりも小さくなるように求めることで，元の入力データの重要な情報を失うことなく，より少ない次元数で入力データを新たに表現することが可能になる．

　入力データを構成する N 個のデータの平均値ベクトル $\overline{\mathbf{x}}$ は

$$\overline{\mathbf{x}} = (\begin{array}{ccc} \overline{x_1} & \cdots & \overline{x_d} \end{array})^\top \tag{12.2}$$

と表せる．N 個のデータ $\mathbf{x}_i$ を列方向に並べたデータ行列 $\mathbf{X}$ は

$$\mathbf{X} = (\begin{array}{ccc} \mathbf{x}_1 & \cdots & \mathbf{x}_N \end{array})^\top \tag{12.3}$$

と表せる．また，データ行列 $\mathbf{X}$ の各列ベクトルから平均値ベクトル $\overline{\mathbf{x}}$ を引いて求められるデータ行列 $\overline{\mathbf{X}}$ は

$$\overline{\mathbf{X}} = (\begin{array}{ccc} \mathbf{x}_1 - \overline{\mathbf{x}} & \cdots & \mathbf{x}_N - \overline{\mathbf{x}} \end{array})^\top \tag{12.4}$$

となる．このとき，N 個のデータから構成される訓練データの共分散行列 $\mathbf{\Sigma}$ は

$$\mathbf{\Sigma} = \frac{1}{N}\overline{\mathbf{X}}^\top \overline{\mathbf{X}} \tag{12.5}$$

と表せる．

[*1] **次元圧縮法**と呼ぶこともある．

元の入力データの共分散行列 Σ の固有値問題を解くと，**固有値** (eigenvalue)λ_j と**固有ベクトル** (eigenvector)$\mathbf{a}_j$ を求めることができる．

$$\Sigma \mathbf{a}_j = \lambda_j \mathbf{a}_j \tag{12.6}$$

このようにして求められたそれぞれの固有ベクトルが，元の入力データを新たに表現するために用いることのできる基底ベクトルとなる．主成分分析では，固有値の大小がそれに対応する固有ベクトル（**主成分** (principal component)）に含まれる元のデータに関する情報の多少を決めると考えよう．そこで，式 (12.6) を解いて得られる固有値をその大きさの順に並べて $\lambda_1 \geq \cdots \geq \lambda_D$ として，対応する固有ベクトルを $\mathbf{a}_1, \ldots, \mathbf{a}_D$ とすると，固有値，固有ベクトルには次のような性質がある．

- 得られた固有ベクトルは，互いに直交している．
- 最大固有値に相当する固有ベクトルを**第1主成分**という．つまり，j 番目の固有値に対応する固有ベクトルを**第 j 主成分**という．
- 固有値の総和は，元の入力データの持つ**全分散量**（固有値の総和）V_{all} と一致する．

$$V_{all} = \sum_{i=1}^{D} \lambda_i \tag{12.7}$$

- 全分散量に対する，第 j 主成分の固有値（分散値）の割合を，第 j 主成分の**寄与率** (contribution ratio)c_j という．寄与率は以下のように表せる．

$$c_j = \frac{\lambda_j}{V_{all}} \tag{12.8}$$

- 全分散量（固有値の総和）に対する，第 j 主成分までの固有値の総和の割合を**累積寄与率** (cumulative contribution ratio)ac_j という．累積寄与率は以下のように表せる．

$$ac_j = \frac{\sum_{i=1}^{j} \lambda_i}{V_{all}} \tag{12.9}$$

主成分分析を用いて，D 次元ベクトルで表現された大量の入力データの中から，重要な情報を含んだより低次元な $R(R \ll D)$ 次元ベクトルで表現されたデータを抽出する際には，寄与率が大きい少数個の主成分を選択すればよい．R 個の主成分にデータ全体の何割の情報が含まれているかは，第 R 主成分までの累積寄与率を求めることで知ることができる．つまり，例えば，「累積寄与率が 80％ 以上」までの主成分を採用することで，採用する主成分の数 R を決定する．

12.2 主成分分析と特異値分解の関係

$\mathbf{A}^\top \mathbf{A}$ は準正定であり，その固有値（$\det(\lambda \mathbf{I}_n - \mathbf{A}^\top \mathbf{A}) = 0$ の解）は非負の実数 $\lambda_1, \lambda_2, \ldots, \lambda_n$ で

あり，$\lambda_1 \geq \lambda_2 \geq \cdots \geq 0$ となる任意の行列 $\mathbf{A}(m \times n)$ を考える．また，

$$\sigma_i = \sqrt{\lambda_i} \quad (i = 1, 2, \ldots, \min(m, n)) \tag{12.10}$$

とおく．このとき，ある直交行列 $\mathbf{U}(m \times m)$ と直交行列 $\mathbf{V}(n \times n)$ が存在して，

$$\mathbf{A} = \mathbf{U}\mathbf{S}\mathbf{V}^\top \tag{12.11}$$

と書ける．これを行列 $\mathbf{A}$ の**特異値分解** (singular value decomposition) という．ただし，

$$\mathbf{S} = \begin{cases} \begin{pmatrix} \sigma_1 & & 0 \\ & \ddots & \\ 0 & & \sigma_n \\ & \mathbf{0} & \end{pmatrix} & (\text{if } m \geq n) \\ \begin{pmatrix} \sigma_1 & & 0 & \\ & \ddots & & \mathbf{0} \\ 0 & & \sigma_n & \end{pmatrix} & (\text{otherwise}) \end{cases} \tag{12.12}$$

である．σ_i を行列 $\mathbf{A}$ の**特異値** (singular value) という．0 でない特異値の個数は $\mathrm{rank}\,\mathbf{A}$ で与えられる．また，$\mathbf{U}, \mathbf{V}$ は直交行列なので

$$\begin{aligned} \mathbf{U}\mathbf{U}^\top &= \mathbf{U}^\top \mathbf{U} = \mathbf{I}_m \\ \mathbf{V}\mathbf{V}^\top &= \mathbf{V}^\top \mathbf{V} = \mathbf{I}_n \end{aligned} \tag{12.13}$$

である．

以下では，主成分分析を表す式 (12.6) から特異値分解を表す式 (12.11) を導出できること[*2]を示す．主成分分析を表す式は

$$\mathbf{\Sigma}\mathbf{a}_j = \lambda_j \mathbf{a}_j$$

であった．ここで，前述したように，固有値をその大きさの順に並べて $\lambda_1 \geq \cdots \geq \lambda_D$ として，対応する固有ベクトルを $\mathbf{a}_1, \ldots, \mathbf{a}_D$ とする．そして，得られた固有ベクトルは互いに直交している．これらの固有ベクトルのすべてを列ベクトルとして並べた行列 $\mathbf{V}$ は，

$$\mathbf{V} = \begin{pmatrix} \mathbf{a}_1 & \mathbf{a}_2 & \cdots & \mathbf{a}_D \end{pmatrix} \tag{12.14}$$

と書ける．この行列は正規直交行列であることから，

$$\mathbf{V}\mathbf{V}^\top = \mathbf{I}_n \tag{12.15}$$

である．ここで

[*2] ある行列に対して同様の計算を施していること．

$$\sigma_i = \sqrt{\lambda_i} \tag{12.16}$$

$$\mathbf{u}_j = \frac{1}{\sigma_i} \mathbf{X} \mathbf{a}_j \tag{12.17}$$

とおき，こうして得られるベクトルのすべてを列ベクトルとして並べた行列 $\mathbf{U}$ は，

$$\mathbf{U} = \begin{pmatrix} \mathbf{u}_1 & \mathbf{u}_2 & \cdots & \mathbf{u}_D \end{pmatrix} \tag{12.18}$$

となる．ここで

$$\mathbf{S} = \begin{pmatrix} \sigma_1 & & & \mathbf{0} \\ & \sigma_2 & & \\ & & \ddots & \\ \mathbf{0} & & & \sigma_D \end{pmatrix} \tag{12.19}$$

とおくと，

$$\mathbf{US} = \mathbf{XV} \tag{12.20}$$

が成立する．式 (12.20) と式 (12.15) より，

$$\mathbf{X} = \mathbf{USV}^\top \tag{12.21}$$

が得られる．ここで，行列 $\mathbf{S}$ は対角行列であり，行列 $\mathbf{U}$ および $\mathbf{V}$ は正規直交行列であることから，式 (12.21) は行列 $\mathbf{X}$ の特異値分解にほかならないことがわかる．

以上より，主成分分析は特異値分解と密接に関係していることが分かる．ある行列を特異値分解した際に得られる行列 $\mathbf{V}$ の列ベクトルが主成分分析で得られる固有ベクトルとなっている．また，ある行列を特異値分解した際に得られる行列 $\mathbf{S}$ の対角成分が主成分分析で得られる固有値の平方根となっている．したがって，ある行列を特異値分解しても，固有値，固有ベクトルを得ることができる．

さらに，特異値分解を用いると任意の行列 $\mathbf{A}(m \times n)$ の **疑似逆行列** (pseudo inverse matrix)$\mathbf{A}^+$ を求めることができる．疑似逆行列とは，正方でない行列に対して，逆行列的な以下のような性質を持つ行列として定義される．

$$\begin{aligned} \mathbf{A}\mathbf{A}^+\mathbf{A} &= \mathbf{A} \\ \mathbf{A}^+\mathbf{A}\mathbf{A}^+ &= \mathbf{A}^+ \\ (\mathbf{A}\mathbf{A}^+)^\top &= \mathbf{A}\mathbf{A}^+ \\ (\mathbf{A}^+\mathbf{A})^\top &= \mathbf{A}^+\mathbf{A} \end{aligned} \tag{12.22}$$

この性質を満たす行列 $\mathbf{A}^+(n \times m)$ がただ 1 つ存在し，その行列を疑似逆行列という．

行列 $\mathbf{A}(m \times n)$ の特異値分解が $\mathbf{A} = \mathbf{USV}^\top$ と表せるとき，疑似逆行列は以下のようにして求めることができる．

$$\mathbf{A}^+ = \mathbf{V}\mathbf{S}^+\mathbf{U}^\top \tag{12.23}$$

ただし，

$$\mathbf{S}^+ = \begin{pmatrix} 1/\sigma_1 & & & \mathbf{0} & \\ \mathbf{0} & \ddots & & & \mathbf{0}_{r \times (m-r)} \\ & & 1/\sigma_r & & \\ & \mathbf{0}_{(n-r) \times r} & & \mathbf{0}_{(n-r) \times (m-r)} & \end{pmatrix} \quad (12.24)$$

である．

12.3 OpenCV(C++)による主成分分析の実装

12.3.1 概要

何らかのデータを主成分分析する際には，OpenCV ライブラリの基本的機能用 API(core) の cv::PCA クラスを用いる．実際に主成分分析を行うためには，cv::PCA クラスのメンバ関数として，次の関数 cv::PCA::PCA がある．

```
cv::PCA::PCA(
        InputArray data,
        InputArray mean,
        int flags,
        int maxComponents
)
```

この関数の引数には，次のような値・行列などを設定する．

- data：データを保存してあるデータ行列を指定する．
- mean：平均値ベクトル（指定しなければ，データ行列から計算される）を指定する．
- flags：1つのデータが，行方向または列方向に並んでいるかを示す値（enum cv::PCA::Flags クラスで指定されている値の中から選択する）を指定する．
- maxComponents：主成分の最大数（デフォルトでは，データの次元数）を指定する．

enum cv::PCA::Flags クラスでは，次のような値が定義されている．

- DATA_AS_ROW：それぞれのデータが行列内の列ベクトルとして保存されていることを表す．
- DATA_AS_COL：それぞれのデータが行列内の行ベクトルとして保存されていることを表す．

主成分分析の結果として，固有値，固有ベクトルを得るだけでなく，固有値の大きな数個の固有ベク

トルを基底とする空間で元の入力データを表現し直す（いわゆる，次元圧縮する）ために，cv::PCA クラスのメンバ関数として，次の関数 cv::PCA::project が用意されている．

```
void cv::PCA::project(
      InputArray vec,
      OutputArray result
)
```

この関数の引数には，次のような行列などを設定する．

- vec：主成分分析で与えた入力データと同じ次元数で同じデータ配置のデータを保存してあるデータ行列を指定する．
- result：次元圧縮されたときの係数値が，入力データと同じデータ配置のデータ行列として出力される．

12.3.2　cv::PCA クラスの使用例 1

例えば，num_data 個の 2 次元の特徴ベクトルを主成分分析する場合のプログラム例は次のようになる．まず，num_data 個の 2 次元の特徴ベクトルを cv::Mat samples に保存しておくものとする．以下の例では，cv::PCA クラスのメンバ関数 cv::PCA pca で主成分分析のための演算を行っている．主成分分析によって求められた固有値，固有ベクトルは，cv::PCA クラスのメンバデータ pca.eigenvalues，pca.eigenvectors に格納される．固有値，固有ベクトルのそれぞれの値は，pca.eigenvalues.at<double>(n) で n 個目の固有値を取得でき，pca.eigenvectors.at<double>(n, d) で n 個目の固有ベクトルの d 次元目の数値を取得できる．

●プログラムリスト 12.1　cv::PCA クラスの使用例 1

```
1    int num_data; // データの総数を表す変数
2    int num_dim=2;// １つのデータの次元数を表す変数
3    int num_eig=2;// 固有ベクトルの個数を表す変数
4
5    // 計算対象となるデータが保存されている行列の定義
6    cv::Mat samples(num_data, num_dim, CV_64FC1);
7
8    // 主成分分析を実行する
9    cv::PCA pca(samples, cv::Mat(), cv::PCA::DATA_AS_ROW, num_eig);
10
11   // 固有値の表示
```

```cpp
12    std::cout << "eigen values:" << std::endl;
13    for (int n = 0; n < num_eig; n++) {
14      std::cout << n << ", " << pca.eigenvalues.at<double>(n) << std::endl;
15    }
16
17    // 固有ベクトルの表示
18    std::cout << "eigen vector:" << std::endl;
19    for (int n = 0; n < num_eig; n++) {
20      for (int d = 0; d < num_dim; d++) {
21        std::cout << pca.eigenvectors.at<double>(n, d);
22        if (d < 1) std::cout << ", "
23        else std::cout << std::endl;
24      }
25    }
```

12.3.3　cv::PCA クラスの使用例 2

次に，UCI リポジトリで公開されている機械学習用のデータ iris.data（4 次元のデータが 150 個ある）を読み込んで，主成分分析により，固有値の大きいほうから 2 個の固有ベクトルを用いて，元のデータを 2 次元データとして表現する（データファイル data.txt として出力する）プログラム例は次のようになる．

● プログラムリスト 12.2　　cv::PCA クラスの使用例 2

```cpp
1     //irisデータの読み込み
2     cv::Ptr<cv::ml::TrainData> raw_data = cv::ml::TrainData::loadFromCSV("iris.data", 0);
3     // 特徴量データの切り出し
4     cv::Mat data(150, 4, CV_32FC1);
5     data = raw_data->getSamples();
6     // ラベルデータの切り出し
7     cv::Mat label(150, 1, CV_32SC1);
8     label = raw_data->getResponses();
9
10    // PCAの実行
11    cv::PCA pca(data, cv::Mat(), cv::PCA::DATA_AS_ROW, 2);
12    cv::Mat result;
13
14    // 次元圧縮されたデータの取得
15    pca.project(data,result);
16
17    //出力結果
```

```
18      fout.open("data.txt");
19      if (!fout.is_open()) {
20        std::cerr << "ERR: fout open" << std::endl;
21        return -1;
22      }
23
24      for (int i = 0; i < 150; i++){
25        fout << (int)((float *)label.data)[i] << " " << ((float *)result.data)[2
            * i] << " " << ((float *)result.data)[2 * i + 1] << std::endl;
26      }
27      fout.close();
```

このプログラムを用いて出力された 2 次元データのファイル data.txt を図示したものが図 **12.1** である．iris.data は，3 種類のアヤメに関するデータセットであるので，図内では各種類のデータに対して同じ色の点で表示している．

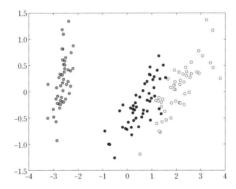

図 **12.1** Iris データセットの次元圧縮（2 次元）の例

12.4 OpenCV(C++) による特異値分解の実装

12.4.1 概要

OpenCV(C++) で特異値分解を行うためには，cv::SVD クラスのメンバ関数として，次の関数 cv::SVD::compute がある．この関数を使用する際には，特異値分解された結果を保存する行列などはユーザがプログラム中であらかじめ用意しておく．

```
static void cv::SVD::compute(
        InputArray src,
        OutputArray w,
        OutputArray u,
        OutputArray vt,
        int flags = 0
)
```

この関数の引数には，次のような値・行列などを設定する．

- src：特異値分解の対象となる行列を指定する．
- w：特異値分解した結果の特異値を保存するベクトルを指定する．
- u：特異値分解した結果の左特異ベクトルを保存する行列を指定する．
- vt：特異値分解した結果の右特異ベクトルの転置を保存する行列を指定する．
- flags：特異値分解する結果を決める値（enum cv::SVD::Flags クラスで指定されている値の中から選択する）を指定する．

enum cv::SVD::Flags クラスでは，次のような値が定義されている．

- MODIFY_A：特異値分解に必要なメモリ容量や処理の高速化を図るために，元の特異値分解の対象となる行列の変更を許容する際に指定する．
- NO_UV：特異値だけを求める際に指定する．その際，u, vt は空の行列となる．
- FULL_UV：元の特異値分解の対象となる行列を復元するために必要となる正方行列 u, vt を求める際に指定する．

12.4.2　cv::SVD クラスの使用例

　関数 cv::SVD::compute を使用して，ある行列 $\mathbf{A}$ を特異値分解した後，分解した行列を用いて疑似逆行列 $\mathbf{A}^+$ を計算するプログラム例は以下のようになる．関数 cv::SVD::compute を用いることで，cv::Mat 型の変数 S, U, V に，前述した特異値分解した結果として得られる行列 $\mathbf{S}, \mathbf{U}, \mathbf{V}$ が保存される．

　なお，行列 $\mathbf{S}$ には求められた特異値だけが保存されているために，実際にはベクトルとなる．したがって，あらかじめ，行列 $\mathbf{S}$ の逆行列保存用の cv::Mat 型の変数 Sinv をあらかじめ用意して，行列 $\mathbf{S}$ の要素値を用いて疑似逆行列 $\mathbf{S}^+$ の要素値を計算する．以下のプログラム例では，求められた疑似逆行列が正しいかどうかを $\mathbf{A}\mathbf{A}^+\mathbf{A} = \mathbf{A}$ を用いて検算している．

● プログラムリスト 12.3　cv::SVD クラスの使用例

```
1    // 特異値分解の結果を保存する行列
2    cv::Mat1d S, U, V;
3    // 特異値分解の対象となる2x3の行列
4    cv::Mat1d A = (cv::Mat_<double>(2,3) << 1, 2, 3, 4, 5, 6);
5
6    // 特異値分解
7    cv::SVD::compute(A, S, U, V, cv::SVD::FULL_UV);
8
9    std::cout << "U=" << U << std::endl << std::endl;
10   std::cout << "S=" << S << std::endl << std::endl;
11   std::cout << "V=" << V << std::endl << std::endl;
12
13   cv::Mat1d Sinv = cv::Mat::zeros(A.cols, A.rows, CV_32F);
14
15   //S行列の逆行列の計算
16   Sinv(0,0) = 1.0 / S(0);
17   Sinv(1,1) = 1.0 / S(1);
18
19   std::cout << "S-inv =" << Sinv << std::endl << std::endl;
20
21   // 疑似逆行列の計算
22   cv::Mat1d Ainv;
23   Ainv = V.t()*Sinv*U.t();
24
25   std::cout << "V S-inv U-T=" << Ainv << std::endl << std::endl;
26
27   // 検算
28   std::cout << "A A-inv A =" << A*Ainv*A << std::endl << std::endl;
```

　大きな行列を特異値分解しなければならない場合は，速度・精度の面からOpenCVで用意されている関数を使用するのが適切か検討したほうがよい（つまり，大規模な数値計算専用のライブラリを用いたほうが，速度・精度の面で有利である場合が多い）．

練習問題

❶ UCIリポジトリで公開されているIrisデータセットを読み込み，主成分分析により2つの主成分，それらの累積寄与率を計算するプログラムを作成せよ．

❷ UCIリポジトリで公開されているPima Indians Diabetesデータセットを読み込み，主成分分析により2つの主成分，それらの累積寄与率を計算するプログラムを作成せよ．

参考文献

[1] 平井有三：はじめてのパターン認識，森北出版，2012.

Chapter 13 クラスタリング

クラスタリング (clustering) とは，多次元空間内のデータ集合を，データ間の類似度に基づいて，データ集合をいくつかの塊（クラス）にグループ分けする手法である．統計解析や多変量解析の分野では**クラスター分析** (cluster analysis) と呼ばれる．

クラスタリングは，多くのアプリケーションに用いられ，機械学習，パターン認識やバイオインフォマティクス，最近流行しているデータマイニングの分野でも頻繁に利用されている．例えば，バイオインフォマティクスの分野では，遺伝子をクラスタリングして，類似の遺伝子を見つけ，その発現パターンを推定するといったことが行われている．また，データマイニングの分野のマーケティングへの応用では，例えば，クレジットカードのユーザ情報（性別，年齢，住所，カード使用履歴など）を使ってクラスタリングを行い，ユーザをさまざまな属性（嗜好性，消費傾向など）を基準にしたいくつかのグループに分け，そのユーザに合った内容のダイレクトメールを送ることで，カードの使用率を向上させるということも行われている．

クラスタリングは，データのクラスへの帰属の違いにより，各データがどれか1つのクラスのみに属すると考える非確率的な手法（**ハードクラスタリング**）と，各データが複数のクラスに属することを確率的に表現する手法（**ソフトクラスタリング**）に分類できる．非確率的な手法は，さらに大別して2種類の方法（非階層的・階層的な手法）がある．非階層的・階層的なクラスタリングは，どちらもデータ間やクラス間の距離や類似度（または非類似度）に基づく手法であるが，それらの違いは，それぞれ，トップダウン，ボトムアップ的に似たデータ同士を集めてクラスを作るという点にある．

本章では，まず類似度の計算方法について述べ，その後，各種のクラスタリング手法について説明する．

13.1 類似度・非類似度の表現方法

13.1.1 類似度と距離尺度

クラスタリング手法では，データは k 次元ベクトルで表現されていることを前提としている．したがって，k 次元ベクトル表現されたデータやクラス間の**類似度** (similarity) または**非類似度** (dissimilarity) を測るための何らかの尺度が必要となる．一般的に，このような尺度として，**距離尺度** (distance criterion) が使用される．距離が大きければ非類似度も大きく，距離が小さければ非類似

度も小さい．

ある 2 つのデータ $\mathbf{x}, \mathbf{y}$ によって表される尺度 $d(\mathbf{x}, \mathbf{y})$ が距離であるためには，次のような距離の公理を満たしている必要がある．

1. **非負性**
$$d(\mathbf{x}, \mathbf{y}) \geq 0 \tag{13.1}$$

2. **反射律**
$$d(\mathbf{x}, \mathbf{x}) = 0 \tag{13.2}$$

3. **対称性**
$$d(\mathbf{x}, \mathbf{y}) = d(\mathbf{y}, \mathbf{x}) \tag{13.3}$$

4. **三角不等式**
$$d(\mathbf{x}, \mathbf{z}) \leq d(\mathbf{x}, \mathbf{y}) + d(\mathbf{y}, \mathbf{z}) \tag{13.4}$$

距離尺度の一般的な定義として**ミンコフスキー距離** (Minkowski distance) がある．ミンコフスキー距離の定義は以下である．

$$d(\mathbf{x}_i, \mathbf{x}_j) = \left(\sum_{k=1}^{D} |x_{ik} - x_{jk}|^a \right)^{1/b} \tag{13.5}$$

式 (13.5) のパラメータ a, b を変化させることで，**マンハッタン距離** (Manhattan distance) や**ユークリッド距離** (Euclidean distance) という，よく使用される距離尺度を定義することができる．

13.1.2　量的・質的データ

対象とするデータには，**量的データ** (quantitative date) と**質的データ** (qualitative date)（**カテゴリカルデータ**とも呼ばれる）が存在する．量的データとは，目盛が等間隔になっているデータ（和差には意味があるが比率には意味がない）や，原点の決め方が定まっていて間隔にも比率にも意味があるデータ（和差積商の計算をしても意味がある）のことである．質的データとは，単に分類するために整理番号として離散的な数値を割り当てたデータ（この数値が同じならば同じ分類に属し，数値が異なれば異なる分類に属する）や，順序には意味があるがその間隔には意味がない離散的な数値を割り当てたデータ（大小比較は可能であるが，間隔や比率には意味がない数値）のことである．このような質的データの数値は分類的に割り当てられた単なるラベルにすぎない．例えば，あるデータが性別を表すような場合，そのデータは質的データである．

厳密には，データにこのような性質の違いがあるため，類似度に関してもそれぞれの種類（量的・質的）の類似度表現が存在する．

13.1.3 量的データのための類似度

マンハッタン距離（L1 ノルム）

式 (13.5) のパラメータが $a = 1, b = 1$ の場合，マンハッタン距離（L1 ノルム）と呼ぶ．この距離尺度は，外れ値に対して頑健であるといわれている．k 次元超立方体の 2 頂点間のマンハッタン距離を，とくに**ハミング距離**という．

$$d(\mathbf{x}_i, \mathbf{x}_j) = \sum_{k=1}^{D} |x_{ik} - x_{jk}| \tag{13.6}$$

ユークリッド距離（L2 ノルム）

式 (13.5) のパラメータが $a = 2, b = 2$ の場合，ユークリッド距離（L2 ノルム）と呼ぶ．

$$d(\mathbf{x}_i, \mathbf{x}_j) = \sqrt{\sum_{k=1}^{D} (x_{ik} - x_{jk})^2} \tag{13.7}$$

マハラノビス距離

マハラノビス距離 (mahalanobis distance) は，ユークリッド距離をデータ群の共分散行列で割り算して表され，データ群の分布の広がり方を考慮に入れた距離となっている．ベクトルの要素ごとの分散に大きな差があるときによく用いられる．

$$d(\mathbf{x}_i, \mathbf{x}_j) = (\mathbf{x}_i - \overline{\mathbf{x}})^\top \mathbf{\Sigma}^{-1} (\mathbf{x}_j - \overline{\mathbf{x}}) \tag{13.8}$$

13.1.4 質的データのための類似度

質的データのための類似度としては，**方向余弦** (direction cosine) や **Jaccard 係数**などがある．これらの尺度は，扱うデータがカテゴリカルデータであるときに使用されることが多い．

方向余弦

ベクトル間の角度の余弦 ($\cos\theta$) を用いた尺度を方向余弦と呼び，ベクトル空間での方向の類似度を表す．長さが正規化されている場合は，ユークリッド距離と等価である．この尺度は，文書間の類似度を表現する際によく用いられる．

$$d(\mathbf{x}_i, \mathbf{x}_j) = \frac{\mathbf{x}_i^\top \mathbf{x}_j}{\|\mathbf{x}_i\| \|\mathbf{x}_j\|} \tag{13.9}$$

Jaccard 係数

2 つのベクトル $\mathbf{x}_i, \mathbf{y}_i$ のベクトルの要素の集合を考えて，ベクトル $\mathbf{x}_i$ で 0 以外の要素を持つ次元の

集合と，ベクトル $\mathbf{y}_i$ で 0 以外の要素を持つ次元の集合との共通部分の集合を I と表したときに，以下のように表せるのが Jaccard 係数である．

$$d(\mathbf{x}_i, \mathbf{y}_j) = \frac{\sum\limits_{i \in I} x_i y_i}{\sum\limits_{i \in I} x_i^2 + \sum\limits_{i \in I} x_i y_i + \sum\limits_{i \in I} y_i^2} \tag{13.10}$$

13.1.5 階層的クラスタリング

階層的クラスタリング (hierarchical clustering) をさらに大別すると，分岐型 (divisive) と凝集型 (agglomerative) に分けられるが，本書では凝集型の階層的クラスタリングについて紹介する．

この手法は，N 個のデータが与えられたとき，まず 1 個のデータだけを含む N 個のクラスがある初期状態を作る．この初期状態から，2 つのデータ $\mathbf{x}_i, \mathbf{x}_j$ 間の距離 $d(\mathbf{x}_i, \mathbf{x}_j)$ からクラス間の距離 $d(\mathbf{C}_i, \mathbf{C}_j)$ を計算して，この距離が最も近い 2 つのクラスを併合する．この併合を，すべてのデータが 1 つのクラスに併合されるまで繰り返すことで階層構造を獲得する．この階層構造のことを**デンドログラム** (dendrogram) という（**図 13.1**）．

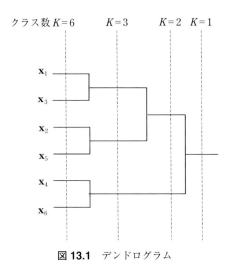

図 **13.1** デンドログラム

デンドログラムは，終端ノードがそれぞれのデータを表し，非終端ノードが併合されてできたクラスを表した二分木である．2 つのクラス $\mathbf{C}_i, \mathbf{C}_j$ の距離関数 $d(\mathbf{C}_i, \mathbf{C}_j)$ の違いにより，数種類の階層的クラスタリング手法が存在する．

$$d(\mathbf{C}_i, \mathbf{C}_j) = \min_{\mathbf{x}_i \in \mathbf{C}_i, \mathbf{x}_j \in \mathbf{C}_j} d(\mathbf{x}_i, \mathbf{x}_j) \tag{13.11}$$

の場合，**最短距離法** (nearest neighbor method) または**単連結法** (single linkage method) と呼ぶ．

$$d(\mathbf{C}_i, \mathbf{C}_j) = \max_{\mathbf{x}_i \in \mathbf{C}_i, \mathbf{x}_j \in \mathbf{C}_j} d(\mathbf{x}_i, \mathbf{x}_j) \tag{13.12}$$

の場合，**最長距離法** (furthest neighbor method) または**完全連結法** (complete linkage method) と呼ぶ．

$$d(\mathbf{C}_i, \mathbf{C}_j) = \frac{1}{|\mathbf{C}_i||\mathbf{C}_j|} \sum_{\mathbf{x}_i \in \mathbf{C}_i} \sum_{\mathbf{x}_j \in \mathbf{C}_j} d(\mathbf{x}_i, \mathbf{x}_j) \tag{13.13}$$

の場合，**群平均法** (group average method) と呼ぶ．凝集型の階層的クラスタリングアルゴリズムは次のようになる．

Algorithm 凝集型階層的クラスタリング (agglomerative hierarchical clustering, AHC)

Step1. 各要素分のクラスを考える．
Step2. すべてのクラス間の類似度を調べ，類似度が最大の 2 つのクラスを 1 つに併合する．
Step3. すべてのクラス間について類似度を再計算する．
Step4. クラスが 1 つになるまで，Step2, 3 を繰り返す．

なお，分岐型の階層的クラスタリングは，凝集型の逆の手順でクラスを求める．初期状態ではすべてのデータが 1 つのクラスに帰属し，最終的にデータ数と同数のクラスが生成されるまで，再帰的にデータ集合を分割していく．詳しくは文献[1] を参照されたい．

13.1.6 非階層的クラスタリング

非階層的クラスタリング (non-hierarchical clustering) の代表的手法として **K-means 法**[2] がある．K-means 法は，D 次元の N 個のデータからなるデータ集合 $S = \{\mathbf{x}_1, \ldots, \mathbf{x}_N\}$ を，データ間の類似度に基づき，あらかじめ定めた K 個のクラスに分割する．K-means 法では，分割のよさを表す評価関数を定め，その評価関数を最小にする分割を探索して求める．

各クラスを代表するベクトル（**プロトタイプベクトル** (prototype vector) と呼ぶ）の集合を $T = \{\boldsymbol{\mu}_1, \ldots, \boldsymbol{\mu}_K\}$ とする．k 番目のプロトタイプベクトルで代表されるクラスを $T(\boldsymbol{\mu}_k)$ と表す．i 番目のデータが k 番目のクラス $T(\boldsymbol{\mu}_k)$ に属しているかいないかを表す変数 α_{ik} を

$$\alpha_{ik} = \begin{cases} 1 & (\text{if} \quad k = \underset{j}{\operatorname{argmin}} \|\mathbf{x}_i - \boldsymbol{\mu}_j\|^2) \\ 0 & (\text{otherwise}) \end{cases} \tag{13.14}$$

と定義する．これらの変数を用いて，前述した分割のよさを表す評価関数 J を

$$J(\alpha_{ik}, \boldsymbol{\mu}_k) = \sum_{i=1}^{N} \sum_{k=1}^{K} \alpha_{ik} \|\mathbf{x}_i - \boldsymbol{\mu}_k\|^2 \tag{13.15}$$

と定義する．プロトタイプベクトル $\boldsymbol{\mu}_k$ や変数 α_{ik} をうまく選べば，この評価関数を最小化すること

ができる．そこで，プロトタイプベクトル $\boldsymbol{\mu}_k$ に関してこの評価関数を偏微分した式を求めると，

$$\frac{\partial J(\alpha_{ik}, \boldsymbol{\mu}_k)}{\partial \mu_k} = 2\sum_{i=1}^{N} \alpha_{ik}(\mathbf{x}_i - \boldsymbol{\mu}_k) \tag{13.16}$$

となる．これが 0 となるプロトタイプベクトル $\boldsymbol{\mu}_k$ を求めると，

$$\boldsymbol{\mu}_k = \frac{\sum_{i=1}^{N} \alpha_{ik}\mathbf{x}_i}{\sum_{i=1}^{N} \alpha_{ik}} \tag{13.17}$$

となる．式 (13.17) から明らかなように，各クラスのプロトタイプベクトルは，そのクラスに属するデータの平均ベクトルとなっていることが分かる．

ところで，先の評価関数を最小化するプロトタイプベクトル $\boldsymbol{\mu}_k$ と変数 α を同時に求めることができないため，プロトタイプベクトル $\boldsymbol{\mu}_k$ と変数 α_{ik} を交互に最適化する必要がある．これらの手続きをまとめて，K-means 法のアルゴリズムは次のようになる．

Algorithm K-means 法

初期化：N 個のデータをランダムに K 個のクラスに振り分け，それぞれのクラスのプロトタイプベクトル $\boldsymbol{\mu}_k (k=1, \ldots, K)$ を求めておく．

Step1. 変数 α_{ik} に関する最適化：$\boldsymbol{\mu}_k$ を固定して，式 (13.14) に従って，変数 α_{ik} を決める．

Step2. $\boldsymbol{\mu}_k$ の最適化：α_{ik} を固定して，式 (13.17) に従って，プロトタイプベクトル $\boldsymbol{\mu}_k (k=1, \ldots, K)$ を求める．

Step3. α_{ik} と $\boldsymbol{\mu}_k$ の変化がなくなる（すべてのデータが連続する繰り返し操作において同じクラスに割り当てられる）まで，Step2, 3 を繰り返す．

K-means 法では，事前にクラスの数を指定する必要があるため，最終的な結果は初期値に敏感である．そのため，K-means 法を用いて最適なクラスタリングの結果を得るためには，初期値の設定を数回変えて実行する必要がある．なお，クラス数を自動決定する非階層的クラスタリング法として，ISODATA 法[4] や X-means 法[3] がある．詳しくは文献[3][4] を参照されたい．

13.2 OpenCV(C++) による K-means 法の実装

13.2.1 概要

K-means 法を使用する際には，OpenCV ライブラリの基本的機能用 API(`opencv_core`) の `cv::kmeans` クラスのメンバ関数 `kmeans` を用いる．

```
double cv::kmeans(
        InputArray data,
        int K,
        InputOutputArray bestLabels,
        TermCriteria criteria,
        int attempts,
        int flags,
        OutputArray centers
)
```

この関数の引数には，次のような値・行列などを指定する．

- `data`：K-means 法によりクラスタリングする対象となる訓練データを保存してある N 次元のデータの配列を指定する．
- `K`：クラスの数を指定する．
- `bestLabels`：すべてのサンプルに対するクラスのラベル値が保存してある配列を指定する．
- `criteria`：アルゴリズムの終了条件を指定する．`cv::TermCriteria` クラスで定義されている変数により，最大繰り返し回数や目標精度を指定する．ある繰り返しにおいて，クラスの中心の更新量が目標精度で設定した値より小さい場合，アルゴリズムはその繰り返しのときに終了する．
- `attempts`：ある初期値からアルゴリズム自体を繰り返す回数を指定する．
- `flags`：アルゴリズムの動作を決める値を指定する．具体的には，`cv::KmeansFlags` クラスで定義されている変数の値を指定する．`cv::KmeansFlags` で定義されている値は，以下のようなものがある．
  - `KMEANS_RANDOM_CENTERS`：各試行において，クラス中心の初期値をランダムに選択することを表す．
  - `KMEANS_PP_CENTERS`：クラス中心の初期化を K-means++アルゴリズム[5] を用いて実施することを表す．
  - `KMEANS_USE_INITIAL_LABELS`：最初の試行で，ユーザが設定したラベルを使用し，2 回目以降の試行ではランダムなクラス中心を使用することを表す．
- `centers`：出力されるクラス中心を保存する行列を指定する．行列の行ベクトルがあるクラス中心を表す．

13.2.2　`cv::kmeans` クラスの使用例

以下では，UCI リポジトリで公開されている機械学習用のデータ iris.data を読み込んで，特徴量データ（4 次元ベクトル）とラベルデータに分離し，data に保存されている特徴量データを K-means

法により3つのクラスにクラスタリングする．クラス中心の初期値は，KMEANS_RANDOM_CENTERS によって決め，繰り返し回数が100回になるか，更新量が1.0以下になるとK-means法を終了するように設定する．クラスタリングされた結果（それぞれのデータに付与されたラベル値）は `labels` に，クラスタリングされた結果得られた3つのクラス中心は `centers` に保存される．

●プログラムリスト 13.1　cv::kmeans クラスの使用例

```
1    //irisデータの読み込み
2    cv::Ptr<cv::ml::TrainData> raw_data = cv::ml::TrainData::loadFromCSV("iris.
       data", 0);
3
4    cv::Mat data(150, 4, CV_32FC1);
5    //特徴量データの切り出し
6    data = raw_data->getSamples();
7
8    //クラスタリング結果を保存する配列の定義
9    cv::Mat centers, labels;
10
11   //K-means法の実行(k=3の場合)
12   cv::kmeans( data, 3, labels, cv::TermCriteria( cv::TermCriteria::COUNT,
       100, 1.0), 0, cv::KMEANS_RANDOM_CENTERS , centers);
13
14   //各データに付与されたラベル値の表示
15   std::cout << "kmeans::labels::" << std::endl;
16
17   for (int i = 0; i < data.rows; i++) {
18     std::cout << labels.at<int>(i) << " ";
19   }
20   std::cout << std::endl;
21
22   //求められたクラス中心の表示
23   std::cout << "kmeans::centers::" << std::endl;
24
25   for (int i = 0; i < 3; i++){
26     for (int d = 0; d < 4; d++){
27       std::cout << centers.at < float >(i, d) << " ";
28     }
29     std::cout << std::endl;
30   }
```

図 13.2 は，このプログラムを用いて3つのクラスに分類された特徴量データのうちの3次元分のデータを出力して，それらのデータを3次元空間内でプロットした結果である．図では，クラスタリングの結果同じクラスに属するデータに対して同じ種類の丸印で表示している．

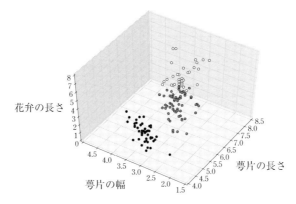

図 13.2　K-means 法を用いた Iris データセットのクラスタリング例

練習問題

❶ UCI リポジトリで公開されている Iris データセットを読み込み，K-means 法により 3 つのクラスにクラスタリングするプログラムを作成せよ．

❷ UCI リポジトリで公開されている Pima Indians Diabetes データセットを読み込み，K-means 法により 3 つのクラスにクラスタリングするプログラムを作成せよ．

❸ カラー画像の各画素の RGB 値を入力データとして読み込み，K-means 法により 5 つのクラスにクラスタリングして，元の入力カラー画像の画素値をそれら 5 つのクラス中心値に置換した出力画像を生成するプログラムを作成せよ（この処理は，いわゆる「画像の減色処理」という）．

参考文献

[1] O. Maimon and L. Rokach (ed.): *Data mining and knowledge discovery handbook (1st ed.)*, Springer, pp. 321–352, 2005.

[2] R. Duda, P. Hart, and D. Stork: *Pattern classification (2nd ed.)*, Wiley, 2001.

[3] D. Pelleg and A. Moore: X-means: Extending K-means with efficient estimation of the number of clusters, In *Proc. of International Conference on Machine Learning (ICML)*, pp. 727–734, 2000.

[4] G. Ball and D. Hall: A clustering technique for summarizing multivariate data, *Behavioral Sciences*, Vol. 12, No. 2, pp. 153–155, 1967.

[5] D. Arthur and S. Vassilvitskii: K-means++: The advantages of careful seeding, In *Proc. of ACM-SIAM symposium on Discrete algorithms*, pp. 1027–1035, 2007.

Chapter 14 k最近傍法

k最近傍法 (k-nearest neighbor method)[*1] は，識別問題を解くために，最も単純で，最も頻繁に使用される手法である．識別問題とは，分類済みのデータ集合があるときに，新しく観測されたデータ（分類したい入力データ）がどのクラス（カテゴリという場合もある）に属すかを決める問題である．ここで，kは分類済みのデータ集合内で，分類したい入力データを中心としてある一定の距離内に存在する（近傍に存在する）データの個数を表す数であり，一般に奇数でかつ小さい値である．

$k = 1$ であるときは，k最近傍法はとくに**最近傍法** (nearest neighbormethod) と呼ばれる．最近傍法では，入力データが与えられたとき，まず入力データと分類済みのすべてのデータ（訓練データと呼ぶ）との距離を計算する．そして，この距離が最も短い訓練データが所属するクラスを，入力データのクラスとする．

k最近傍法は，分類したい入力データと訓練データとの距離計算を行い，この距離が短い（近傍に存在する）k個の訓練データを選択し，これらk個の訓練データが所属するクラス中でその個数が最も多いクラスに入力データのクラスを分類する方法である．

kを奇数に設定することが一般的で，その理由は，2つのクラスに分類する問題の場合，クラスの所属するデータ数がクラスごとに同数になり，分類できなくなることを避けられるからである．例えば，**図 14.1** に示すような学習・入力データが存在する状況を考える．分類済みの訓練データ○はクラス0，×はクラス1に所属している．$k = 3$のとき入力データ●に近い3個の訓練データのうち，クラス0に所属する数は2個，クラス1に所属する数は1なので，入力データ●の所属するクラスは，クラス0となる．同様に，$k = 4$のときは，クラス0に所属する数とクラス1に所属する数は同数で2個となり，入力データがどちらのクラスに所属するか判断できない．$k = 5$のときは，クラス0に

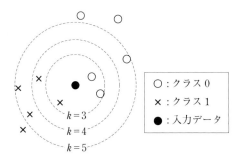

図 **14.1** k最近傍法

[*1] この手法が英語表記される場合には，k-Nearest Neighbor を略記して k-NN となっていることが多い．

所属する数は 3 個，クラス 1 に所属する数は 4 個となり，入力データの所属するクラスは，クラス 1 となる．

14.1　識別規則

訓練データの集合を $\{\mathbf{x}_1, \ldots, \mathbf{x}_N\}$ とし，それらが所属するクラスの集合を $\Lambda = \{L_1, \ldots, L_K\}$ とする．i 番目の入力データ $\mathbf{x}_i$ が所属するクラスを $\omega_i \in \Lambda$ とする．入力データ $\mathbf{x}_i$ の近傍に存在する k 個の訓練データの集合を

$$\mathrm{K}(\mathbf{x}_i) = \{\mathbf{x}_{i_1}, \ldots, \mathbf{x}_{i_k}\} \tag{14.1}$$

とし，これらの訓練データのうちクラス j に属する訓練データの数を k_j とする．このとき，i 番目の入力データ $\mathbf{x}$ が所属するクラス ω_i は，以下の**識別規則** (decision rule) により決定する．

$$\omega_i = \begin{cases} j & (\text{if } \underset{k_j}{\operatorname{argmax}}\{k_1, \ldots, k_K\}) \\ \text{reject} & (\text{if } \max\{k_1, \ldots, k_K\} = \emptyset) \end{cases} \tag{14.2}$$

この識別規則では，所属クラスのデータ数が同数になる場合[*2]は，reject（所属するクラスを決定できない）としているが，ランダムにどれかのクラスに決定するような規則に定めてもよい．

14.2　学習方法

k 最近傍法の長所は，訓練データが多ければ精度の高い分類が可能であることと，訓練データを記憶しておくだけでよいので実装が簡単であることである．距離計算法として，一般的なユークリッド距離を計算したり，データ集合の分散を利用するマハラノビス距離を計算してもよい．実際には，第 13 章で紹介したさまざまな類似度計算法の中から，k 最近傍法による識別規則の設計者が適用する識別問題の特性に応じて，距離計算法を選択することができる．

一方で，k 最近傍法による識別は，すべての訓練データを記憶しておく必要があるために，訓練データ数が多い場合に記憶のためのメモリ容量が大きくなり，かつ近傍のデータを選択するための計算量が多くなることが欠点となる．距離計算法としてユークリッド距離を用いた場合のアルゴリズムは次のようになる．

[*2] 最大となるデータ数が複数存在する場合．

Algorithm k 最近傍法

Step1. 入力データと全訓練データとのユークリッド距離を計算する.
Step2. 距離が短いものから順に k 個だけ訓練データから取り出す.
Step3. 取り出した集合で入力データのクラスを多数決で決める.

14.3　OpenCV(C++) による k 最近傍法の実装

k 最近傍法を使用する際には，OpenCV ライブラリの機械学習用 API(opencv_ml) の cv::ml::KNearest クラスを用いる．k 最近傍識別器を生成するために，cv::ml::KNearest クラスのメンバ関数 create を用いる．

```
static Ptr<KNearest> cv::ml::KNearest::create()
```

この関数により k 最近傍識別器のモデルが生成される．生成されたモデルを cv::ml::StatModel クラスのメンバ関数 train によって訓練する．

14.3.1　パラメータ設定用関数

訓練する際には，cv::ml::KNearest クラスのメンバ関数によって，k 最近傍識別器に関するいくつかのパラメータを設定する．k 最近傍識別器を使用する際の代表的なパラメータを設定する関数には以下のようなものがある．

```
virtual void cv::ml::KNearest::setAlgorithmType(int val)

virtual void cv::ml::KNearest::setDefaultK(int val)

virtual void cv::ml::KNearest::setIsClassifier(bool val)
```

- virtual void cv::ml::KNearest::setAlgorithmType(int val)：引数 val に，k 最近傍を求めるアルゴリズムを指定する．指定できるものは，enum cv::ml::KNearest::Types で決められている以下の 2 つの値である．

- BRUTE_FORCE：しらみつぶしに調べる全探索アルゴリズムを用いる場合.
- KDTREE：木構造を用いた効率的な探索アルゴリズムを用いる場合.
- `virtual void cv::ml::KNearest::setDefaultK(int val)`：引数 val に，k 最近傍識別する際に使用する近傍のデータ数 k を指定する.
- `virtual void cv::ml::KNearest::setIsClassifier(bool val)`：引数 val に，k 最近傍計算により，識別問題と解く (true) のか否 (false) かを指定する. 識別問題を解かない場合は回帰問題を解くことになる.

14.3.2 訓練の実行用関数

OpenCV3.0 以降の機械学習アルゴリズムで訓練を実行する際には，cv::ml::StatModel クラスのメンバ関数 train を用いることで，訓練を実行することが可能になる. 訓練データの与え方の違いによって，この関数には，同じ関数名で引数の型や数が異なる関数が 2 つある. 1 つ目の関数 train は以下である.

```
virtual bool cv::ml::StatModel::train(
        const Ptr< TrainData > &trainData,
        int flags
)
```

この関数の引数は，以下のようなものである.

- `trainData`：`TrainData::loadFromCSV` によって読み込まれた訓練データ，または `TrainData::create` によって生成された訓練データを指定する.
- `flags`：使用する機械学習アルゴリズムに依存して，設定する値を決める. デフォルトの値は 0 である. 省略可能な引数である. この変数に値を設定する際には，例えば，Normal BayesClassifier や ANN_MLP の機械学習アルゴリズムでは，新しい訓練データを追加することが可能になる.

2 つ目の関数 train は以下である.

```
virtual bool cv::ml::StatModel::train(
        InputArray samples,
        int layout,
        InputArray responses
)
```

この関数の引数には，次のような値・行列などを設定する．

- `samples`：訓練データの入力ベクトルが保存されている 2 次元配列を指定する．
- `layout`：`samples` で与えられた訓練データの配列で，1 つのデータが行または列方向のどちらに並んでいるかを変数で指定する．指定できる値は，`cv::ml::SampleTypes` で決められている以下の 2 つの値である．
    - `ROW_SAMPLE`：1 つの訓練データが，訓練データの配列の中で行方向に並んでいるときに指定する．
    - `COL_SAMPLE`：1 つの訓練データが，訓練データの配列の中で列方向に並んでいるときに指定する．
- `responses`：訓練データの入力ベクトルに対応するラベルが保存されている 1 次元配列を指定する．

14.3.3 訓練結果に基づく予測実行用関数

OpenCV3.0 以降の機械学習アルゴリズムで，訓練結果に基づいて予測を実行する際には，`cv::ml::StatModel` クラスのメンバ関数 `predict` を用いることで，与えられた入力ベクトルに対応するラベル値を求めることが可能になる．

```
virtual float cv::ml::StatModel::predict(
    InputArray samples,
    OutputArray results,
    int flags
)
```

この関数の引数には，次のような値・行列などを設定する．

- `samples`：識別結果を求めたい入力ベクトルまたは行列を指定する．
- `results`：識別結果を保存する行列を指定する．省略可能な引数である．
- `flags`：モデルに依存して決める．`cv::ml::StatModel::Flags` で定義されている変数を指定する．省略可能な引数である．

k 最近傍識別器を用いて予測実行する際には，`cv::ml::KNearest` クラスのメンバ関数 `cv::ml::KNearest::findNearest` によっても，与えられた入力ベクトルに対応するラベル値を求めることが可能になる．

```
virtual float cv::ml::KNearest::findNearest(
        InputArray samples,
        int k,
        OutputArray results,
        OutputArray neighborResponses,
        OutputArray dist
)
```

この関数によって与えた入力ベクトル[*3]に対して，k個の近傍にあるデータを見つけることができる．回帰問題の場合は，k個の近傍にあるデータの平均値が予測値として得られる．識別問題の場合は，k個の近傍にあるデータのラベルに関する投票によって，多数決によって決められたラベルが予測値として得られる．この関数の引数には，次のような値・行列などを設定する．

- samples：k 最近傍識別するために与える入力データを指定する．samples で与えたデータの数 $\times k$ の 2 次元配列である．
- k：近傍にあるデータの個数 k を指定する．1 より大きな数値でなけらばならない．
- results：識別（回帰）した予測結果が保存されている 1 次元配列が出力される．samples で与えたデータの数の分だけの要素数を持つ配列となっている．
- neighborResponses：近傍にあるデータが出力される．samples で与えたデータの数 $\times k$ の 2 次元配列である．省略可能な引数である．
- dist：入力されたデータから対応する近傍にあるデータまでの距離を保存した配列が出力される．samples で与えたデータの数 $\times k$ の 2 次元配列である．省略可能な引数である．

14.3.4　訓練結果の保存，読み込み用関数

OpenCV3.0 以降の機械学習アルゴリズムの訓練結果は，cv::Algoritm クラスのメンバ関数を用いることで，訓練結果の保存，読み込みが可能になる．

訓練結果を保存する際には，以下の関数を用いて，訓練結果を引数 filename で指定されるファイル（xml 形式）に保存することができる．訓練結果は，各学習アルゴリズムのモデルやパラメータ，訓練の結果更新された係数などが含まれている．

```
virtual void cv::Algorithm::save(const String & filename)
```

訓練結果を読み込む際には，以下の関数を用いて，ファイル（xml 形式）に保存された訓練結果を読み込むことができる．

[*3] 2 次元配列の行方向に入力ベクトルを並べて，複数の入力ベクトルを与えることもできる．

```
static Ptr<_Tp> cv::Algorithm::load(
    const String & filename,
    const String & objname
)
```

この関数の引数には,次のような値・行列などを設定する.

- `filename`:読み込みたい訓練結果の保存されたファイル名を指定する.
- `objname`:読み込みたいノードの名前を指定する.もし指定されていなければ,トップレベルのノードから読み込まれる.省略可能な引数である.

例えば,cv::ml::KNearest クラスの訓練結果を読み込む場合には,次のようにする.

```
Ptr<KNearest> knn = Algorithm::load<KNearest>("my_knn_model.xml");
```

これにより,Ptr<KNearest> knn に訓練結果が保存された状態の k 最近傍識別器が読み込まれたことになる.

14.3.5 cv::ml::KNearest クラスの使用例

このプログラム例では,UCI リポジトリで公開されている機械学習用のデータ iris.data を読み込んで,k 最近傍識別器を構築する.読み込んだ訓練データにより識別器を訓練し,訓練後に,検証用の 1 つのデータを入力し,予測されるラベル値を求めている.以下のプログラム例では,実際に応用する場面では,特徴量データとラベルデータは別々に用意することもあるので,cv::ml::TrainData 型で読み込んだ訓練データから,特徴量データとラベルデータを分離して,それらのデータを用いて k 最近傍識別器を訓練している.その後,訓練された k 最近傍識別器をファイル knn.xml に保存して,再び,そのファイルから訓練結果を読み込んで,検証用の 1 つのデータを入力して,予測されるラベル値を求めている.

◉**プログラムリスト 14.1** cv::ml::KNearest クラスの使用例

```
1   //irisデータの読み込み
2   cv::Ptr<cv::ml::TrainData> raw_data = cv::ml::TrainData::loadFromCSV("iris.
    data", 0);
3
4   // 特徴量データの切り出し
5   cv::Mat data(150, 4, CV_32FC1);
6   data = raw_data->getSamples();
```

```cpp
 7    std::cout << data << std::endl;
 8    std::cout << data.rows << " x " << data.cols << std::endl;
 9
10    //ラベルデータの切り出し
11    cv::Mat label(150, 1, CV_32SC1);
12    label = raw_data->getResponses();
13    std::cout << label << std::endl;
14    std::cout << label.rows << " x " << label.cols << std::endl;
15
16    //k最近傍識別器の構築
17    cv::Ptr<cv::ml::KNearest> knn = cv::ml::KNearest::create();
18
19    //k最近傍識別器のパラメータの設定
20    knn->setAlgorithmType(cv::ml::KNearest::Types::BRUTE_FORCE);
21    knn->setDefaultK(3);
22    knn->setIsClassifier(true);
23
24    //k最近傍識別器の訓練の実行
25    knn->train(data, cv::ml::ROW_SAMPLE, label);
26
27    //検証データの設定
28    cv::Mat testSample( 1, 4, CV_32FC1 );
29    testSample.at<float>(0) = 5.0;
30    testSample.at<float>(1) = 3.6;
31    testSample.at<float>(2) = 1.3;
32    testSample.at<float>(3) = 0.25;
33
34    //検証データのラベル値を訓練されたk最近傍識別器で予測・表示
35    int response = (int)knn->predict( testSample );
36    std::cout << "knn::response1——> " << response << std::endl;
37
38    //訓練されたk最近傍識別器のモデルの保存
39    knn->save("knn.xml");
40
41    //訓練されたk最近傍識別器のモデルの読み込み
42    knn = cv::Algorithm::load<cv::ml::KNearest>("knn.xml");
43
44    //検証データの設定
45    testSample.at<float>(0) = 5.8;
46    testSample.at<float>(1) = 2.6;
47    testSample.at<float>(2) = 4.3;
48    testSample.at<float>(3) = 0.9;
49
```

```
50      //ファイルから読み込まれた訓練された
          k最近傍識別器による検証データのラベル値の予測・表示
51      response = (int)knn->predict(testSample);
52      std::cout << "knn::response2――> " << response << std::endl;
```

練習問題

❶ k最近傍識別器に限ったことではなく，一般的に，何らかの機械学習アルゴリズムを実験する際には，訓練に用いたデータを用いて，そのアルゴリズムの予測性能を検証してはならない．実際，k最近傍識別器は，訓練に用いたデータに対しては完璧な予測をすることが可能である．このことをプログラムを用いて確認せよ．

❷ UCIリポジトリで公開されているPima Indians Diabetesデータセットを読み込み，k最近傍識別器を訓練して，検証データを与えてラベル値を予測するプログラムを作成せよ．

参考文献

[1] 平井有三：はじめてのパターン認識，森北出版，2012．

15 ベイズ識別

ベイズ識別器 (Bayes classifier)[*1] は，あるデータとそのデータが属するクラスの間に何らかの確率分布が仮定されるという前提で，変数同士は独立性で互いに相関がないと仮定して，**ベイズの定理** (Bayes theorem) に基づいて識別する識別器である．

ベイズ識別器は，複雑なパラメータの反復推定が必要でないため，構築が容易であり，非常に大規模なデータ集合に対してとくに有用である．ベイズ識別器は，その仮定の単純さにもかかわらず，しばしば，従来からの洗練された識別器よりも優れた性能を持つため，広く利用されている．例えば，スパムメールフィルタに，ベイズ識別器はよく利用されている．この識別器は，訓練の結果，いったん識別規則（確率分布モデルのパラメータ）を獲得すると，識別器を使用するために訓練データを記憶しておく必要がなく，モデルパラメータのみを記憶しておくだけでよい．

15.1 識別規則

観測したデータを $\mathbf{x}$，識別するクラスのラベルを $L_i\,(i=1,\ldots,K)$ と表す．このとき，ベイズ識別器の識別規則は，次式で定義される**事後確率** (posterior probability) $P(L_i|\mathbf{x})$ が最大となるクラスに観測したデータを分類する．

$$P(L_i|\mathbf{x}) = \frac{p(\mathbf{x}|L_i)P(L_i)}{p(\mathbf{x})} \tag{15.1}$$

式 (15.1) はベイズの定理を表している．$P(L_i|\mathbf{x})$ は，データ $\mathbf{x}$ が与えられたもとで，そのデータがクラス L_i に属する**条件付き確率** (conditional probability) を表す．$P(L_i)$ は，クラス L_i の**生起確率** (occurrence probability) を表し，**事前確率** (prior probability) と呼ばれるものである．$p(\mathbf{x}|L_i)$ は，クラス条件付き確率というもので，あるクラス L_i に属する対象を観測したときにデータ $\mathbf{x}$ が観測される確率（密度）分布を表している．この確率は，データ $\mathbf{x}$ がクラス L_i に属していることの「尤もらしさ」を表しており，**尤度** (likelihood) と呼ばれる．$p(\mathbf{x})$ は，データ $\mathbf{x}$ の生起確率である．この確率は，次式のように，**同時確率** (joint probability) $p(L_i,\mathbf{x})$ を用いて，全クラスに関して同時確率の総和として表せる．

$$p(\mathbf{x}) = \sum_{i=1}^{K} p(L_i,\mathbf{x}) \tag{15.2}$$

[*1] **ナイーブベイズ識別器** (naive Bayes classifier) ともいう．

この計算操作のことを**周辺化** (marginalization) といい，$p(\mathbf{x})$ を**周辺確率** (marginal probability) と呼ぶこともある．

クラス L_i とクラス L_j の事後確率が等しくなるところが，識別境界となる．この状態は次式のように表せる．

$$P(L_i|\mathbf{x}) = \frac{p(\mathbf{x}|L_i)P(L_i)}{p(\mathbf{x})} = \frac{p(\mathbf{x}|L_j)P(L_j)}{p(\mathbf{x})} = P(L_j|\mathbf{x}) \tag{15.3}$$

周辺確率 $p(\mathbf{x})$ はどちらのクラスの事後確率にも共通しているので，識別規則に考慮しなくてもよい．したがって，ベイズ識別器の識別規則は，次式のようになる．

$$L_{j*} = \underset{j}{\operatorname{argmax}}\, p(\mathbf{x}|L_i)P(L_i) \tag{15.4}$$

15.2 訓練方法

ナイーブベイズ識別器では，尤度 $p(\mathbf{x}|L_i)$ を簡単な（ナイーブな）確率分布に限定して，さらに事前確率 $P(L_i)$ は問題に依存して決定することで，事後確率 $P(L_i|\mathbf{x})$ を計算する．よく用いられる方法としては，前述の確率分布を比較的少数のパラメータを持つモデル（パラメトリックモデル）を用いて表現する．このパラメトリックモデルをデータに当てはめて，データと最もよく合うパラメータを推定する．最も簡単で，最も広く用いられているパラメトリックモデルの 1 つとしては，次の**多次元正規分布** (multivariate normal distribution) がある．

$$p(\mathbf{x}|L_i) = \frac{1}{\left(\sqrt{2\pi}\right)^D |\boldsymbol{\Sigma}_i|^{1/2}} \exp\left\{-\frac{1}{2}(\mathbf{x}-\boldsymbol{\mu}_i)^\top \boldsymbol{\Sigma}_i^{-1}(\mathbf{x}-\boldsymbol{\mu}_i)\right\} \tag{15.5}$$

多次元正規分布の場合のパラメータは，平均値ベクトル $\boldsymbol{\mu}_i$ と分散共分散行列 $\boldsymbol{\Sigma}_i$ である．

前述したようにベイズ識別器の識別規則式 (15.4) は，事後確率を最大とするクラスに決定する識別方式が最適であるので，事後確率の大小の比較のために，事後確率の対数をとった値を比較しても結果は変わらない．尤度 $p(\mathbf{x}|L_i)$ が多次元正規分布の場合は，事後確率の対数は次式で示される値が最大のクラスに識別すればよいことになる．

$$\log p(\mathbf{x}|L_i)P(L_i) = \log P(L_i) - \frac{1}{2}\left\{(\mathbf{x}-\boldsymbol{\mu}_i)^\top \boldsymbol{\Sigma}_i^{-1}(\mathbf{x}-\boldsymbol{\mu}_i) + \log|\boldsymbol{\Sigma}_i|\right\} \tag{15.6}$$

すべてのクラスに対する事前確率 $P(L_i)$ が等しいと考えた場合，この値を計算するためには，多次元正規分布のパラメータ $\boldsymbol{\mu}_i$ と $\boldsymbol{\Sigma}_i$ を観測された（あるクラスに属すると分かっている）データから推定する必要があり，その推定結果を用いてベイズ識別器を構築することになる．つまり，多次元正規分布（確率分布）のパラメータを推定することが，ベイズ識別器を訓練することに相当する．

一般的に，あるクラス L_i に関する推定したい確率分布のパラメータが Q 個の $\boldsymbol{\theta}^i = \begin{pmatrix} \theta_1^i & \cdots & \theta_Q^i \end{pmatrix}^\top$ で表現されていると考えて，その確率分布が $p(\mathbf{x}_j^i; \boldsymbol{\theta}^i)$ と表されるとする．N

個の訓練データが与えられたとき，これらのデータが確率分布 $p(\mathbf{x}_j^i; \boldsymbol{\theta}^i)$ からのサンプルである尤度は次式のように表せる．

$$M(\boldsymbol{\theta}^i) = \prod_{j=1}^{N} p(\mathbf{x}_j^i; \boldsymbol{\theta}^i) \tag{15.7}$$

この尤度 $M(\boldsymbol{\theta}^i)$ を最大とするようなパラメータ $\boldsymbol{\theta}^i$ を求める．

確率分布が多次元正規分布の場合は，パラメータ $\boldsymbol{\theta}^i$ を多次元正規分布のパラメータ $\boldsymbol{\mu}_i$, $\boldsymbol{\Sigma}_i$ とみなし，実際に観測された訓練データから，あるクラスに属するデータを用いて多次元正規分布にうまく当てはまるように，**最尤推定法** (maximum likelihood estimation) を用いてこれらのパラメータを，以下のように推定する．

$$\boldsymbol{\mu}_i = \frac{1}{N} \sum_{j=1}^{N} \mathbf{x}_j^i \tag{15.8}$$

$$\boldsymbol{\Sigma}_i = \frac{1}{N} \sum_{j=1}^{N} (\mathbf{x}_j^i - \boldsymbol{\mu}_i)(\mathbf{x}_j^i - \boldsymbol{\mu}_i)^\top \tag{15.9}$$

例えば，事前確率 $P(L_i)$ はすべてのクラスが等確率であるとすると，事後確率最大を基準にするベイズ識別器は，尤度 $p(\mathbf{x}|L_i)$ の大小関係でクラスを決定する．

15.3 OpenCV(C++)によるベイズ識別器の実装

ベイズ識別を使用する際には，OpenCV ライブラリの機械学習用 API(opencv_ml) の `cv::ml::NormalBayesClassifier` クラスを用いる．なお，`cv::ml::NormalBayesClassifier` クラスのベイズ識別器では，ある1つのクラスに属する訓練データは多次元正規分布に従って分布しており，すべての訓練データは混合多次元正規分布に従って分布していると仮定している．ベイズ識別器を生成するために，`cv::ml::NormalBayesClassifier` クラスのメンバ関数 `create` を用いる．

```
static Ptr<NormalBayesClassifier> cv::ml::NormalBayesClassifier::create()
```

この関数によりベイズ識別器のモデルが生成される．生成されたモデルを `cv::ml::StatModel` クラスのメンバ関数 `train` によって訓練する．

15.3.1 訓練の実行用関数

前述したように，OpenCV3.0 以降の機械学習アルゴリズムで訓練を実行する際には，`cv::ml::`

StatModel クラスのメンバ関数 train を用いることで，ベイズ識別器の訓練を実行することが可能になる．訓練データの与え方の違いによって，この関数には，同じ関数名で引数の型や数が異なる関数が 2 つある．1 つ目の関数 train は以下である．

```
virtual bool cv::ml::StatModel::train(
        const Ptr< TrainData > &trainData,
        int flags
)
```

2 つ目の関数 train は以下である．

```
virtual bool cv::ml::StatModel::train(
        InputArray samples,
        int layout,
        InputArray responses
)
```

これらの関数の引数は，14.3.2 節で説明したものと同様であるので，ここでは省略する．

15.3.2 訓練結果に基づく予測実行用関数

前述したように，OpenCV3.0 以降の機械学習アルゴリズムで訓練結果に基づいて予測を実行する際には，cv::ml::StatModel クラスのメンバ関数 predict を用いることで，ベイズ識別器によって与えられた入力ベクトルに対応するラベル値を求めることが可能になる．

```
virtual float cv::ml::StatModel::predict(
        InputArray samples,
        OutputArray results,
        int flags
)
```

この関数の引数は，14.3.3 節で説明したものと同様であるので，ここでは省略する．

15.3.3 訓練結果の保存，読み込み用関数

前述したように，OpenCV3.0 以降の機械学習アルゴリズムの訓練結果は，cv::Algoritm クラ

スのメンバ関数を用いることで，訓練結果の保存，読み込みが可能になる．

訓練結果を保存する際には，以下の関数を用いて，訓練結果を引数 filename で指定されるファイル（xml 形式）に保存することができる．訓練結果は，各学習アルゴリズムのモデルやパラメータ，訓練の結果更新された係数などが含まれている．

```
virtual void cv::Algorithm::save(const String & filename)
```

訓練結果を読み込む際には，以下の関数を用いて，ファイル（xml 形式）に保存された訓練結果を読み込むことができる．

```
static Ptr<_Tp> cv::Algorithm::load(
        const String & filename,
        const String & objname
)
```

この関数の引数は，14.3.4 節で説明したものと同様であるので，ここでは省略する．

例えば，cv::ml::NormalBayesClassifier クラスの訓練結果を読み込む場合には，次のようにする．

```
Ptr<NormalBayesClassifier> bayes = Algorithm::load<NormalBayesClassifier>
    ("my_bayes_model.xml");
```

これにより，Ptr<NormalBayesClassifier> bayes に訓練結果が保存された状態のベイズ識別器が読み込まれたことになる．

15.3.4 cv::ml::NormalBayesClassifier クラスの使用例

このプログラム例では，UCI リポジトリで公開されている機械学習用のデータ iris.data を読み込んで，ベイズ識別器を構築する．読み込んだ訓練データにより識別器を訓練し，訓練後に，検証用の1つのデータを入力し，予測されるラベル値を求めている．

●プログラムリスト 15.1　cv::ml::NormalBayesClassifier クラスの使用例

```
1    //訓練データの読み込み
2    cv::Ptr<cv::ml::TrainData> raw_data = cv::ml::TrainData::loadFromCSV("iris.
        data", 0);
3
```

```
 4      //ベイズ識別器の構築
 5      cv::Ptr<cv::ml::NormalBayesClassifier> bayes = cv::ml::
          NormalBayesClassifier::create();
 6      //ベイズ識別器の訓練
 7      bayes->train(raw_data);
 8
 9      //検証データの設定
10      cv::Mat testSample( 1, 4, CV_32FC1 );
11      testSample.at<float>(0) = 5.0;
12      testSample.at<float>(1) = 3.6;
13      testSample.at<float>(2) = 1.3;
14      testSample.at<float>(3) = 0.25;
15
16      //訓練されたベイズ識別器による予測
17      int response = (int)bayes->predict( testSample );
18
19      std::cout << "NBC response---> " << response << std::endl;
```

練習問題

❶ UCI リポジトリで公開されている Pima Indians Diabetes データセットを読み込み，ベイズ識別器を訓練して，検証データを与えてラベル値を予測するプログラムを作成せよ．

❷ Pima Indians Diabetes データセットを読み込み，全体の 90% を訓練データとして用いて，ベイズ識別器を訓練し，残りの 10% を検証データとして与えて，それらの観測値に対する正解率を計算するプログラムを作成せよ．

参考文献

[1] 平井有三：はじめてのパターン認識，森北出版，2012．

Chapter 16 サポートベクトルマシン

　サポートベクトルマシン（support vector machine，以後 **SVM** と表す）は，Vapnik らが考案したパターン認識学習アルゴリズム[1]であり，検証データに対して高い識別性能を持つ優れた学習アルゴリズムの1つであると考えられている．SVM の基本的な部分は，単純な**線形識別関数** (linear discriminant function) を用いて2クラスのパターン識別器を構成する手法になっている．訓練データを用いて**マージン最大化**という基準で線形識別関数のパラメータを獲得する．この線形識別関数は，特徴空間の中で幾何学的に表すと，訓練データを2つに分離する**識別平面** (separating plane) になっている．SVM における訓練プロセスでは，識別平面から最も近い両クラスに属する訓練データと識別平面との間の距離である**マージン** (margin) と呼ばれる量を測り，このマージンが最大となるような識別平面を求める．また，こうして求められた識別平面に最も近い訓練データを**サポートベクトル** (support vector) と呼ぶ．

　SVM は，訓練データが**線形分離可能** (linearly separable) であることを前提としている．しかし，実際のデータでは線形分離可能であることはまれである．この問題を解決する1つの手法が，多少の誤識別を許して線形識別関数を求める手法であり，これを**ソフトマージン法**と呼んでいる．ただ，このようなソフトマージン法を用いたとしても，訓練データが線形分離不可能な状態で分布しているような識別課題に対しては，よい性能の識別器を求めることができるとは限らない．

　そこで，訓練データが**線形分離不可能** (linearly non-separable) な状態で分布しているような（非線形な）識別問題に対処するために，訓練データを非線形変換して，その空間で訓練データを線形分離可能な状態で分布させて，線形識別関数を求める**カーネルトリック** (Kernel trick) と呼ばれる方法が Vapnik らによって提案された[1]．この方法を用いることで SVM の識別性能が飛躍的に向上した．しかし，SVM は，2クラスを識別する識別器を作るための学習法であり，多クラスの識別器を構成するためには，複数の SVM を組み合わせるなど，さらなる工夫が必要となる．

　本章では，SVM の学習法を理解するために，まず，線形分離可能な訓練データを扱える SVM について紹介し，その後，線形分離不可能な訓練データを扱える SVM の学習アルゴリズムについて紹介する．線形分離不可能な訓練データを扱える手法については，ソフトマージンを用いた方法と，カーネルトリックを用いた手法について紹介する．

16.1 SVM（線形分離可能な場合）

クラスのラベルの付与された訓練データの集合 $\mathcal{S}$ が与えられているとする．

$$\mathcal{S} = \left\{ (\mathbf{x}_i, \lambda_i) | \mathbf{x}_i \in \mathbb{R}^D, \lambda_i \in \{-1, 1\} \right\}_{i=1}^{N} \tag{16.1}$$

ここで，$\mathbf{x}_i$ は D 次元ベクトルで表された訓練データ，λ_i は訓練データ $\mathbf{x}_i$ の属するクラスを表すラベル（数値）である．

SVMでは，

$$\begin{aligned} \mathbf{w}^\top \mathbf{x}_i + \mathbf{b} &\geq +1, \quad \text{if } \lambda_i = 1 \\ \mathbf{w}^\top \mathbf{x}_i + \mathbf{b} &\leq -1, \quad \text{if } \lambda_i = -1 \end{aligned} \tag{16.2}$$

という条件[*1]のもとで，識別平面 H

$$\mathbf{w}^\top \mathbf{x}_i + \mathbf{b} = 0 \tag{16.3}$$

を決める係数ベクトル $\mathbf{w}$ とバイアス項 $\mathbf{b}$ を探索する．

図 **16.1** に示すように，識別平面はできるだけ訓練データからの距離が大きくなるように，かつ2つのクラスのできるだけ中間になるように決定するとよい．この図のように，ある識別平面が与えられたときに各々のクラス中で最も識別平面に近いデータの距離を**クラス間マージン**という．SVMは，クラス間マージンを最大化するような識別平面を探索する．

クラス間マージン $\nu(\mathbf{w}, \mathbf{b})$ は，各クラスのデータ $\mathbf{x}$ を $\mathbf{w}$ の方向へ射影した長さの差の最小値として，次式のように表せる．

$$\nu(\mathbf{w}, \mathbf{b}) = \min_{\mathbf{x} \in L_i = +1} \frac{\mathbf{w}^\top \mathbf{x}}{\|\mathbf{w}\|} - \max_{\mathbf{x} \in L_i = -1} \frac{\mathbf{w}^\top \mathbf{x}}{\|\mathbf{w}\|} = \frac{1 - \mathbf{b}}{\|\mathbf{w}\|} - \frac{-1 - \mathbf{b}}{\|\mathbf{w}\|} = \frac{2}{\|\mathbf{w}\|} \tag{16.4}$$

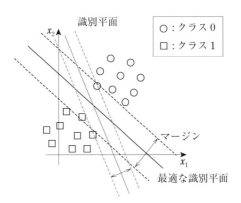

図 **16.1** SVM（線形分離可能な場合）

[*1] なお，これら2つの条件式は，$\lambda_i(\mathbf{w}^\top \mathbf{x}_i + \mathbf{b}) \geq 1$ と1つの式にまとめることができる．

最適な識別平面を $\mathbf{w}_0^\top \mathbf{x} + \mathbf{b}_0 = 0$ とすると，この識別平面のクラス間マージン $\nu(\mathbf{w}_0, \mathbf{b}_0)$ は最大でなければならないので，次式のように表せる．

$$\nu(\mathbf{w}_0, \mathbf{b}_0) = \max_{\mathbf{w}} \nu(\mathbf{w}, \mathbf{b}) \tag{16.5}$$

したがって，最適な識別平面は，

$$\lambda_i(\mathbf{w}^\top \mathbf{x}_i + \mathbf{b}) \geq 1 \tag{16.6}$$

という制約のもとで，係数ベクトル $\mathbf{w}$ のノルムを最小値として次式のように求めることができる．

$$\mathbf{w}_0 = \min \|\mathbf{w}\| \tag{16.7}$$

実際に係数ベクトルを求めるために，不等式の制約条件 $\lambda_i(\mathbf{w}^\top \mathbf{x}_i + \mathbf{b}) \geq 1$ のもとで，評価関数 $L(\mathbf{w})$ を最小化する係数ベクトル $\mathbf{w}$ を求める問題を解く．

$$\begin{aligned} 評価関数：L(\mathbf{w}) &= \frac{1}{2}\mathbf{w}^\top \mathbf{w} \\ 不等式制約条件：\lambda_i(\mathbf{w}^\top \mathbf{x}_i + \mathbf{b}) &\geq 1 \end{aligned} \tag{16.8}$$

通常，このような不等式制約条件最適化問題は，**ラグランジュの未定乗数** (Lagrange multipliers) ベクトル $\boldsymbol{\alpha}$ を用いる**ラグランジュ関数** (Lagrangian) $L_{primal}(\mathbf{w}, \mathbf{b}, \boldsymbol{\alpha})$ を定義して，係数ベクトル $\mathbf{w}$ に関して最小化する問題（**主問題** (primal problem) と呼ぶ）を，未定乗数ベクトル $\boldsymbol{\alpha}$ に関して最大化する問題（**双対問題** (dual problem) と呼ぶ）に置き換えて解く[*2]．ここで，ラグランジュ関数 $L_{primal}(\mathbf{w}, \mathbf{b}, \boldsymbol{\alpha})$ と未定乗数ベクトル $\boldsymbol{\alpha}$ は，次のように定義する．

$$\begin{aligned} L_{primal}(\mathbf{w}, \mathbf{b}, \boldsymbol{\alpha}) &= \frac{1}{2}\mathbf{w}^\top \mathbf{w} - \sum_{i=1}^{N} \alpha_i \left(\lambda_i(\mathbf{w}^\top \mathbf{x}_i + \mathbf{b}) - 1 \right) \\ \boldsymbol{\alpha} &= (\alpha_1\ \alpha_2\ \cdots\ \alpha_i\ \cdots\ \alpha_N)^\top\ \alpha_i \geq 0 \end{aligned} \tag{16.9}$$

式 (16.9) は主問題のラグランジュ関数である．この主問題の最適解は，**ラグランジュの未定乗数法** (Lagrange multiplier method) を用いて，以下の条件を満たす解として求めることができる．この条件のことを **KKT**(Karush-Kuhn-Tucker) **条件**という．

$$\begin{cases} (1)\ \left. \frac{\partial L_{primal}(\mathbf{w}, \mathbf{b}, \boldsymbol{\alpha})}{\partial \mathbf{w}} \right|_{\mathbf{w}=\mathbf{w}_0} = \mathbf{w}_0 - \sum_{i=1}^{N} \alpha_i \lambda_i \mathbf{x}_i = 0 \\ (2)\ \left. \frac{\partial L_{primal}(\mathbf{w}, \mathbf{b}, \boldsymbol{\alpha})}{\partial \mathbf{b}} \right|_{\mathbf{b}=\mathbf{b}_0} = \sum_{i=1}^{N} \alpha_i \lambda_i = 0 \\ (3)\ \lambda_i(\mathbf{w}^\top \mathbf{x}_i + \mathbf{b}) - 1 \geq 0 \\ (4)\ \alpha_i \geq 0 \\ (5)\ \alpha_i \left(\lambda_i(\mathbf{w}^\top \mathbf{x}_i + \mathbf{b}) - 1 \right) = 0 \end{cases} \tag{16.10}$$

[*2] この置換を双対化と呼ぶ．

KKT 条件 (1) より最適解 $\mathbf{w}_0$ は次式で得られる．

$$\mathbf{w}_0 = \sum_{i=1}^{N} \alpha_i \lambda_i \mathbf{x}_i \tag{16.11}$$

KKT 条件 (2) より

$$\sum_{i=1}^{N} \alpha_i \lambda_i = 0 \tag{16.12}$$

が成立する．KKT 条件 (1) と KKT 条件 (2) の式を，主問題のラグランジュ関数 (式 (16.9)) に代入すると，以下の式が得られる．

$$\widetilde{L_{primal}}(\mathbf{w}_0, \mathbf{b}, \boldsymbol{\alpha}) = \frac{1}{2} \mathbf{w}_0^\top \mathbf{w}_0 - \sum_{i=1}^{N} \alpha_i \lambda_i \mathbf{w}_0^\top \mathbf{x}_i - \mathbf{b} \sum_{i=1}^{N} \alpha_i \lambda_i + \sum_{i=1}^{N} \alpha_i \tag{16.13}$$

すると，式 (16.13) は，以下に示すようなラグランジュの未定乗数ベクトル $\boldsymbol{\alpha}$ のみに関する式となる．

$$\widetilde{L_{dual}}(\boldsymbol{\alpha}) = \sum_{i=1}^{N} \alpha_i - \frac{1}{2} \mathbf{w}_0^\top \mathbf{w}_0 = \sum_{i=1}^{N} \alpha_i - \frac{1}{2} \sum_{i=1}^{N} \sum_{j=1}^{N} \alpha_i \alpha_j \lambda_i \lambda_j \mathbf{x}_i^\top \mathbf{x}_i \tag{16.14}$$

さらに，式 (16.14) を整理するために，以下のようなベクトル，行列を用意する．

$$\begin{cases} \mathbf{1} = (1\ 1\ \cdots\ 1)^\top \\ \mathbf{H} = (H_{ij} = \lambda_i \lambda_j \mathbf{x}_i^\top \mathbf{x}_j) \\ \boldsymbol{\lambda} = (\lambda_1\ \lambda_2\ \cdots\ \lambda_N)^\top \end{cases} \tag{16.15}$$

これらのベクトル，行列を用いて式 (16.14) を整理して，主問題を見直すと，

$$\begin{aligned} \text{評価関数}&: \widetilde{L_{dual}}(\boldsymbol{\alpha}) = \boldsymbol{\alpha}^\top \mathbf{1} - \frac{1}{2} \boldsymbol{\alpha}^\top \mathbf{H} \boldsymbol{\alpha} \\ \text{制約条件}&: \boldsymbol{\alpha}^\top \boldsymbol{\lambda} = 0 \end{aligned} \tag{16.16}$$

となり，等式拘束条件のもとで，評価関数 $\widetilde{L_{dual}}(\boldsymbol{\alpha})$ を最大化する係数ベクトル $\boldsymbol{\alpha}$ を求める問題となる．この問題を双対問題という．

この双対問題を解くために，再びラグランジュの未定乗数法を用いる．その際に設定するラグランジュ関数は，未定乗数を β とすると，以下のように表せる．

$$\widetilde{L_{dual}}(\boldsymbol{\alpha}, \beta) = \boldsymbol{\alpha}^\top \mathbf{1} - \frac{1}{2} \boldsymbol{\alpha}^\top \boldsymbol{\alpha} - \beta \boldsymbol{\alpha}^\top \boldsymbol{\lambda} \tag{16.17}$$

ここで，KKT 条件 (5) から，

$$\begin{cases} \lambda_i(\mathbf{w}^\top \mathbf{x}_i + \mathbf{b}) - 1 = 0 & \text{では} \quad \alpha_i > 0 \\ \lambda_i(\mathbf{w}^\top \mathbf{x}_i + \mathbf{b}) - 1 \neq 0 & \text{では} \quad \alpha_i = 0 \end{cases} \tag{16.18}$$

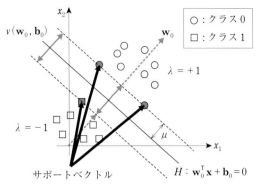

図 16.2 サポートベクトル

となる．ここで，前者の式を満たすあるデータ $\mathbf{x}_i$ をサポートベクトルという（図 16.2）．最適解 $\mathbf{b}_0$ は，あるサポートベクトル $\mathbf{x}_*$ を用いて以下の式を解いて求めるか，サポートベクトルが複数ある場合は，求めた解の平均を求めればよい．

$$\lambda_*(\mathbf{w}_0^\top \mathbf{x}_* + \mathbf{b}_0) - 1 = 0 \tag{16.19}$$

なお，主問題から双対問題への詳細な導出過程については，文献[2] などを参照されたい．

16.2 ソフトマージン識別器（線形分離不可能な場合への拡張 その 1）

16.2.1 ソフトマージン識別器 (C-SVM)

図 16.3 に示すように，データが線形分離不可能である場合，制約条件をすべて満たす解は求まらない．そこで，**スラック変数** (slack variable)ζ_i を導入して，新たな制約条件を設定する．

$$\lambda_i(\mathbf{w}^\top \mathbf{x}_i + \mathbf{b}) - 1 + \zeta_i \geq 0 \tag{16.20}$$

式 (16.20) のスラック変数 ζ_i は以下の条件を満たしているものとする．

1. $\zeta_i = 0$ のとき（マージン内で正しく識別できる場合）
2. $0 < \zeta_i \leq 1$ のとき（マージン境界を越えるが正しく識別できる場合）
3. $\zeta_i > 1$ のとき（識別境界を越えて誤識別される場合）

ここで，すべての訓練データのスラック変数の総和は，誤識別する数の上限を与えている．このようにして通常の SVM を拡張した識別器を**ソフトマージン識別器**という．

ソフトマージン識別器は，次のような不等式制約条件最適化問題を解くことで，クラス間マージン

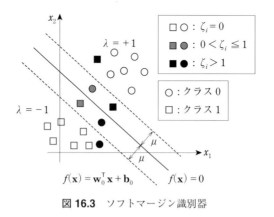

図 16.3 ソフトマージン識別器

を最大化するような識別平面を探索する．

$$\text{評価関数}: L(\mathbf{w}, \zeta) = \frac{1}{2}\mathbf{w}^\top\mathbf{w} + C\sum_{i=0}^{N}\zeta_i \tag{16.21}$$

$$\text{不等式制約条件}: \lambda_i(\mathbf{w}^\top\mathbf{x}_i + \mathbf{b}) - 1 + \zeta_i \geq 0, \quad \zeta_i \geq 0$$

パラメータ C は，誤識別数に対するペナルティの強さを表し，大きければ大きいほど係数ベクトル $\mathbf{w}$ のノルム最小化よりも，誤識別数を小さくするほうを優先する解が得られる．適切なパラメータ C は，グリッドサーチにより実験的に選ぶ必要がある．ソフトマージン識別器は，パラメータ C を用いるため，C-**SVM** とも呼ばれる．

$\zeta_i \geq 0$ を制約するラグランジュ未定乗数を $\beta_i \geq 0$ とし，誤識別の上限数を抑えるためにユーザが設定するパラメータ C として，ソフトマージン識別器の最適化問題を解くためのラグランジュ関数は，次式のようになる．

$$L_{primal}(\mathbf{w}, \mathbf{b}, \boldsymbol{\alpha}, \zeta, \beta) = \frac{1}{2}\mathbf{w}^\top\mathbf{w} + C\sum_{i=0}^{N}\zeta_i - \sum_{i=1}^{N}\alpha_i\left(\lambda_i(\mathbf{w}^\top\mathbf{x}_i + \mathbf{b}) - 1 + \zeta_i\right) - \sum_{i=0}^{N}\beta_i\zeta_i \tag{16.22}$$

式 (16.22) が，ソフトマージン識別器の最適化問題（主問題）を解くためのラグランジュ関数となっている．双対問題へ置換するための途中の式展開を省略して，双対問題の定義式を書くと次のようになる．

$$\widetilde{L_{dual}}(\boldsymbol{\alpha}) = \boldsymbol{\alpha}^\top\mathbf{1} - \frac{1}{2}\boldsymbol{\alpha}^\top\mathbf{H}\boldsymbol{\alpha}$$
$$0 \leq \alpha_i \leq C, \quad \boldsymbol{\alpha}^\top\boldsymbol{\lambda} = 0 \tag{16.23}$$

なお，主問題から双対問題への詳細な導出過程については，文献[2] などを参照されたい．

16.2.2 ソフトマージン識別器 (ν-SVM)

C-SVM では，パラメータ C が誤識別数に対するペナルティの強さとして用いられて，α_i の上限

値になっている．訓練データの総数が変わると，誤識別数が表す意味が異なるので，本来は，誤識別数を訓練データの総数で割った誤識別率を用いるほうが一般性を持たせることができる．そこで，誤識別率に関するパラメータとして $\nu \in [0,1]$ を導入する．このパラメータ ν により，誤識別されるサポートベクトルの割合の上限値と下限値を決める．さらに，最大クラス間マージンに関するパラメータとして ρ を新たに導入する．これらの改良を加えたソフトマージン識別器が ν-**SVM** と呼ばれるものである[2]．

ソフトマージン識別器 (ν-SVM) の主問題は，以下のような不等式制約条件式最適化問題となる．

$$評価関数：L(\mathbf{w}, \zeta) = \frac{1}{2}\mathbf{w}^\top \mathbf{w} - \nu\rho + \frac{1}{N}\sum_{i=1}^{N}\zeta_i \tag{16.24}$$

$$不等式制約条件：\lambda_i(\mathbf{w}^\top \mathbf{x}_i + \mathbf{b}) \geq \rho - \zeta_i, \quad \zeta_i \geq 0, \quad \rho \geq 0$$

ソフトマージン識別器 (ν-SVM) の最適化問題を解くために，ラグランジュの未定乗数として $\alpha_i, \beta_i, \delta$ を用いたラグランジュ関数は，次式のようになる．

$$L(\mathbf{w}, \zeta, \mathbf{b}, \rho, \boldsymbol{\alpha}, \boldsymbol{\beta}, \delta) = \frac{1}{2}\mathbf{w}^\top\mathbf{w} - \nu\rho + \frac{1}{N}\sum_{i=1}^{N}\zeta_i - \sum_{i=1}^{N}\left\{\left(\lambda_i(\mathbf{w}^\top\mathbf{x}_i+\mathbf{b}) - \rho + \zeta_i\right) + \beta_i\zeta_i - \delta\rho\right\} \tag{16.25}$$

双対問題へ置換するための途中の式展開を省略して，双対問題の定義式を書くと次のようになる．

$$\widetilde{L_{dual}}(\boldsymbol{\alpha}) = -\frac{1}{2}\boldsymbol{\alpha}^\top \mathbf{H}\boldsymbol{\alpha}$$
$$0 \leq \alpha_i \leq \frac{1}{N}C, \quad \boldsymbol{\alpha}^\top\boldsymbol{\lambda} = 0, \quad \sum_{i=1}^{N}\alpha_i \geq \nu \tag{16.26}$$

16.3 カーネルトリック（線形分離不可能な場合への拡張 その2）

データが線形分離不可能である場合のもう1つの対処法として，元のデータを非線形写像を用いて高次元のデータへ変換する**カーネルトリック**（図 **16.4**）がある．非線形写像を用いて変換されたデータは，高次元の特徴空間内で線形分離可能となる可能性がある．

D 次元の訓練データ $\mathbf{x}$ を非線形写像によって変換したデータを $\{\varphi_j(\mathbf{x})\}_{j=1}^{M}$ と表す．ここで，M は高次元の特徴空間の次元数を表す．すると，高次元の特徴空間におけるベクトルは $\varphi(\mathbf{x}) = (\varphi_0(\mathbf{x})\ \varphi_1(\mathbf{x})\ \cdots \varphi_j(\mathbf{x})\ \cdots\ \varphi_M(\mathbf{x}))^\top$ のように表せる．ここで，

$$\varphi_0(\mathbf{x}) = 1 \tag{16.27}$$

はバイアスを表す項である．

高次元の特徴空間における線形識別関数を

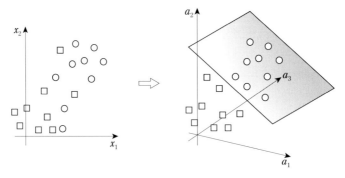

図 16.4 カーネルトリック

$$h(\varphi(\mathbf{x})) = \sum_{j=0}^{M} w_j \varphi_j(\mathbf{x}) = \mathbf{w}^\top \varphi(\mathbf{x}) \tag{16.28}$$

と表す．この高次元の特徴空間において，SVM と同様の考え方に従って最適識別超平面[*3]の係数ベクトルを求めると，

$$\mathbf{w}_0 = \sum_{i=1}^{N} \alpha_i \lambda_i \varphi(\mathbf{x}_i) \tag{16.29}$$

となる．このとき，識別超平面を表す関数は，次のように表せる．

$$h(\varphi(\mathbf{x})) = \mathbf{w}_0^\top \varphi(\mathbf{x}) = \sum_{i=1}^{N} \alpha_i \lambda_i \varphi(\mathbf{x}_i)^\top \varphi(\mathbf{x}) \tag{16.30}$$

式 (16.30) で $\varphi(\mathbf{x}_i)^\top \varphi(\mathbf{x})$ を**カーネル関数**といい，一般的に $K(\mathbf{x}_i, \mathbf{x})$ と表記する．

$$\varphi(\mathbf{x}_i)^\top \varphi(\mathbf{x}) = K(\mathbf{x}_i, \mathbf{x}) \tag{16.31}$$

線形分離不可能な場合に，非線形写像を用いた SVM による識別器の最適化問題を解くためのラグランジュ関数は，次式のようになる．

$$\begin{aligned}
L_{Kernel}(\boldsymbol{\alpha}) &= \frac{1}{2} \mathbf{w}^\top \mathbf{w} - \sum_{i=1}^{N} \alpha_i \\
&= \frac{1}{2} \sum_{i=1}^{N} \sum_{j=1}^{N} \alpha_i \alpha_j \lambda_i \lambda_j \varphi(\mathbf{x}_i)^\top \varphi(\mathbf{x}_j) - \sum_{i=1}^{N} \alpha_i \\
&= \frac{1}{2} \sum_{i=1}^{N} \sum_{j=1}^{N} \alpha_i \alpha_j \lambda_i \lambda_j K(\mathbf{x}_i, \mathbf{x}_j) - \sum_{i=1}^{N} \alpha_i \\
&\quad 0 \leq \alpha_i, \alpha_j \leq C, \quad \boldsymbol{\alpha}^\top \boldsymbol{\lambda} = 0
\end{aligned} \tag{16.32}$$

[*3] 高次元の特徴空間における識別平面のことを識別超平面と呼ぶ．

式 (16.32) の中の

$$K(\mathbf{x}_i, \mathbf{x}_j) = \varphi(\mathbf{x}_i)^\top \varphi(\mathbf{x}_j) \tag{16.33}$$

を要素 (i,j) に持つ $N \times N$ 対称行列は，**グラム行列** (Gram matrix)$K(\mathbf{X},\mathbf{X})$ と呼ばれている．ここで，$\mathbf{X} = (\mathbf{x}_1 \cdots \mathbf{x}_N)^\top$ はデータ行列である．

高次元特徴空間の次元が大きく $M \gg d$ が成立する場合に，元のデータを非線形写像によって高次元の特徴空間におけるデータに変換した結果，線形分離可能になったとしても内積の計算に時間がかかることになる．つまり，カーネル関数における内積計算を，元のデータの $\mathbf{x}_i$ と $\mathbf{x}$ の d 次元空間の内積計算で済ませることが可能ならば，カーネル関数の内積計算に時間がかからないことになる（これを**カーネルトリック**という）．このような計算が可能となるカーネル関数は実際に複数存在して，それらを**内積カーネル**と呼ぶ．

非線形写像を用いた SVM による識別器を求める際には，内積カーネルとしては，次の 4 つの関数がよく使われる．

- **線形カーネル**

$$K(\mathbf{x}_i, \mathbf{x}) = \mathbf{x}_i^\top \mathbf{x} \tag{16.34}$$

- k 次の**多項式カーネル** (polynominal kernel)

$$K(\mathbf{x}_i, \mathbf{x}) = (\gamma \mathbf{x}_i^\top \mathbf{x} + r)^k, \; \gamma > 0 \tag{16.35}$$

- **動径基底関数** (RBF(radial basis function)) **カーネル**
  この関数は，頻繁に用いられるカーネル関数である．ガウス関数が基本であるので，**ガウシアンカーネル** (Gaussian kernel) と呼ばれることもある．

$$K(\mathbf{x}_i, \mathbf{x}) = e^{\left(\gamma \|\mathbf{x}_i - \mathbf{x}\|^2\right)}, \; \gamma > 0 \tag{16.36}$$

- **シグモイドカーネル** (sigmoid kernel)

$$K(\mathbf{x}_i, \mathbf{x}) = \tanh(\gamma \mathbf{x}_i^\top \mathbf{x} + r), \; \gamma > 0 \tag{16.37}$$

16.4　1 クラス SVM

C-SVM や ν-SVM は 2 クラスの識別問題を解く手法であったが，SVM を 1 クラスのみの識別[*4]に用いる方法も提案されている[3]．この手法を，**1 クラス SVM**(one-class SVM) と呼ぶ．1 クラス SVM は，**異常検知** (anomaly detection) や**外れ値検出** (outlier detection) などに利用されることが

[*4] ある入力データがそのクラスに入るか入らないかのみを識別する．

多い．1クラスSVMを実装する1つの方法としてν-SVMを利用する方法がある．ν-SVMによって構成される識別平面で，正例とそれ以外のデータで識別する．

図 16.5 は，1クラスSVMの構築する概念図である．図内の黒丸は正例のサポートベクトル，黒四角は負例のサポートベクトルを表している．データを非線形変換して，できるだけ多くのデータが点線で示された識別平面を挟んで原点と反対側に来るように，ν-SVM のパラメータ ρ を最適化することで，原点から識別平面までの距離 w を決める．ν によりデータに占める外れ値の割合の上限を指定できる．

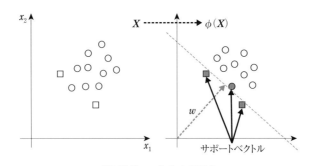

図 16.5　1クラスSVM

16.5　多クラス分類のための工夫

SVMは，基本的に2クラスの識別問題のみを解ける仕組みになっているので，多クラスの識別問題を解くことは原理的に不可能である．しかし，多クラスの識別問題を2クラスの識別問題の組み合わせと考えることで，多クラスの識別問題にSVMを適用できるようになる．このような拡張方法には大別して，**One-Versus-Rest**(OVR) 法[5] と **One-Versus-One**(OVO) 法[6] という2つの方法がある．

16.5.1　One-Versus-Rest(OVR) 法

OVR法では，「1つのクラス」と「それ以外の残りのクラス」に分類するために1つのSVMを用いる．$i=1\sim N$ の各クラス i それぞれについて，クラス i なら1を，その他のクラスなら0を出力するSVMを訓練する．したがって，必要となるSVMの個数は，N クラスの識別問題に対しては N 個となる．あるクラス k について，その他の $k-1$ 個のSVMがすべて0を出力すれば，クラス k と識別できる．複数のSVMが1を出力したときに，最終的なクラスを決定できない場合もあることに注意しなければならない．

また，識別平面との距離が最も大きいクラスを選ぶことによって，識別結果を決める方法をとるこ

ともできる.

16.5.2　One-Versus-One(OVO) 法

OVO 法は, N 個のクラスの中から 2 クラスの組み合わせを作り, それらの組み合わせの 1 つ 1 つを 2 クラス識別問題として扱い, その 2 クラス識別問題に SVM を適用する. したがって, 必要となる SVM の個数は, クラス識別問題に対しては $N(N-1)/2$ 個となる.

最終的な識別結果は, 複数の SVM が出力したクラスラベルの多数決によって分類結果を決定する. ただし, 場合によっては, 最終的な分類結果が決定できない場合があることに注意しなければならない.

16.6　OpenCV(C++) による SVM の実装

SVM を使用する際には, OpenCV ライブラリの機械学習用 API(opencv_ml) の cv::ml::SVM クラスを用いる. SVM による識別器を生成するために, cv::ml::SVM クラスのメンバ関数 create を用いる.

```
static Ptr<SVM> cv::ml::SVM::create()
```

この関数により SVM による識別器のモデルが生成される. 生成されたモデルを cv::ml::StatModel クラスのメンバ関数 train によって訓練する. SVM では, 訓練のためにいろいろなパラメータを調整する必要がある場合がある. そのような場合に, 訓練しつつ, 適切なパラメータを発見してくれる関数 cv::ml::SVM::trainAuto も用意されている.

16.6.1　パラメータ設定用関数

訓練する際には, cv::ml::SVM クラスのメンバ関数によって, SVM に関するいくつかのパラメータを設定する. SVM を使用する際の代表的なパラメータを設定する関数には以下のようなものがある.

```
virtual void cv::ml::SVM::setC(double val)

virtual void cv::ml::SVM::setCoef0(double val)

virtual void cv::ml::SVM::setDegree(double val)
```

```
virtual void cv::ml::SVM::setGamma(double val)

virtual void cv::ml::SVM::setKernel(int kernelType)

virtual void cv::ml::SVM::setNu(double val)

virtual void cv::ml::SVM::setP(double val)

virtual void cv::ml::SVM::setTermCriteria(const cv::TermCriteria & val)

virtual void cv::ml::SVM::setType(int val)
```

- `virtual void cv::ml::SVM::setC(double val)`：引数 val に，SVM の最適化計算におけるパラメータ C の値を指定する．デフォルトの値は 0 である．
- `virtual void cv::ml::SVM::setCoef0(double val)`：引数 val に，SVM のカーネル関数 `CV::ml::SVM::setKernel` で `SVM::POLY` または `SVM::SIGMOID` を指定した際に使われるパラメータ $coef0$ （式 (16.35) と式 (16.37) の r に相当）の値を指定する．デフォルトの値は 0 である．
- `virtual void cv::ml::SVM::setDegree(double val)`：引数 val に，SVM のカーネル関数 `CV::ml::SVM::setKernel` で `SVM::POLY` を指定した際に使われるパラメータ $degree$ （式 (16.35) の k に相当）の値を指定する．デフォルトの値は 0 である．
- `virtual void cv::ml::SVM::setGamma(double val)`：引数 val に，SVM のカーネル関数 `CV::ml::SVM::setKernel` で `SVM::POLY`, `SVM::RBF`, `SVM::SIGMOID`, `SVM::CHI2` を指定した際に使われるパラメータ γ の値を指定する．デフォルトの値は 1 である．
- `virtual void cv::ml::SVM::setKernel(int kernelType)`：引数 kernelType に SVM のカーネル関数を指定する．カーネル関数として指定できるものは `SVM::KernelTypes` で定義されているもののうちの 1 つである．`SVM::KernelTypes` で定義されている値は以下に示すものである．
  - `SVM::LINEAR`：線形カーネル $K(\mathbf{x}_i, \mathbf{x}_j) = \mathbf{x}_i^\top \mathbf{x}_j$ を指定する．元の特徴空間において線形分離する場合に用いる．処理速度は最も速くなる．
  - `SVM::POLY`：多項式カーネル $K(\mathbf{x}_i, \mathbf{x}_j) = (\gamma \mathbf{x}_i^\top \mathbf{x}_j + coef0)^{degree}, \gamma > 0$ を指定する．
  - `SVM::RBF`：動径基底関数カーネル $K(\mathbf{x}_i, \mathbf{x}_j) = e^{-\gamma \|\mathbf{x}_i - \mathbf{x}_j\|^2}, \gamma > 0$ を指定する．たいていの場合，このカーネル関数を指定するとよい．
  - `SVM::SIGMOID`：シグモイドカーネル $K(\mathbf{x}_i, \mathbf{x}_j) = \tanh(\gamma \mathbf{x}_i^\top \mathbf{x}_j + coef0)$ を指定する．
  - `SVM::CHI2`：
    カイ 2 乗カーネル $K(\mathbf{x}_i, \mathbf{x}_j) = e^{-\gamma \chi^2(\mathbf{x}_i, \mathbf{x}_j)}, \chi^2(\mathbf{x}_i, \mathbf{x}_j) = (\mathbf{x}_i - \mathbf{x}_j)^2/(\mathbf{x}_i + \mathbf{x}_j), \gamma > 0$ を指

定する．
- SVM::INTER：ヒストグラム交差カーネル $K(\mathbf{x}_i, \mathbf{x}_j) = \min(\mathbf{x}_i, \mathbf{x}_j)$ を指定する．処理速度は速い．

- virtual void cv::ml::SVM::setNu(double val)：引数 val に，SVM の最適化計算 (NU_SVC,ONE_CLASS,NU_SVR) におけるパラメータ ν の値を指定する．デフォルトの値は 0 である．

- virtual void cv::ml::SVM::setP(double val)：引数 val に，SVM の最適化計算 (EPS_SVR) におけるパラメータ ϵ の値を指定する．デフォルトの値は 0 である．

- virtual void cv::ml::SVM::setTermCriteria(const cv::TermCriteria & val)：SVM の訓練のための繰り返し計算（拘束条件付きの最適化計算）の終了条件を指定する．最大繰り返し回数やパラメータの許容更新量などを指定する．デフォルトの値は TermCriteria (TermCriteria::MAX_ITER + TermCriteria::EPS,1000, FLT_EPSILON) となっている（最大繰り返し回数 1000 回，許容更新量 FLT_EPSILON）．

- virtual void cv::ml::SVM::setType(int val)：引数 val に，SVM の型 enum cv::ml::SVM::Types を指定する．デフォルトの値は SVM::C_SVC である．SVM の型 enum cv::ml::SVM::Types で定義されている型は，以下のようなものがある．
  - C_SVC：C-SVM を用いる際に指定する．$n(\geq 2)$ クラスの識別問題で，不完全な分離を許容するために，パラメータ C を設定する．
  - NU_SVC：ν-SVM を用いる際に指定する．$n(\geq 2)$ クラスの識別問題で，不完全な分離を許容するために，$0 \sim 1$ の値の範囲で，パラメータ ν を設定する．値が大きければ大きいほど，分離境界は滑らかになる．
  - ONE_CLASS：1 クラス SVM を用いる際に指定する．すべての訓練データは 1 つのクラスだけの訓練データを使用する．
  - EPS_SVR：ϵ-SVR（回帰問題）を用いる際に指定する．パラメータ p, C は，それぞれ訓練データの特徴ベクトルと識別超平面の間の距離が p 以下になるように，外れ値に対するペナルティが C になるように設定する．
  - NU_SVR：ν-SVR（回帰問題）を用いる際に指定する．パラメータ p の代わりに，ν を設定する．

16.6.2 訓練の実行用関数

前述したように，OpenCV3.0 以降の機械学習アルゴリズムで訓練を実行する際には，cv::ml::StatModel クラスのメンバ関数 train を用いることで，SVM の識別器の訓練を実行することが可能になる．訓練データの与え方の違いによって，この関数には，同じ関数名で引数の型や数が異なる関数が 2 つある．1 つ目の関数 train は以下である．

```
virtual bool cv::ml::StatModel::train(
        const Ptr< TrainData > &trainData,
        int flags
)
```

2つ目の関数 train は以下である.

```
virtual bool cv::ml::StatModel::train(
        InputArray samples,
        int layout,
        InputArray responses
)
```

これらの関数の引数は,14.3.2 節で説明したものと同様であるので,ここでは省略する.

SVM の訓練で高い識別能力を実現するためには,いくつかのパラメータを調整する必要がある.**グリッドサーチ** (grid search) と **K 分割交差検定** (K-fold cross validation) によってそれらのパラメータを調整しながら訓練する関数として,関数 cv::ml::SVM::trainAuto が用意されている.

```
virtual bool cv::ml::SVM::trainAuto(
        const Ptr< TrainData > & data,
        int kFold,
        ParamGrid Cgrid,
        ParamGrid gammaGrid,
        ParamGrid pGrid,
        ParamGrid nuGrid,
        ParamGrid coeffGrid,
        ParamGrid degreeGrid,
        bool balanced
)
```

この関数のそれぞれの引数には,次のような値・行列などを設定する.

- data:関数 cv::ml::TrainData::loadFromCSV によって読み込まれた訓練データ,または関数 cv::ml::TrainData::create によって生成された訓練データを指定する.
- kFold:K 分割交差検定を行う際に設定する K の値を指定する.この値により K 回の SVM の訓練が実行されることになる.デフォルトの値は 10 である.
- Cgrid:パラメータ C のグリッドサーチのために使用する値を指定する.デフォルトの値は SVM::getDefaultGrid(SVM::C) である.

- `gammaGrid`：パラメータ γ のグリッドサーチのために使用する値を指定する．デフォルトの値は `SVM::getDefaultGrid(SVM::GAMMA)` である．
- `pGrid`：パラメータ p のグリッドサーチのために使用する値を指定する．デフォルトの値は `SVM::getDefaultGrid(SVM::P)` である．
- `nuGrid`：パラメータ ν のグリッドサーチのために使用する値を指定する．デフォルトの値は `SVM::getDefaultGrid(SVM::NU)` である．
- `coeffGrid`：パラメータ $coef0$ のグリッドサーチのために使用する値を指定する．デフォルトの値は `SVM::getDefaultGrid(SVM::COEF)` である．
- `degreeGrid`：パラメータ $degree$ のグリッドサーチのために使用する値を指定する．デフォルトの値は `SVM::getDefaultGrid(SVM::DEGREE)` である．
- `balanced`：`true` か `false` を指定する．2クラス分類の問題を解く場合に `true` を指定すると，訓練データ全体の中の各クラスの割合に応じて，交差検定用の訓練データを分割する．デフォルトの値は `false` である．

16.6.3 訓練結果に基づく予測実行用関数

前述したように，OpenCV3.0以降の機械学習アルゴリズムで訓練結果に基づいて予測を実行する際には，`cv::ml::StatModel` クラスのメンバ関数 `predict` を用いることで，与えられた入力ベクトルに対応するラベル値をSVMによる識別器によって求めることが可能になる．

```
virtual float cv::ml::StatModel::predict(
    InputArray samples,
    OutputArray results,
    int flags
)
```

この関数の引数は，14.3.3節で説明したものと同様であるので，ここでは省略する．

16.6.4 サポートベクトル

SVMの訓練の結果得られるサポートベクトルを取得するために関数 `cv::ml::SVM::getSupportVectors` を用いる．

```
virtual Mat cv::ml::SVM::getSupportVectors()
```

この関数によって，すべてのサポートベクトルを，1つのベクトルが行方向に並べられているような行列として取得できる．

16.6.5 訓練結果の保存，読み込み用関数

前述したように，OpenCV3.0以降の機械学習アルゴリズムの訓練結果は，cv::Algoritm クラスのメンバ関数を用いることで，訓練結果の保存，読み込みが可能になる．訓練結果を保存する際には，以下の関数を用いて，訓練結果をファイル（xml形式）に保存することができる．訓練結果は，各学習アルゴリズムのモデルやパラメータ，訓練の結果更新された係数などが含まれている．

```
virtual void cv::Algorithm::save(
        const String & filename
)
```

訓練結果を読み込む際には，以下の関数を用いて，ファイル (xml形式) に保存された訓練結果を読み込むことができる．

```
static Ptr<_Tp> cv::Algorithm::load(
        const String & filename,
        const String & objname
)
```

この関数の引数は，14.3.4節で説明したものと同様であるので，ここでは省略する．
例えば，cv::ml::SVM クラスの訓練結果を読み込む場合には，次のようにする．

```
Ptr<SVM> svm = Algorithm::load<SVM>("my_svm_model.xml");
```

これにより，Ptr<SVM> svm に訓練結果が保存された状態の SVM による識別器が読み込まれたことになる．

16.6.6 cv::ml::SVM クラスの使用例

このプログラム例では，UCIリポジトリで公開されている機械学習用のデータ iris.data を読み込んで，SVMによる識別器を構築し，読み込んだ訓練データにより識別器を訓練する．訓練後に，検証用の1つのデータを入力して，予測されるラベル値を求めている．

●プログラムリスト 16.1 `cv::ml::SVM` クラスの使用例

```cpp
1   //訓練データの読み込み
2   cv::Ptr<cv::ml::TrainData> raw_data = cv::ml::TrainData::loadFromCSV("iris.data", 0);
3
4   //SVMの構築
5   cv::Ptr<cv::ml::SVM> svm = cv::ml::SVM::create();
6   //SVMのパラメータの設定
7   svm->setType(cv::ml::SVM::C_SVC);
8   svm->setKernel(cv::ml::SVM::POLY); //SVM::LINEAR;
9   svm->setDegree(0.5);
10  svm->setGamma(1);
11  svm->setCoef0(1);
12  svm->setNu(0.5);
13  svm->setP(0);
14  svm->setTermCriteria(cv::TermCriteria(cv::TermCriteria::MAX_ITER+cv::TermCriteria::EPS, 1000, 0.01));
15  svm->setC(1.0);
16
17  //SVMの訓練
18  svm->train(raw_data);
19
20  //検証データの作成
21  cv::Mat testSample(1, 4, CV_32FC1);
22  testSample.at<float>(0) = 5.0;
23  testSample.at<float>(1) = 3.6;
24  testSample.at<float>(2) = 1.3;
25  testSample.at<float>(3) = 0.25;
26
27  //訓練されたSVMによる識別器で予測
28  int response = (int)svm->predict(testSample);
29  std::cout << "svm::response――> " << response << std::endl;
30
31  //サポートベクトルの取得
32  cv::Mat sv = svm->getSupportVectors();
33
34  for( int i = 0; i < sv.rows; i++ ){
35    const float* supportVector = sv.ptr<float>(i);
36    std::cout << "(" << supportVector[0] << " " << supportVector[1] << ")" << std::endl;
37  }
```

練習問題

❶ UCI リポジトリで公開されている Pima Indians Diabetes データセットを読み込み，SVM による識別器を訓練して，検証データを与えてラベル値を予測するプログラムを作成せよ．

❷ Pima Indians Diabetes データセットを読み込み，全体の 90％を訓練データとして用いて SVM による識別器を訓練し，残りの 10％を検証データとして与えて，それらの観測値に対する正解率を計算するプログラムを作成せよ．

❸ 線形カーネル，多項式カーネル，RBF カーネルのうちどれが Pima Indians Diabetes データセットに対して，最もよい予測結果を出すことができるか．プログラムを作成して検証せよ．

参考文献

[1] C. Cortes and V. Vapnik: Support-vector networks, *Machine Learning*, Vol. 20, pp. 273–297, 1995.

[2] B. Schölkopf, A. J. Smola, R. C. Williamson, and P. L. Bartlett: New support vector algorithms, *Neural Computation*, Vol. 12, pp. 1207–1245, 2000.

[3] B. Schölkopf, J. C. Platt, J. Shawe-Taylor, A. J. Smola, and R. C. Williamson: Estimating the support of a high dimensional distribution, *Neural Computation*, Vol. 13, No. 7, pp. 1443–1471, 2001.

[4] 平井有三：はじめてのパターン認識，森北出版，2012．

[5] J. Milgram, M. Cheriet, and R. Sabourin: One against one or one against all: Which one is better for handwriting recognition with SVMs?, *International Workshop on Frontiers in Handwriting Recognition*, 2006.

[6] Chih-Wei Hsu and Chih-Jen Lin: A comparison of methods for multiclass support vector machines, *IEEE Transactions on Neural Networks*, Vol. 13, No. 2, pp. 415–425, 2002.

Chapter 17 決定木

単純な識別規則を組み合わせて複雑な識別境界を作り，その識別境界を木構造によって表現して，データを識別する識別器を**決定木** (decision tree) という．

例えば，**図 17.1** に示すようなデータ集合が存在している場合に，○と■のクラスを識別する規則について考えよう．この例では，図に示されているように特徴軸 x_1 の値が閾値 a, d, e より大きいか小さいか，特徴軸 x_2 の値が b, c より大きいか小さいかを判断しさえすれば，○と■のクラスを識別できる．このような識別規則は，ある特徴軸の値と閾値の大小関係を判定する過程として，**図 17.2** に示すような木構造で表現できる．

木構造を構成する要素は，**ノード**と**リンク**である．木の1番上にある1つのノードは，**ルートノード** (root node) と呼ばれる．図 17.2 □で示したノードは**終端ノード** (terminal node)，または**葉ノード** (leaf node) と呼ばれる．ルートノード，終端ノード以外のノードは，**内部ノード** (internal node)

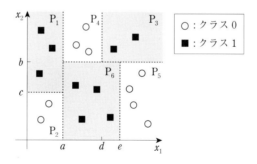

図 **17.1** 特徴空間の分割

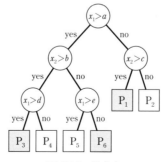

図 **17.2** 決定木

と呼ばれる．ルートノードや内部ノードでは，閾値に基づく条件判断が行われる．そして，ノードとノードの間のリンクには，その条件判断の結果を示したラベル（yes または no）が付与されている．決定木では，あるデータが，最初にルートノードにおいて，それ以降は各内部ノードにおいて，閾値に基づく条件判断が行われ，その判断に従って yes または no のリンクをたどって次のノードで再び条件判断が行われる．これを終端ノードに辿り着くまで繰り返す．あるデータの属するクラスは，終端ノードに付与されているクラスラベルによって決定する．

17.1 決定木の構築方法

決定木の構築方法として，代表的なものの1つに **CART**(classification and regression tree) と呼ばれるものがある．ここでは，CART のアルゴリズムについて紹介する．CART は，まず，ルートノードにおいて，できるだけ誤識別数が少なく分類できるような特徴軸を見つけて，すべての訓練データを2つに分割する．2分割されたそれぞれの訓練データから，2分割する特徴軸を見つけて，同様に2つに分割する．このような操作を再帰的に繰り返して，二分木構造の決定木を構築する．CART のアルゴリズムをまとめると次のようになる．

Algorithm CART
初期化：ルートノードにあるすべてのデータの集合を S とする．
Step1. 集合 S 中のすべてのデータが同一クラスに属するなら，そのノードを生成して，停止する．それ以外なら，特徴軸の選択基準により1つの特徴軸 d を選んでノードを作る．
Step2. 特徴軸 d の属性値により S を部分集合 S_L, S_R に分けてノードを生成して，親ノードと2つの子ノードの間にリンクを生成する．また，親ノードにその属性値を保存する．
Step3. 生成されたそれぞれのノードについて，このアルゴリズムを再帰的に適用する（Step1 に戻る）．

この CART のアルゴリズムにおいて重要な操作は以下の2つである．

- 各ノードにおいて，できるだけ誤識別数が少なく分類できるような特徴軸を見つけるための規則（以後，**分割規則**と呼ぶ）．
- 一端生成された決定木を**剪定**(pruning) する方法．

以下では，これらの操作について説明する．

17.1.1　分割規則

あるデータ集合を2つの集合に分割する方法について考えよう．まず，あるノードに含まれるデー

タ集合の**不純度** (impurity) を定義する.

ノード t に含まれるデータ集合の不純度を $I(t)$ と定義する.データ集合の不純度を評価する指標はいくつか存在するが[2],ここでは,次の式で定義される **Gini 関数**を用いて説明する.

$$I(t) = \sum_{j \neq i} P(C_i|t)P(C_j|t) = \sum_{i=1}^{K} P(C_i|t)\left(1 - P(C_i|t)\right) = 1 - \sum_{i=1}^{K} P^2(C_i|t) \tag{17.1}$$

ここで,ノード t で i 番目のクラスのデータが選ばれる確率を $P(C_i|t)$ として,そのデータが $j \neq i$ のクラスに間違われる確率を $P(C_j|t)$ とする.この定義から $\sum_{j \neq i} P(C_i|t)P(C_j|t)$ は,ノード t における誤り率を表す.

次に,分割による不純度の変化を用いて分割のよさを表す**分割指数** (Gini index) を定義する.分割の善し悪しを判断するために,ある分割条件 s による分割前後の不純度の変化を分割指数として次式で定義する.

$$\Delta I(s,t) = I(t) - (p_L I(t_L) + p_R I(t_R)) \tag{17.2}$$

ここでは,ノード t に含まれるデータ集合を 2 つに分割して,それぞれのデータ集合を含むノードを t_L, t_R と表している.p_L, p_R は,分割前の総データ数に対する分割後の各ノードに含まれるデータ数の割合である.複数の分割条件 s を試して,この分割指数が最大の分割を採用する.

最後に,分割条件 s の候補の選び方の一例について説明する.例えば,特徴量が数値の場合は,すべてのデータをある特徴量[*1]に着目して小さい順に並べ,隣接する各データ間の中間点を分割候補点とする選択方法が考えられる.

つまり,図 17.1 の例では,特徴量は x_1, x_2 である.まず,x_1 に関して,すべてのデータの x_1 の数値について小さい順にデータを並べて,隣り合うデータ同士の x_1 の平均値が x_1 に関する分割候補となる.x_2 についても,同様に小さい順に並べて,各平均値を x_2 に関する分割候補とする.これらすべての候補点[*2]に関して,分割指数を計算して,最も分割指数の高い分割候補点を選択する.

17.1.2　木の剪定

決定木を構築する際には,「分類の誤り率を小さくすること」と,「木の複雑さ」のバランスをとって構築した決定木の汎化能力を高めることが求められる.一般的に,これを実現するために,とりあえず分岐して木を成長させて,後で不要な枝を剪定するという方法がとられる.

以下では,剪定する枝の選択方法ついて一例を紹介する.次式で定義される評価値 G_r を基準にして剪定する枝を選ぶ方法について説明する.

$G_r = $(分割指数)$\times$(親ノードのデータ数に対して,そのノードに割り当てられたデータ数の割合)

ある分割の分割指数が小さいということは,そのような分割は分割しても不純度があまり減らない「よ

[*1] 特徴量を表現している多次元ベクトルのある次元の数値.
[*2] これらが,複数の分割条件 s に相当する.

くない分割」であることを表す．また，データ数の割合が小さいということは，その分割は，細かい分割になっていることを表している．この2つの値の積 G_r に閾値を設定して，閾値に満たない分割を取り消す*3．このような評価を終端ノードからルートノードに向けて順に行い，剪定するかどうかを判断していく．閾値を調整することで，木の複雑さを制御することができる．

17.2 OpenCV(C++)による決定木の実装

決定木による識別器を使用する際には，OpenCV ライブラリの機械学習用 API(opencv_ml) の cv::ml::DTrees クラスを用いる．決定木による識別器を生成するために，cv::ml::DTrees クラスのメンバ関数 create を用いる．

```
static Ptr<DTrees> cv::ml::DTrees::create()
```

この関数により決定木による識別器のモデルが生成される．生成されたモデルを cv::ml::StatModel クラスのメンバ関数 train によって訓練する．または，次のように記述することで，ファイル (my_dtree_model.xml) に保存された訓練済みの識別器のモデルを読み込むこともできる．

```
Ptr<DTrees> dtree = Algorithm::load<DTrees>("my_dtree_model.xml");
```

これにより，Ptr<DTrees> dtree に訓練結果が保存された状態の決定木による識別器が読み込まれたことになる．

17.2.1 パラメータ設定用関数

訓練する際には，cv::ml::DTrees クラスのメンバ関数によって，決定木による識別器に関するいくつかのパラメータを設定する．決定木による識別器を使用する際の代表的なパラメータを設定する関数には以下のようなものがある．

```
virtual void setCVFolds (int val)

virtual void setMaxDepth (int val)
```

[*3] つまり，その枝を剪定する．

```
    virtual void setMinSampleCount (int val)

    virtual void setPriors (const cv::Mat &val)

    virtual void setTruncatePrunedTree (bool val)

    virtual void setUse1SERule (bool val)
```

- `virtual void setCVFolds (int val)`：引数 val には，K 分割交差検定法の K の値を指定する．$K > 1$ を指定することで，K 分割交差検定法により構築された決定木を剪定する．デフォルトの値は 10 である．
- `virtual void setMaxDepth (int val)`：引数 val には，決定木の最大の深さを指定する．決定木のルートノードの深さは 0 である．他の終了条件が満たされると，実際の決定木の深さは，ここで指定した値よりも小さい．デフォルトの値は `INT_MAX` である．
- `virtual void setMinSampleCount (int val)`：引数 val には，決定木の 1 つのノード内のデータ数に関する閾値を指定する．ここで指定した値よりも小さくなったときに，そのノードの分割が止まる．デフォルトの値は 10 である．
- `virtual void setPriors (const cv::Mat &val)`：引数 val には，各クラスの事前確率が保存された配列を指定する．ある特定のクラスの予測に関して重み付けをしたい場合にこのパラメータを設定する．デフォルトの値はすべて 0 の配列である．
- `virtual void setTruncatePrunedTree (bool val)`：引数 val には，true または false の値を指定する．true に設定すると，決定木において剪定される．false に設定すると，剪定されない．デフォルトの値は true である．
- `virtual void setUse1SERule (bool val)`：引数 val には，true または false の値を指定する．true に設定すると，決定木が剪定されやすくなり，ノード数の少ない決定木ができる．デフォルトの値は true である．

17.2.2 訓練の実行用関数

前述したように，OpenCV3.0 以降の機械学習アルゴリズムで訓練を実行する際には，`cv::ml::StatModel` クラスのメンバ関数 train を用いることで，決定木による識別器の訓練を実行することが可能になる．訓練データの与え方の違いによって，この関数には，同じ関数名で引数の型や数が異なる関数が 2 つある．1 つ目の関数 train は以下である．

```
virtual bool cv::ml::StatModel::train(
        const Ptr< TrainData > &trainData,
        int flags
```

)
```

2つ目の関数 train は以下である．

```
virtual bool cv::ml::StatModel::train(
        InputArray samples,
        int layout,
        InputArray responses
)
```

これらの関数の引数は，14.3.2 節で説明したものと同様であるので，ここでは省略する．

17.2.3　訓練結果に基づく予測実行用関数

前述したように，OpenCV3.0 以降の機械学習アルゴリズムで訓練結果に基づいて予測を実行する際には，cv::ml::StatModel クラスのメンバ関数 predict を用いることで，決定木による識別器によって与えられた入力ベクトルに対応するラベル値を求めることが可能になる．

```
virtual float cv::ml::StatModel::predict(
        InputArray samples,
        OutputArray results,
        int flags
)
```

この関数の引数は，14.3.3 節で説明したものと同様であるので，ここでは省略する．

17.2.4　訓練結果の保存，読み込み用関数

前述したように，OpenCV3.0 以降の機械学習アルゴリズムの訓練結果は，cv::Algoritm クラスのメンバ関数を用いることで，訓練結果の保存，読み込みが可能になる．

訓練結果を保存する際には，以下の関数を用いて，訓練結果をファイル（xml 形式）に保存することができる．訓練結果は，各学習アルゴリズムのモデルやパラメータ，訓練の結果更新された係数などが含まれている．
```

```
virtual void cv::Algorithm::save(const String & filename)
```

訓練結果を読み込む際には，以下の関数を用いて，ファイル（xml 形式）に保存された訓練結果を読み込むことができる．

```
static Ptr<_Tp> cv::Algorithm::load(
        const String & filename,
        const String & objname
)
```

この関数の引数は，14.3.4 節で説明したものと同様であるので，ここでは省略する．

17.2.5　cv::ml::DTrees クラスの使用例

このプログラム例では，UCI リポジトリで公開されている機械学習用のデータ iris.data を読み込んで，決定木による識別器を構築する．読み込んだ訓練データにより識別器を訓練し，訓練後に，検証用の1つのデータを入力し，予測されるラベル値を求めている．

●プログラムリスト 17.1　cv::ml::DTrees クラスの使用例

```
1    //訓練データの読み込み
2    cv::Ptr<cv::ml::TrainData> raw_data = cv::ml::TrainData::loadFromCSV("iris.
     data", 0);
3
4    //決定木の構築
5    cv::Ptr<cv::ml::DTrees> dtree = cv::ml::DTrees::create();
6
7    //決定木のパラメータの設定
8    dtree->setMaxDepth(8);
9    dtree->setMinSampleCount(2);
10   dtree->setCVFolds(0);
11   dtree->setUse1SERule(false);
12   dtree->setTruncatePrunedTree(false);
13
14   //決定木の訓練
15   dtree->train(raw_data);
16
17   //検証データを生成
18   testSample.at<float>(0) = 5.0;
19   testSample.at<float>(1) = 3.6;
```

```
20    testSample.at<float>(2) = 1.3;
21    testSample.at<float>(3) = 0.25;
22
23    //検証データの予測
24    response = (int)dtree->predict( testSample );
25    std::cout << "DTrees response――→ " << response << std::endl;
```

練習問題

❶ UCI リポジトリで公開されている Pima Indians Diabetes データセットを読み込み，決定木による識別器を訓練して，検証データを与えてラベル値を予測するプログラムを作成せよ．

❷ Pima Indians Diabetes データセットを読み込み，全体の 90％を訓練データとして用いて，決定木による識別器を訓練し，残りの 10％を検証データとして与えて，それらの観測値に対する正解率を計算するプログラムを作成せよ．

参考文献

[1] L. Breiman, J. Friedman, R. A. Olshen, and C. J. Stone: Classification and regression trees, Chapman and Hall/CRC, 1984.
[2] 平井有三：はじめてのパターン認識，森北出版，2012.

Chapter 18 ニューラルネットワーク

　近年，**深層学習** (deep learning) という機械学習法が，識別問題においてこれまでの他の機械学習法を圧倒する性能を示したことで，非常に注目を集めている．深層学習が圧倒的な性能を示している問題は，

- 写真の中に写っている物体を認識する
- コンピュータゲームの攻略法を発見する
- 自動車を自動運転する

などで，人間にとって簡単であるが計算機には難しいとされてきた問題を解くことが深層学習により可能になってきている．深層学習のルーツは，1940年代まで遡ることができ，深層学習の基礎は，これまで**ニューラルネットワーク** (neural network, NN) と呼ばれていた計算モデルである．本章では，深層学習を理解する上で必要なニューラルネットワークについて解説する．

18.1 人間の神経細胞と神経回路

　ニューラルネットワークは，人間の脳の内部構造を参考にして考案された計算モデルである．人間の脳は，約千数百億個の**神経細胞（ニューロン）** (neuron) が互いに結合したネットワーク構造を有している．1つのニューロンは，**細胞体** (soma)，**軸索** (axon)，**樹状突起** (dendrite) から構成されている．1つのニューロンからは，通常1本の軸索と木の枝のように分岐した樹状突起が伸びており，この樹状突起が他のニューロンと接触して，ネットワーク構造（神経回路）を形成している（**図 18.1**）．この樹状突起は，他のニューロンから電気信号の情報を受け取る入力装置としての役割を果たす．樹状突起が受け取った電気信号は，出力装置である軸索を通って次のニューロンに伝達される．軸索の先端は，いくつも枝分かれし，それぞれがこぶ状に膨らんだ形状をしており，通常，これを**シナプス** (synapse) と呼んでいる．シナプスは他のニューロンと密着しておらず，シナプスとニューロンの間には数万分の1 mmほどのすき間（シナプス間隙）がある．軸索を伝わってきた電気信号は，このすき間を飛び越えることができない．そこで，シナプスでは，電気信号が伝わってくると，シナプスから**神経伝達物質** (neurotransmitter) という化学物質がこのすき間に放出され，その神経伝達物質が次のニューロンの表面にある受容体に結合すると，電気信号が生じて情報が伝達される仕組みになっ

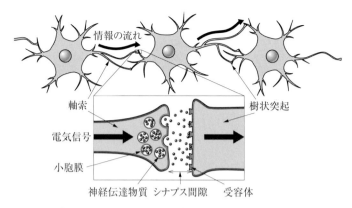

図 18.1 人間のニューロンとニューラルネットワーク

ている．この伝達にかかる時間は，$0.1 \sim 0.2\,\mathrm{ms}$ ほどであるといわれている．ニューロンにはその形や働きの異なるいくつかの種類が存在しており，それらのニューロンが種類ごとに集まって層を作ることによって，ニューロンのネットワーク構造が構築され，その結果，認知，運動，感情，記憶，学習といった高度な情報処理を実現できるといわれている．

18.2 ニューロンモデル

人間の神経細胞のネットワークが学習する仕組みの基本的な特徴は，以下の4項目にまとめることができる．

- 神経細胞は複数の入力信号を受け取る．
- 神経細胞は入力信号の総和の値が，閾値を越えると活性化して，信号を出力する．
- シナプスによって神経細胞は互いに接続されている．
- シナプスにおける接続の強さは，活性化の頻度に依存して変化する．

これらの特徴を持つ数学的なモデルが1943年にMcCullochとPittsによって**形式ニューロン** (formal neuron) として提案された．**図 18.2** は形式ニューロンを示している．人間の神経細胞の持つ4つの特徴に対応させて，形式ニューロンを定義する変数が以下のように決められている．

- 入力信号 $x_1, x_2, \ldots$
- 神経細胞が活性化する閾値 b
- 神経細胞は入力信号の総和 u の値が閾値を越えたときに出力される信号の大きさ y を表す活性化関数 $f(u)$
- シナプスにおける接続の強さを表す重み係数 $w_1, w_2, \ldots$

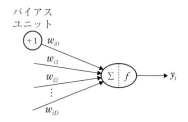

図 18.2 ニューロンモデル（形式ニューロン）

以下では，入力信号が形式ニューロンに入力されて出力信号が生成される過程の定式化について説明する．形式ニューロンは，ノードやユニットと呼ばれることもある（以後，形式ニューロンのことを**ユニット** (unit) と呼ぶ）．

1つのユニットは，外部からの信号，または他のユニットからの信号を入力として受け取る．それぞれの入力に対して，それに関連した重み w が割り当てられ，実際の神経細胞が学習するように，この重みが更新される．そのユニットは，それらの入力の重み付き総和を引数とする関数 f の値を計算する．なお，慣例的にユニット 0 は**バイアスユニット** (bias unit) と呼ばれ，バイアスユニットからは +1 という値が出力されているものとして扱う．

次式では，あるユニットの出力は，他のユニットへの入力となるので，同じ変数 y で入力，出力を表している．ユニット i の出力 y_i を，ユニット j からユニット i への重みを w_{ij}，入力 y_j によって次式で表す．

$$y_i = f\left(\sum_j w_{ij} y_j\right) \tag{18.1}$$

$\sum_j w_{ij} y_j$ は，ユニット i への**ネット入力**と呼ばれており，net_i と書く．

$$net_i = \sum_j w_{ij} y_j \tag{18.2}$$

関数 f は，ユニットの**活性化関数** (activation function) である．活性化関数の最も単純なものは，ネット入力の値をそのまま出力する．ユニットの活性化関数 $f(x)$ としては，当初，任意の x について微分可能で単調増加関数である，以下の**シグモイド関数** (sigmoid function)[1] がよく用いられていた．

$$f(x) = \frac{1}{1 + e^{-\alpha x}} \tag{18.3}$$

ここで，シグモイド関数は，α が小さいほど $x=0$ 付近での傾きがゆるやかになり，x の広い範囲で線形的な関数となり，逆に α が大きいほど非線形な関数となる．**図 18.3** では，$\alpha=1$ としてシグモイド関数を描画した結果を表している．

---

[1] logistic 関数と呼ばれることもある．

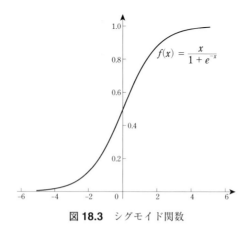

図 **18.3** シグモイド関数

18.3 ニューラルネットワーク

　形式ニューロンが提案された後，1958 年に Rosenblatt によって形式ニューロンを組み合わせて層構造にしたニューラルネットワークとして，**パーセプトロン** (perce ptron) が提案された[2]．このときは層構造といっても，入力層と出力層の 2 層構造であった．この 2 層構造のニューラルネットワークを，**単純パーセプトロン** (simple perceptron) と呼んでいた．その後，1969 年に Minsky と Papert によって，単純パーセプトロンは線形分類器であり XOR 問題のような非線形な識別問題が解けないことが証明された[3]．そして，1986 年に Rumelhart, Hinton, Williams によって，ニューラルネットワークの層構造を**入力層** (input layer)，**隠れ層** (hidden layer)，**出力層** (output layer) の 3 層構造にし，**誤差逆伝播法** (backpropagation) という学習アルゴリズムが提案された[4]．3 層以上の層構造を持つニューラルネットワークを**多層パーセプトロン** (multi-layer perceptron) と呼ぶ．

18.3.1 多層パーセプトロン

　多層パーセプトロンは，データが入力層から出力層へ向かって**順方向に伝播する（順伝播型）ニューラルネットワーク** (feedforward neural network) であり，さまざまな種類のニューラルネットワークの基本形である．多層パーセプトロンは，クラス識別問題に適用可能であり，ネットワークの構造を変えることによって関数近似問題にも適用可能である．図 **18.4** は，多層パーセプトロンの基本形である 3 層構造のニューラルネットワークを示している．

　3 層構造のニューラルネットワークをクラス識別問題に用いるときには，そのニューラルネットワークによってある識別関数を近似するために，訓練データ [*2] に基づいて，**最急降下法**によりそのニューラルネットワークを訓練する．最急降下法は，ある適当な初期値を設定して，その後，その値を繰り

[*2] クラス識別問題の場合は，入力ベクトル $\mathbf{x}$ とそれに対応するラベル t の組 $(\mathbf{x}, t)$．

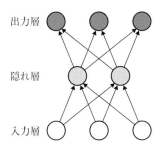

図 **18.4** 3層構造のニューラルネットワーク

返し更新する（修正する）ことで，誤差関数 E を最小化する最適なパラメータの値を求める方法で，このような最適化手法の中で最も基本的な方法である．

以下では，3層構造のニューラルネットワークの訓練法としてよく知られている誤差逆伝播法（バックプロパゲーション法）について説明する．誤差逆伝播法[4]は，ニューラルネットワークを訓練するための教師あり学習のアルゴリズムであり，1986年に後方への**誤差伝播** (backwards propagation of errors) の略称として命名された．訓練データ全体に対する勾配は，それぞれ1つの入力に対する勾配の総和によって表すものとする．そこで，以下では，1つの訓練データに対する勾配を計算する方法について説明する．説明の中のいくつかの変数の定義を以下に示す．

変数定義

重み付き和 $\sum_j w_{ij} y_j$ は，ユニット i へのネット入力 net_i と書く．重み w_{ij} は，ユニット j からユニット i への重みを表す．

- δ_j は，ユニット j に関する誤差信号である．この変数は以下で表現される．

$$\delta_j = -\frac{\partial E}{\partial net_j} \tag{18.4}$$

- Δw_{ij} は，重み w_{ij} に関する負の勾配である．この変数は以下で表現される．

$$\Delta w_{ij} = -\frac{\partial E}{\partial w_{ij}} \tag{18.5}$$

- A_i は，ユニット i の前段のユニットの集合である．この変数は以下で表現される．

$$A_i = \{j : \exists w_{ij}\} \tag{18.6}$$

- P_j は，ユニット j の後段のユニットの集合である．この変数は以下で表現される．

$$P_j = \{i : \exists w_{ij}\} \tag{18.7}$$

以上で定義される変数を用いて，誤差逆伝播法は，次の Step1～4 から構成される．

Step1. 勾配の計算

勾配項 Δw_{ij} を合成関数の微分の連鎖律 (chain rule) を用いて 2 つの項に展開する.

$$\Delta w_{ij} = -\frac{\partial E}{\partial net_i}\frac{\partial net_i}{\partial w_{ij}} \tag{18.8}$$

1 番目の項は，ユニット i に関する誤差信号であり，2 番目の項は，式 (18.2) で示したネット入力を代入して整理すると次のように計算できる.

$$\frac{\partial net_i}{\partial w_{ij}} = \frac{\partial}{\partial w_{ij}}\sum_{k \in A_i} w_{ik}y_k = y_j \tag{18.9}$$

これら 2 つの項を式 (18.8) に代入すると，勾配項 Δw_{ij} は，

$$\Delta w_{ij} = \delta_i y_j \tag{18.10}$$

と計算できる．この勾配項を計算するために，ネットワーク内のすべてのユニットに関する活性化関数値や誤差について知る必要がある.

Step2. 順伝播

最初の層の入力ユニットの活性化関数値はネットワークへの入力ベクトル **x** によって決定される．その他の層のあるユニット i の活性化関数値 y_i を計算する際には，以下の式に示しているように，ユニット i に接続されている前段のすべての (A_i に含まれている) ユニットの活性化関数 f の値があらかじめ計算されていなければならない.

$$y_i = f_i\left(\sum_{j \in A_i} w_{ij}y_j\right) \tag{18.11}$$

このような計算ができるのは，ネットワーク構造に循環（ループ）が含まれていないフィードフォワードネットワークの場合であり，入力側から出力側に向けて計算を順に行っていく．この計算過程を**順伝播** (forward propagation) という.

Step3. 誤差の計算

以下の式で表される 2 乗誤差 E を最小化するという基準に従うと，

$$E = \frac{1}{2}\sum_o (t_o - y_o)^2 \tag{18.12}$$

となり，出力層のユニット o の誤差 δ_o は，次のように表せる.

$$\delta_o = t_o - y_o \tag{18.13}$$

Step4. 誤差逆伝播

　出力層のユニットの誤差を使って隠れ層のすべてのユニットの誤差を計算する．ユニット j の誤差を計算するためには，そのユニット j の後段のすべてのユニット ($\in P_j$) の誤差をあらかじめ知っておく必要がある．つまり出力層の誤差の値をもとに隠れ層の誤差の値を逆方向に計算することから，この計算法を**誤差逆伝播** (backward propagation) と呼ぶ．

　合成関数の微分公式を使用して，隠れ層のユニットの誤差 δ_j をその後方のユニットの項を用いて展開すると次式のようになる．

$$\delta_j = -\sum_{i \in P_j} \frac{\partial E}{\partial net_i} \frac{\partial net_i}{\partial y_j} \frac{\partial y_j}{\partial net_j} \tag{18.14}$$

総和する3つの項のうちの第1項は，ユニット i の誤差に相当する．第2項は，ネット入力の式を代入して整理すると次式のようになる．

$$\frac{\partial net_i}{\partial y_j} = \frac{\partial}{\partial y_j} \sum_{k \in A_i} w_{ik} y_k = w_{ij} \tag{18.15}$$

第3項は，次式のようにユニット j の活性化関数の微分を表している．

$$\frac{\partial y_j}{\partial net_j} = \frac{\partial f_j(net_j)}{\partial net_j} = f'_j(net_j) \tag{18.16}$$

　隠れ層のユニットの活性化関数に tanh 関数 (**双曲線正接** (hyperbolic tangent) **関数**) を使っているので，tanh 関数の微分 $\tanh(u)' = 1 - \tanh(u)^2$ を用いると，最終的には第3項は次式のようになる．

$$f'_j(net_j) = 1 - y_h^2 \tag{18.17}$$

最終的に，これらの式を代入して整理すると，隠れ層のユニットの誤差 δ_j は，

$$\delta_j = f'_j(net_j) \sum_{i \in P_j} \delta_i w_{ij} = (1 - y_h^2) \sum_{i \in P_j} \delta_i w_{ij} \tag{18.18}$$

となる．

　全結合された順伝播型ネットワーク，つまりある層の中のそれぞれのユニットが次の層の中のすべてのユニットに結合しているネットワークでは，上述した誤差逆伝播法のアルゴリズムを行列表記を用いて表すと簡潔に表すことができる．

　ある層のすべてのユニットに関する，バイアスユニットの重み，ネット入力，活性化関数値，誤差をベクトルで表す．バイアスユニットではないすべてのユニットのある層から次の層への重みを行列 **W** で表す．すべての層に入力層から出力層に向けて順番に番号をつけ，入力層は0番目，出力層は L 番目とする．この表記に基づいて誤差逆伝播法のアルゴリズムをまとめると以下のようになる．

Algorithm 誤差逆伝播法

初期化：
$$\mathbf{y}_0 = \mathbf{x} \tag{18.19}$$

Step1. 活性化関数値を順伝播させる (for $l = 1, 2, \ldots, L$).
$$\mathbf{y}_l = f_l(\mathbf{W}_l \mathbf{y}_l + \mathbf{b}_l) \tag{18.20}$$

ここで，$\mathbf{b}_l$ はバイアスユニットの重みを表している．

Step2. 出力層における誤差を計算する．
$$\boldsymbol{\delta}_L = \mathbf{t} - \mathbf{y}_L \tag{18.21}$$

Step3. 誤差を逆伝播させる (for $l = L-1, L-2, \ldots, 1$).
$$\boldsymbol{\delta}_l = \left(\mathbf{W}_{l+1}^\top \boldsymbol{\delta}_{l+1}\right) f_l'(\mathbf{net}_l) \tag{18.22}$$

Step4. 重みとバイアスを更新する．Step1 に戻る．
$$\Delta \mathbf{W}_l = \boldsymbol{\delta}_l \mathbf{y}_{l-1}^\top \tag{18.23}$$
$$\Delta \mathbf{b}_l = \boldsymbol{\delta}_l \tag{18.24}$$

18.3.2 誤差逆伝播法を用いる際の注意点

　誤差逆伝播法を用いる際には，いくつかの注意点がある．それらの注意点を守らずにこの手法を用いると，訓練が正しく行われず最適な値に収束しなかったり，収束が遅くなったりする．ここでは紹介していないが，4層以上の深層ニューラルネットワークで，これらの注意点を守らなければ，訓練が正しく行われなくなる．訓練が正しく行われるようにするための標準的な対策として，1998年に Y. LeCun らがまとめたものがある[6]．それらをさらに追証・発展させている対策として，2010年に X. Glorot らがまとめたものがある[7]．以下では，それらの中からいくつか紹介する．

- ネットワークは3層（入力層，中間層，出力層）以上の構造でなければならない．
- 入力ベクトルは，平均値ベクトルを $\mathbf{0}$ にし，主成分分析により線形相関を取り除き，分散値が1になるように線形変換しておくほうがよい．
- 訓練の実行方法（訓練データの与え方）としては，**オンライン（逐次的）学習** (online training) と**バッチ学習** (batch training) という2つの方法がある．オンライン学習では，1つの訓練データが与えられるたびに重みを更新する．バッチ学習ではすべての訓練データを一括でまとめて与えて重みを更新する．オンライン学習で，訓練データを数個まとめて与えて重みを更新する方法

をミニバッチ学習 (mini-batch training) という．バッチ学習ではメモリ容量をより多く必要とするが，一方で，オンライン学習では更新処理が多くなる．訓練の実行方法としては，バッチ学習よりも**確率的勾配降下法** (stochastic gradient descent) によるオンライン学習を使うほうがよいといわれている．オンライン学習では，すべての訓練データを1つずつ使用し終えたら，その使用の順番をランダムに入れ替えて再度使用するとよいといわれている．

- 各ユニットで使用される活性化関数は微分可能でなければならない．活性化関数は原点を通る関数を使用するほうがよいといわれている．標準のシグモイド関数は $f(0) = 0.5$ のため不適切で，活性化関数として以下の2つのS字の関数がよいとされている[7]．これらの関数は，すべて $f(0) = 0, f'(0) = 1$ であり，値域は $-1 \sim 1$ である．

$$\tanh(x)$$
$$\frac{x}{1+|x|}$$

多層ニューラルネットワークの中間層が意味のある関数を表すためには，ユニットで使用する活性化関数は非線形でなければならない．各ユニットで線形な活性化関数を使用する多層ニューラルネットワークは，単層のニューラルネットワークと等価である．非線形の活性化関数としては，シグモイド関数，tanh関数，ソフトマックス関数，ガウス関数などが一般的であったが，中間層の活性化関数としては **ReLU**(Rectifier Linear Unit) **関数** ($\max(x, 0)$) が最善であるとされている[8,9]．ReLU関数は，一般的にはランプ関数と呼ばれるものである．

図 **18.5**，図 **18.6**，図 **18.7** は，それぞれ，よい活性化関数とされている $\tanh(x)$, $\frac{x}{1+|x|}$, $\max(x, 0)$ を表している．

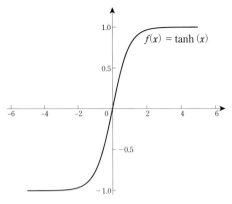

図 **18.5** tanh 関数

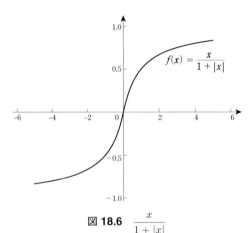

図 **18.6** $\dfrac{x}{1+|x|}$

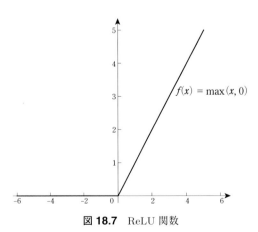

図 **18.7** ReLU 関数

18.4 OpenCV(C++)によるニューラルネットワークの実装

ニューラルネットワーク（多層パーセプトロン）を使用する際には，OpenCV ライブラリの機械学習用 API(opencv_ml) の cv::ml::ANN_MLP クラスを用いる．ニューラルネットワークによる識別器を生成するために，cv::ml::ANN_MLP クラスのメンバ関数 create を用いる．

```
static Ptr<ANN_MLP> cv::ml::ANN_MLP::create()
```

この関数によりニューラルネットワークによる識別器のモデルが生成される．生成されたモデルを cv::ml::StatModel クラスのメンバ関数 train によって訓練する．

または，次のように記述することで，ファイル (my_nn_model.xml) に保存された訓練済みの識別器のモデルを読み込むこともできる．

```
Ptr<ANN_MLP> ann = Algorithm::load<ANN_MLP>("my_nn_model.xml");
```

これにより，Ptr<ANN_MLP> ann に訓練結果が保存された状態のニューラルネットワークによる識別器が読み込まれたことになる．

ただし，ニューラルネットワークを用いる際には，他の機械学習のクラスとは異なり，関数 create で生成されたモデルをすぐに関数 train で訓練することはできない．モデルを生成した後に，ネットワーク構造を設定し，訓練方法を設定し，重みを初期化する．このような順番で設定を済ませた後に訓練させる必要がある．

18.4.1 ネットワーク構造設定用関数

ニューラルネットワークの訓練の目的は，汎化能力[*3] を得ることである．1つの隠れ層を持つ多層のニューラルネットワークは，任意の連続関数を近似できるということが数学的に示されている．しかし，ネットワーク構造を小さくしすぎると，このような能力を得られないかもしれないし，大きすぎると過剰適合や過学習[*4] と呼ばれる問題を抱える．過剰適合の状態では，訓練データについては正しい結果は得られるが，それ以外のデータでは正しい結果が得られなくなる．このような事情から，ニューラルネットワークを用いる際には，ニューラルネットワークの構造を決定することは重要な作業の1つとなっている．ニューラルネットワークの構造は，関数 cv::ml::ANN_MLP::setLayerSizes によって設定する．

[*3] 訓練データに含まれない未知のデータに対する識別能力．
[*4] 本来訓練したい入出力関係とは無関係な関係を獲得してしまうこと．

```
virtual void cv::ml::ANN_MLP::setLayerSizes(InputArray layer_sizes)
```

引数 layer_sizes には，cv::Mat 型の配列を指定する．配列の中に各層におけるニューロンのユニット数を指定しておく．配列の最初の要素に入力層のユニット数，配列の最後の要素に出力層のユニット数を指定する．デフォルトの値は，すべての 0 が指定された cv::Mat 型の配列である．

例えば，3 層のニューラルネットワーク (入力層ユニット数 4，中間層ユニット数 5，出力層ユニット数 3) を構築するためのプログラム例は以下のようになる．

```
//ユニット数を設定するための配列の用意
cv::Mat layer_sizes(3, 1, CV_32S);

//各層におけるユニット数の設定
layer_sizes.row(0) = 4;
layer_sizes.row(1) = 5;
layer_sizes.row(2) = 3;

//ニューラルネットワークモデルの生成
cv::Ptr<cv::ml::ANN_MLP> ann = cv::ml::ANN_MLP::create();

//ネットワーク構造の設定
ann->setLayerSizes(layer_sizes);
```

18.4.2 出力ラベル値のベクトル化

OpenCV のニューラルネットワークで識別問題を解く場合には，訓練データとして与える出力ラベル値をベクトル化する必要がある．一般的に，訓練データとしてデータが保存されている場合，ラベル値は正の整数値で表現されている．例えば，ある 1 つの訓練データは，D 次元ベクトルの特徴量とその特徴量のラベル値を表すスカラ値で表され，$D+1$ 次元のベクトルで表されている．したがって，一般的に，N 個の訓練データがある場合，ラベル値は $N \times 1$ の行列に保存されている．このようなデータを OpenCV のニューラルネットワークで訓練する際には，異なるラベル値が M 個存在すると，1 つの訓練データのラベル値を M 次元ベクトルで表す．つまり，N 個の訓練データがある場合，ラベル値が $N \times M$ の行列に保存されるようにデータの形式を変換する必要がある．i 番目の訓練データのラベル値が j のとき，ラベル値を表す行列の (i,j) 要素の値を 1 に，i 行目のその他の要素の値はすべて 0 になるように変換する．このような変換のプログラム例は以下のようになる．

● プログラムリスト 18.1　出力ラベル値のベクトル化の例

```
1     //元のラベル値が保存されている変数
2     cv::Mat label(150, 1, CV_32FC1);
3
4     //classlalbe.row は異なるラベル値の数を表す
5     //ラベル値をベクトル化するために用意した変数
6     cv::Mat vector_label = cv::Mat::zeros( label.rows, classlabel.rows,
        CV_32FC1 );
7
8     //ラベル値のベクトル化
9     for( int i = 0; i < label.rows ; i++ ){
10        int idx = (int)label.at<float>(i,0) - 1;
11        vector_label.at<float>(i, idx) = 1.f;
12    }
```

18.4.3　パラメータ設定用関数

ニューラルネットワークの訓練方法は，以下に示す関数で設定する．

```
virtual void cv::ml::ANN_MLP::setTrainMethod(
        int method,
        double param1,
        double param2
)
```

【引数】

- method：ニューラルネットワークの学習アルゴリズムとそのアルゴリズムのパラメータを設定する．アルゴリズムとして設定できるものは，enum cv::ml::ANN_MLP::TrainingMethods で決められている以下の値である．なお，デフォルトの値は ANN_MLP::RPROP である．
  - BACKPROP：標準的な誤差逆伝播アルゴリズムを用いる場合に設定する．
  - RPROP：RPROP アルゴリズムを用いる場合に設定する．RPROP は，Resilient backpropagation の略である．標準的な誤差逆伝播法では勾配計算においてその値が 0 になると，訓練が進みにくくなるが，RPROP アルゴリズムでは，勾配の符号の変化の様子を調べて勾配に重みをかけて訓練を加速・減速することで，この問題を解決している．このアルゴリズムについては文献[5] を参照されたい．
- param1：ANN_MLP::RPROP が設定されている場合には関数 setRpropDW0 の引数として設定される．ANN_MLP::BACKPROP が設定されている場合には，関数 setBackpropWeightScale の引数として設定される．デフォルトの値は 0 である．

- param2：ANN_MLP::RPROPが設定されている場合には，関数setRpropDWMinの引数として設定される．ANN_MLP::BACKPROPが設定されている場合には，関数setBackpropMomentumScaleの引数として設定される．デフォルトの値は0である．

各ユニットで使用する活性化関数は以下に示す関数で設定する．

```
virtual void cv::ml::ANN_MLP::setActivationFunction(
        int type,
        double param1,
        double param2
)
```

【引数】
- type：活性化関数の型を指定する．指定できる型は，ANN_MLP::ActivationFunctionsで定義されている．enum cv::ml::ANN_MLP::ActivationFunctionsでは，以下に示す活性化関数が定義されている．
  - IDENTITY：恒等関数 $f(x) = x$．
  - SIGMOID_SYM：対称型シグモイド関数 $f(x) = \beta * (1 - e^{-\alpha x})/(1 + e^{-\alpha x})$．現在のところ，活性化関数としてOpenCVライブラリの機械学習用APIでサポートされているのは，このANN_MLP::SIGMOID_SYMだけである．活性化関数の引数のデフォルトの値もこの値に設定されている．ちなみに，以下の引数param1, param2をそれぞれデフォルト値の0に設定しているとき，活性化関数の値域は，$[-1.7159, 1.7159]$ になる．
  - GAUSSIAN：ガウス関数 $f(x) = \beta e^{-\alpha x * x}$．
- param1：活性化関数のパラメータ α の値を指定する．デフォルトの値は0である．
- param2：活性化関数のパラメータ β の値を指定する．デフォルトの値は0である．

ニューラルネットワークの訓練の終了条件は以下に示す関数で設定する．

```
virtual void cv::ml::ANN_MLP::setTermCriteria(TermCriteria val)
```

【引数】
- val：最大繰り返し回数TermCriteria::MAX_ITERや1回の繰り返し計算における誤差の許容更新量TermCriteria::EPSなどを指定する．デフォルトの値はTermCriteria(TermCriteria::MAX_ITER+TermCriteria::EPS, 1000, 0.01)に設定されている（最大繰り返し回数1000回，許容更新量0.01）．

18.4.4 訓練の実行用関数

前述したように，OpenCV3.0 以降の機械学習アルゴリズムで訓練を実行する際には，cv::ml::StatModel クラスのメンバ関数 train を用いることで，ニューラルネットワークの訓練を実行することが可能になる．訓練データの与え方の違いによって，この関数には，同じ関数名で引数の型や数が異なる関数が 2 つある．1 つ目の関数 train は以下である．

```
virtual bool cv::ml::StatModel::train(
        const Ptr< TrainData > &trainData,
        int flags
)
```

2 つ目の関数 train は以下である．

```
virtual bool cv::ml::StatModel::train(
        InputArray samples,
        int layout,
        InputArray responses
)
```

ラベル値をベクトルで表現し直している場合は，こちらの関数を用いて訓練データを与えるとよい．なお，これらの関数の引数は，14.3.2 節で説明したものと同様であるので，ここでは省略する．

18.4.5 訓練結果に基づく予測実行用関数

前述したように，OpenCV3.0 以降の機械学習アルゴリズムで訓練結果に基づいて予測を実行する際には，cv::ml::StatModel クラスのメンバ関数 predict を用いることで，与えられた入力ベクトルに対応するラベル値をニューラルネットワークによって求めることが可能になる．

```
virtual float cv::ml::StatModel::predict(
        InputArray samples,
        OutputArray results,
        int flags
)
```

この関数の引数は，14.3.3 節で説明したものと同様であるので，ここでは省略する．

18.4.6 訓練結果の保存，読み込み用関数

前述したように，OpenCV3.0以降の機械学習アルゴリズムの訓練結果は，cv::Algoritmクラスのメンバ関数を用いることで，訓練結果の保存，読み込みが可能になる．

訓練結果を保存する際には，以下の関数を用いて，訓練結果をファイル（xml形式）に保存することができる．訓練結果は，各学習アルゴリズムのモデルやパラメータ，訓練の結果更新された係数などが含まれている．

```
virtual void cv::Algorithm::save(const String & filename)
```

訓練結果を読み込む際には，以下の関数を用いて，ファイル（xml形式）に保存された訓練結果を読み込むことができる．

```
static Ptr<_Tp> cv::Algorithm::load(
        const String & filename,
        const String & objname
)
```

この関数の引数は，14.3.4節で説明したものと同様であるので，ここでは省略する．

例えば，cv::ml::ANN_MLPクラスの訓練結果を読み込む場合には，次のようにする．

```
Ptr<ANN_MLP> ann = Algorithm::load<ANN_MLP>("my_ann_model.xml");
```

これにより，Ptr<ANN_MLP> annに訓練結果が保存された状態（訓練済み）のニューラルネットワークが読み込まれたことになる．

18.4.7 cv::ml::ANN_MLPクラスの使用例

このプログラム例では，UCIリポジトリで公開されている機械学習用のデータiris.dataを読み込んで，ニューラルネットワークを構築する．読み込んだ訓練データによりそのニューラルネットワークを訓練し，訓練後に，検証用の1つのデータを入力し，予測されるラベル値を求めている．

● プログラムリスト 18.2　cv::ml::ANN_MLPクラスの使用例

```
1  #define _CRT_SECURE_NO_WARNINGS
2  #define _USE_MATH_DEFINES
```

```cpp
3  #include <iostream>
4  #include <fstream>
5  #include <cmath>
6  #include <ctime>
7  #include <opencv2/opencv.hpp>
8
9  int main()
10 {
11   //訓練データの読み込み
12   cv::Ptr<cv::ml::TrainData> raw_data = cv::ml::TrainData::loadFromCSV("iris.data", 0);
13
14   cv::Mat data(150, 4, CV_32FC1);
15   data = raw_data->getSamples();
16   std::cout << data << std::endl;
17   std::cout << data.rows << " x " << data.cols << std::endl;
18
19   cv::Mat label(150, 1, CV_32FC1);
20   label = raw_data->getResponses();
21   std::cout << label << std::endl;
22   std::cout << label.rows << " x " << label.cols << "--> " << label.depth() << std::endl;
23
24   cv::Mat classlabel = raw_data->getClassLabels();
25   std::cout << classlabel.rows << std::endl;
26
27   //ベクトル化した出力ラベルの配列の初期化
28   std::cout << "Vector label transform \n";
29   cv::Mat vector_label = cv::Mat::zeros( label.rows, classlabel.rows, CV_32FC1 );
30
31   //ラベル値のベクトル化
32   for( int i = 0; i < label.rows ; i++ ){
33     int idx = (int)label.at<float>(i,0) - 1;
34     std::cout << "label_idx:: " << idx << std::endl;
35
36     vector_label.at<float>(i, idx) = 1.f;
37   }
38
39   //訓練データの生成
40   cv::Ptr<cv::ml::TrainData>tdata = cv::ml::TrainData::create(data, cv::ml::ROW_SAMPLE, vector_label);
41
```

```cpp
42      //ニューラルネットワークの構築
43      //ユニット数を設定するための配列の用意
44      cv::Mat layer_sizes(3, 1, CV_32S);
45
46      //各層におけるユニット数の設定
47      layer_sizes.row(0) = 4;
48      layer_sizes.row(1) = 5;
49      layer_sizes.row(2) = 3; //the number of labels
50
51      //ニューラルネットワークモデルの生成
52      cv::Ptr<cv::ml::ANN_MLP> ann = cv::ml::ANN_MLP::create();
53      //ネットワーク構造の設定
54      ann->setLayerSizes(layer_sizes);
55      //訓練方法の各種設定
56      ann->setActivationFunction(cv::ml::ANN_MLP::SIGMOID_SYM, 0, 0);
57      ann->setTermCriteria(cv::TermCriteria(cv::TermCriteria::MAX_ITER+cv::
            TermCriteria::EPS, 10000, FLT_EPSILON));
58      ann->setTrainMethod(cv::ml::ANN_MLP::BACKPROP, 0.001);
59      ann->setBackpropMomentumScale(0.05);
60      ann->setBackpropWeightScale(0.05);
61
62      //ニューラルネットワークの訓練
63      ann->train(tdata);
64
65      //検証データの生成
66      cv::Mat testSample(1, 4, CV_32FC1);
67
68      //検証データの例
69      //5.8, 4.0, 1.2, 0.2, label = 0
70      //5.9, 3.0, 4.2, 1.5, label = 1
71      //7.7, 3.8, 6.7, 2.2, label = 2
72
73      testSample.at<float>(0) = 7.0;
74      testSample.at<float>(1) = 3.6;
75      testSample.at<float>(2) = 6.3;
76      testSample.at<float>(3) = 1.95;
77
78      //訓練されたニューラルネットワークによる予測
79      std::cout << "Predicting...\n";
80      cv::Mat response(1, 3, CV_32FC1);
81      ann->predict(testSample, response);
82
83      std::cout << "MLP vector response——>\n";
```

```
84    std::cout << response << std::endl;
85
86    return 0;
87 }
```

練習問題

❶ UCI リポジトリで公開されている Pima Indians Diabetes データセットを読み込み，ニューラルネットワークを訓練して，検証データを与えてラベル値を予測するプログラムを作成せよ．なお，ユニット数は 20 とする．

❷ Pima Indians Diabetes データセットを読み込み，全体の 90% を訓練データとして用いて，ニューラルネットワークを訓練し，残りの 10% を検証データとして与えて，それらの観測値に対する正解率を計算するプログラムを作成せよ．なお，ユニット数は 20 とする．

参考文献

[1] W. S. McCulloch and W. Pitts: A logical calculus of the ideas immanent in nervous activity, *Bulletin of Mathematical Biophysics*, Vol. 5, pp. 115–133, 1943.

[2] F. Rosenblatt: The perceptron: A probabilistic model for information storage and organization in the brain, *Psychological Review*, Vol. 65, No. 6, pp. 386–408, 1958.

[3] M. Minsky and S. Papert: *Perceptrons: An introduction to computational geometry*, The MIT Press, 1972.

[4] D. E. Rumelhart, G. E. Hinton, and R. J. Williams: Learning representations by back-propagating errors, *Nature*, Vol. 323, Issue 6088, pp. 533–536, 1986.

[5] M. Riedmiller and H. Braun: A direct adaptive method for faster backpropagation learning: The rprop algorithm, In *Proc. of IEEE International Conference on Neural Networks*, pp. 586–591, 1993.

[6] Y. LeCun, L. Bottou, G. B. Orr, and Klaus-Robert Müller: Efficient BackProp, *Neural Networks: Tricks of the Trade*, pp. 9–50, 1998.

[7] X. Glorot and Y. Bengio: Understanding the difficulty of training deep feedforward neural networks, In *Proc. of International Conference on Artificial Intelligence and Statistics (AISTATS)*, pp. 249–256, 2010.

[8] X. Glorot, A. Bordes, and Y. Bengio: Deep sparse rectifier neural networks, In *Proc. of International Conference on Artificial Intelligence and Statistics (AISTATS)*, pp. 315–323, 2011.

[9] Y. LeCun, Y. Bengio, and G. Hinton: Deep learning, *Nature*, Vol. 521, Issue 7553, pp. 436–444, 2015.

Chapter 19 ブースティング

　ブースティング (boosting method) は，計算量が少なく，精度の低い識別器である**弱識別器** (weak classifier) を組み合わせて，精度の高い識別器を構成する教師あり学習手法である．この手法では，複数の弱識別器を用意して，弱識別器を1つずつ順番に訓練する．その際，次の弱識別器の訓練データは，それまでの訓練結果から次の訓練にとって最も有益なものが選ばれる．すなわち，誤分類される訓練データは重みを増し，正しく分類される訓練データは重みを減らす[*1]．したがって，新たに訓練する弱識別器は，それまでの弱識別器が誤分類していた訓練データに注目することになる．このように，単純な弱識別器を逐次的に訓練して識別器の精度を増強 (boost) していくので，この手法はブースティングと呼ばれている．

　ブースティングにはさまざまな手法が存在するが，これらの主な違いは学習データと弱識別器の重みの付け方の違いである．複数存在するブースティングの中で代表的な手法として，**AdaBoost**(adaptive boosting) がある[1]．なお，AdaBoost は，Viola と Jones の2人が考案した Viola-Jones 法[3] という顔検出で主に使用されているアルゴリズムの中で使用されたことによって有名になった．本章では AdaBoost について解説する．

19.1　AdaBoost

　AdaBoost（アダブーストと読む）では，弱識別器の訓練結果に従って訓練データに重みが付けられる．誤って識別された訓練データに対する重みを大きく，正しく識別された訓練データに対する重みを小さくすることで（このように適応的 (adaptive) に訓練データの重みを更新することで），後に訓練する識別器ほど誤りの多い訓練データに集中して訓練する．

　AdaBoost の具体的なアルゴリズムは次のようになる．まず，クラスを表すラベルが付与された訓練データの集合 $\mathcal{S}$ が与えられているとする．

$$\mathcal{S} = \left\{ (\mathbf{x}_i, \lambda_i) | \mathbf{x}_i \in \mathbb{R}^D, \lambda_i \in \{-1, 1\} \right\}_{i=1}^{N} \tag{19.1}$$

ここで，$\mathbf{x}_i$ は D 次元ベクトルで表された訓練データ，λ_i は訓練データ $\mathbf{x}_i$ の属するクラスを表すラベル (数値) である．また，訓練データの重みを w_i^j $(i = 1 \sim N, j = 1 \sim M)$，弱識別器を $h_j(\mathbf{x}) = \{-1, +1\}$ $(j = 1 \sim M)$ とする．

[*1] ただし，一部のブースティング手法は，繰り返し誤分類される訓練データの重みを減らす．

これらの定義を用いて，AdaBoost のアルゴリズムは以下のようになる．

Algorithm AdaBoost

Step1. 重みを初期化する．
$$w_i^1 = \frac{1}{N} \quad (i = 1 \sim N) \tag{19.2}$$

Step2. ($j = 1 \sim M$) について，以下を繰り返す．

(a) 弱識別器 $h_j(\mathbf{x})$ を訓練する．
$$E_j = \frac{\sum_{i=1}^{N} w_i^j I(h_j(\mathbf{x}_i) \neq \lambda_i)}{\sum_{i=1}^{N} w_i^j} \tag{19.3}$$

(b) 弱識別器に対する重み α_j を計算する．
$$\alpha_j = \ln\left(\frac{1 - E_j}{E_j}\right) \tag{19.4}$$

(c) 重み w_i^j を次のように更新する．
$$w_i^{j+1} \leftarrow w_i^j \exp\left\{(\alpha_j I\left(h_j(\mathbf{x}_i)\right) \neq \lambda_i)\right\} \tag{19.5}$$

Step3. 入力 $\mathbf{x}$ に対する識別結果を，次式に従って出力する．
$$H_M(\mathbf{x}) = \text{sign}\left(\sum_{j=1}^{M} \alpha_j h_j(\mathbf{x})\right) \tag{19.6}$$

弱識別器の数は，あまり大きいと過学習が生じるため，交差検証法などで選ぶ必要がある．

なお，ここで紹介した AdaBoost は，弱識別器が -1 または $+1$ の値（または 0 と 1 の 2 値）を出力する **Discrete AdaBoost** と呼ばれる手法である．AdaBoost は高速かつ精度を高く識別できるが，一方で外れ値に対して頑健ではないという欠点も持っている．そのため，ブースティングによる識別の頑健化のためにさまざまな改良が試みられている．それらの改良方法として，Real AdaBoost, LogitBoost, そして Gentle AdaBoost などが知られている．Real AdaBoost は，弱識別器が分類結果の信頼度として $0 \sim 1$ の実数を出力する AdaBoost である．LogitBoost や Gentle AdaBoost は，弱識別器が数値データを出力する回帰木になっている．これらの詳細については文献[2]を参照されたい．

19.2 OpenCV(C++) による AdaBoost の実装

AdaBoost を使用する際には，OpenCV ライブラリの機械学習用 API(opencv_ml) の

cv::ml::Boost クラスを用いる．AdaBoost による識別器を生成するために，cv::ml::Boost クラスのメンバ関数 create を用いる．

```
static Ptr<Boost> cv::ml::Boost::create()
```

この関数により AdaBoost による識別器のモデルが生成される．生成されたモデルを cv::ml::Stat Model クラスのメンバ関数 train によって訓練する．

または，次のように記述することで，ファイル (my_adabst_model.xml) に保存された訓練済みの識別器のモデルを読み込むこともできる．

```
Ptr<Boost> adabst = Algorithm::load<Boost>("my_adabst_model.xml");
```

これにより，Ptr<Boost> adabst に訓練結果が保存された状態の AdaBoost による識別器が読み込まれたことになる．

19.2.1 パラメータ設定用関数

訓練する際には，cv::ml::Boost クラスのメンバ関数によって，AdaBoost による識別器に関するいくつかのパラメータを設定する．AdaBoost による識別器を使用する際の代表的なパラメータを設定する関数には以下のようなものがある．

```
virtual void setBoostType (int val)

virtual void setWeakCount (int val)

virtual void setWeightTrimRate (double val)
```

- virtual void setBoostType (int val)：引数 val に，ブースティングのアルゴリズムを設定する．設定できるものは，enum cv::ml::Boost::Types で決められている以下の値である．なお，デフォルトの値は Boost::REAL である．
    - DISCRETE：この値を指定すると Discrete AdaBoost を用いることになる．
    - REAL：この値を指定すると Real AdaBoost を用いることになる．信頼度付きの予測をしたいときに利用する．
    - LOGIT：この値を指定すると LogitBoost を用いることになる．回帰問題を解く場合に指定するとよい．

- GENTLE：この値を指定すると Gentle AdaBoost を用いることになる．回帰問題を解く場合に指定するとよい．
- `virtual void setWeakCount (int val)`：引数 val に，弱識別器の個数を指定する．デフォルトの値は 100 である．
- `virtual void setWeightTrimRate (double val)`：計算時間を削減するために，引数 val に 0 ～ 1 の間の値を指定する．デフォルトの値は 0.95 である．1−val の割合のデータを次回の繰り返し計算のときに使用しない．

19.2.2 訓練の実行用関数

前述したように，OpenCV3.0 以降の機械学習アルゴリズムで訓練を実行する際には，cv::ml::StatModel クラスのメンバ関数 train を用いることで，AdaBoost による識別器の訓練を実行することが可能になる．訓練データの与え方の違いによって，この関数には，同じ関数名で引数の型や数が異なる関数が 2 つある．1 つ目の関数 train は以下である．

```
virtual bool cv::ml::StatModel::train(
        const Ptr< TrainData > &trainData,
        int flags
)
```

2 つ目の関数 train は以下である．

```
virtual bool cv::ml::StatModel::train(
        InputArray samples,
        int layout,
        InputArray responses
)
```

これらの関数の引数は，14.3.2 節で説明したものと同様であるので，ここでは省略する．

19.2.3 訓練結果に基づく予測実行用関数

前述したように，OpenCV3.0 以降の機械学習アルゴリズムで訓練結果に基づいて予測を実行する際には，cv::ml::StatModel クラスのメンバ関数 predict を用いることで，AdaBoost による識別器によって与えられた入力ベクトルに対応するラベル値を求めることが可能になる．

```
virtual float cv::ml::StatModel::predict(
        InputArray samples,
        OutputArray results,
        int flags
)
```

この関数の引数は，14.3.3 節で説明したものと同様であるので，ここでは省略する．

19.2.4 訓練結果の保存，読み込み用関数

前述したように，OpenCV3.0 以降の機械学習アルゴリズムの訓練結果は，cv::Algoritm クラスのメンバ関数を用いることで，訓練結果の保存，読み込みが可能になる．
　訓練結果を保存する際には，以下の関数を用いて，訓練結果をファイル（xml 形式）に保存することができる．訓練結果は，各学習アルゴリズムのモデルやパラメータ，訓練の結果更新された係数などが含まれている．

```
virtual void cv::Algorithm::save(const String & filename)
```

訓練結果を読み込む際には，以下の関数を用いて，ファイル（xml 形式）に保存された訓練結果を読み込むことができる．

```
static Ptr<_Tp> cv::Algorithm::load(
        const String & filename,
        const String & objname
)
```

この関数の引数は，14.3.4 節で説明したものと同様であるので，ここでは省略する．

19.2.5 cv::ml::Boost クラスの使用例

このプログラム例では，UCI リポジトリで公開されている機械学習用のデータ iris.data を読み込んで，AdaBoost 識別器を構築する．読み込んだ訓練データにより識別器を訓練し，訓練後に，検証用の 1 つのデータを入力し，予測されるラベル値を求めている．

● プログラムリスト 19.1　cv::ml::Boost クラスの使用例

```
1   //訓練データの読み込み
2   cv::Ptr<cv::ml::TrainData> raw_data = cv::ml::TrainData::loadFromCSV("iris.
      data", 0);
3
4   //AdaBoost識別器の構築
5   cv::Ptr<cv::ml::Boost> boost = cv::ml::Boost::create();
6
7   //AdaBoostのパラメータの設定
8   boost->setBoostType(cv::ml::Boost::DISCRETE);
9   boost->setWeakCount(100);
10  boost->setWeightTrimRate(0.95);
11  boost->setMaxDepth(2);
12  boost->setUseSurrogates(false);
13  boost->setPriors(cv::Mat());
14
15  //AdaBoost識別器の訓練
16  boost->train(raw_data);
17
18  //検証データの生成
19  testSample.at<float>(0) = 5.0;
20  testSample.at<float>(1) = 3.6;
21  testSample.at<float>(2) = 1.3;
22  testSample.at<float>(3) = 0.25;
23
24  //検証データの予測
25  response = (int)boost->predict( testSample );
26
27  //予測結果の表示
28  std::cout << "Adaboost response――> " << response << std::endl;
```

練習問題

❶ UCI リポジトリで公開されている Pima Indians Diabetes データセットを読み込み，Discret AdaBoost による識別器を訓練して，検証データを与えてラベル値を予測するプログラムを作成せよ．

❷ Pima Indians Diabetes データセットを読み込み，全体の 90％を訓練データとして用いて，Discrete AdaBoost による識別器を訓練し，残りの 10％を検証データとして与えて，それらの観測値に対する正解率を計算するプログラムを作成せよ．また，識別器を Real AdaBoost に変更して，Discrete AdaBoost との性能差を検証せよ．

[1] Y. Freund and R. E. Schapire: A decision-theoretic generalization of on-line learning and an application to boosting, *Journal of Computer and System Sciences*, Vol. 55, pp. 119–139, 1997.

[2] J. H. Friedman, T. Hastie, and R. Tibshirani: Additive logistic regression: A statistical view of boosting, *The Annals of Statistics*. Vol. 28, No. 2, pp. 337–407, 2000.

[3] P. Viola and M. J. Jones: Rapid object detection using a boosted cascade of simple features, In *Proc. of Conference on Computer Vision and Pattern Recognition (CVPR)*, pp. 511–518, 2001.

Chapter 20 識別器の性能評価

ここまで，さまざまな機械学習法（主に識別器）を紹介してきた．識別器は，入力データ **x** から，対応するクラスのラベル値 $L_i \in \{L_1, \ldots, L_K\}$ を出力として求める方法である．この際，入力データからクラスのラベル値（出力）を求める関数のことを識別関数という．出力の求め方に注目して識別器を分類すると，出力を (A) 関数値の正負，(B) 距離の大小，(C) 事後確率の大小，(D) 木構造の終端ノードとして求める方法に大別できる．

(A) 関数値の正負によって求める方法
　　多層パーセプトロンやサポートベクトルマシン
(B) 距離の大小によって求める方法
　　最近傍法
(C) 事後確率の大小によって求める方法
　　ベイズ識別
(D) 木構造の終端ノードによって求める方法
　　決定木

識別問題の場合，これらの識別器の識別関数を求めることを訓練と呼ぶ．訓練するためには，入力データとそのデータに対応するクラスを指定したラベル値を組にしたデータが必要となる．

さまざまな機械学習アルゴリズムの訓練の主たる目的は，第 10 章で述べたように汎化能力を得ることである．また，機械学習アルゴリズムの訓練の際の注意点としては，第 11 章で述べたように過剰適合や過学習と呼ばれる問題を抱えていることである．機械学習アルゴリズムの訓練の際には，汎化能力を高め，過学習が発生しないようにすることが重要である．

20.1 データの分割

そこで，機械学習アルゴリズムの汎化能力を高め，過学習が発生しないようにするための対処法の 1 つとして，訓練する際には，手元にあるすべてのデータを訓練データと検証データに分けることがよく行われる．この分け方には以下に示すようなものがある．

1. **ホールドアウト法** (holdout)

   手元にあるデータを2つに分割して，1つを訓練データ，もう1つを検証データに用いる．分割は，おおむね 2/3 を訓練データ，残りを検証データと分割することが多い．ただし，手元にあるデータが大量にある場合でないと，この分割方法はよい性能評価を与えない．大量にない場合はデータに偏りが生じて，訓練データを用いた性能評価はよくなるが，検証データを用いた性能評価は悪くなることが多い．

2. **K 分割交差検証法** (K-fold cross validation)

   手元にあるデータを，それぞれ K 個のグループに分割し，$K-1$ 個のグループのデータを訓練データとして用いて，残りの1つのグループのデータを検証データとする．この操作を K 回繰り返して，それら K 回の性能評価の平均を最終的な性能評価値とする．一般的に，この方法がよく用いられる．$K=10$ に設定するのがよいという報告がある[1]．

3. **一個抜き法** (lease-one-out)，**ジャックナイフ法** (Jackknife)

   K 分割交差検証法における K を，データ数と同じ回数に設定して行う交差検証法である．つまり，1個を除いたすべての訓練データで訓練し，除いた1個で検証することを，データ数と同じ回数繰り返す．

機械学習アルゴリズムの汎化能力を高め，過学習が発生しないようにするための他の対処法としては，学習アルゴリズム自体を変えたり，各アルゴリズムにおけるパラメータを調整したりする．

20.2　識別器の性能評価

2 クラスの識別問題では，あるデータが1つのクラスに属しているか否かを判断する．その際，属していると判断する場合を**陽性** (positive)，属していないと判断する場合を**陰性** (negative) とする．ある入力データの真のクラスが既知である場合に，ある識別器によってその入力データのクラスを識別した結果を表として表すことができる．この表のことを**混同行列** (confusion matrix) と呼ぶ（**表 20.1**）．

表 20.1　混同行列

		識別されたクラス	
		+	−
真のクラス	+	true positive	false negative
	−	false positive	true negative

あるデータの真のクラスが陽性である場合に，識別器により出されたクラスが陽性 (true positve)・陰性 (false negative) であるという2通りの識別結果となる可能性がある．同様に，ある入力データの真のクラスが陰性である場合にも，識別器により出されたクラスが陽性 (false positive)・陰性 (true negative) であるという 2 通りの識別結果となる可能性がある．したがって，混同行列は 2 行 2 列の行列となる．行列の要素は，ある識別器に大量の入力データを与えて識別したときの前述した 4 通りの事象の発生件数となる．

2 クラスの識別問題の場合には，一般的に，識別器の性能を評価する指標として，この混同行列の 4 つの要素を用いた以下に示す 6 種類の値を用いる．

1. **偽陽性率** (false positive rate)

$$偽陽性率 = \frac{\text{false positive}}{\text{false positive} + \text{true negative}} \tag{20.1}$$

2. **真陽性率** (true positive rate)

$$真陽性率 = \frac{\text{true positive}}{\text{true positive} + \text{false negative}} \tag{20.2}$$

3. **適合率** (precision)

$$適合率 = \frac{\text{true positive}}{\text{true positive} + \text{false positive}} \tag{20.3}$$

4. **再現率** (recall)

   真陽性率と同じ

5. **正解率** (accuracy)

$$正解率 = \frac{\text{true positive} + \text{true negative}}{\text{true positive} + \text{false negative} + \text{false positive} + \text{true negative}} \tag{20.4}$$

6. F **値** (F-measure)

$$F \text{値} = \frac{2}{\frac{1}{\text{precision}} + \frac{1}{\text{recall}}} \tag{20.5}$$

偽陽性率は，偽であるデータのうち，偽であると識別できなかったものの割合を表している．真陽性率は，真であるデータのうち，真であると識別できた割合を表している．適合率は，真であると識別したもののうち，真であるデータについて真であると識別できた割合を表している（**精度**ともいう）．再現率は，真であると考えられるデータのうち，真であると識別できた割合を表している（**検出率**ともいう）．数式的には，真陽性率と同じである．真陽性率を計算する場合は，あらかじめ真であるデータの個数が正確に分かっていることが前提となる．正解率は，真・偽のデータを正しく分類できた割合を表している．1 から正解率を引いたものは**誤り率**という．F 値は，適合率と再現率の調和平均をとったものである．適合率と再現率の間には，片方が大きければもう一方が小さくなるという関係があるため，F 値では両者の調和平均をとった値を考慮している．

20.3 OpenCV(C++)による識別器の性能評価のための実装

20.3.1 訓練データと検証データの分割

まず，関数 cv::ml::TrainData::create や関数 cv::ml::TrainData::loadFromCSV により生成された訓練データを，訓練用と検証用に分割するために cv::ml::TrainData クラスの中で関数 setTrainTestSplitRatio が用意されている．

```
virtual void cv::ml::TrainData::setTrainTestSplitRatio(
        double ratio,
        bool shuffle
)
```

この関数のそれぞれの引数には，次のような値などを設定する．

- ratio：全データ数に対する訓練データ数の割合を指定する．
- shuffle：この引数に true または false の値を指定する．

この関数がプログラム中で使用されない場合は，すべてのデータが訓練に使用されることになる．この関数を使用することにより，1つの訓練データ集合の ratio で指定される割合のデータを使用して訓練し，残りの訓練データを検証データとして使用する．例えば，訓練データ全体の 80％ を訓練データとして使用し，残りを検証データとして使用する場合には，引数 ratio には 0.8 を設定する．

このようにして，1つの訓練データ集合を訓練・検証データに分離した後，訓練データから，特徴ベクトルのデータやその特徴ベクトルに対応するスカラ値のデータを取り出すために，関数 getTrainSamples と関数 getTrainResponses が用意されている．

```
virtual Mat cv::ml::TrainData::getTrainSamples(
        int layout,
        bool compressSamples = true,
        bool compressVars = true
)
```

この関数の戻り値は，訓練データの特徴ベクトルデータが保存された cv::Mat 型の行列である．この関数のそれぞれの引数には，次のような値などを設定する．

- `layout`：1つの訓練データが配置されている様子を示す値（`ml::SampleTypes`で定義されている値）を指定する．デフォルトの値は `ROW_SAMPLE` である．
- `compressSamples`：この引数に `true` または `false` を指定する．デフォルトの値は `true` である．`true` の場合，この関数は訓練データのみを返す．
- `compressVars`：この引数に `true` または `false` を指定する．デフォルトの値は `true` である．`true` の場合，この関数は有効な特徴変数を含む訓練データのみを返す．

```
virtual Mat cv::ml::TrainData::getTrainResponses()
```

この関数の戻り値は，訓練データの各特徴ベクトルに対応するスカラ値のデータが保存された `cv::Mat` 型の訓練データ数 ×1 の行列である．

また，関数 `setTrainTestSplitRatio` により訓練データを，訓練用と検証用に分割された後に，訓練・検証データとして選ばれたデータの元の訓練データ集合におけるインデックス（要素番号）のみを取り出す次のような関数も用意されている．

```
virtual Mat cv::ml::TrainData::getTrainSampleIdx()
virtual Mat cv::ml::TrainData::getTestSampleIdx()
```

元の訓練データ集合が関数 `cv::ml::TrainData::loadFromCSV` により生成された訓練データ集合である場合に，これらの関数を用いると元の訓練データ集合の中で，どのデータが訓練・検証データとして使用されているかを調べることができる．

また，OpenCV3.0 の機械学習用 API では，`cv::ml::StatModel` クラスの中で，評価のためのデータを与えると誤り率（＝ 1− 正解率）を計算する関数 `calcError` が用意されている．この関数では，内部で関数 `StatModel::predict` を使用して誤り率を計算している．

```
virtual float cv::ml::StatModel::calcError(
    const Ptr< TrainData > & data,
    bool test,
    OutputArray resp
)
```

この関数のそれぞれの引数には，次のような値などを設定する．

- `data`：`TrainData::create` によって生成された訓練または検証用データを指定する．
- `test`：`true` または `false` の値を指定する．`true` の場合，検証データに対して誤り率が計算される．`false` の場合，訓練データに対して誤り率が計算される．

- `resp`：回帰問題の場合は 2 乗平均平方根 (root mean square, RMS) 誤差，識別問題の場合は誤り率（0％ – 100％の値）が引数 `resp` で指定した配列に出力される．

元の訓練データ集合が関数 `cv::ml::TrainData::loadFromCSV` により生成された場合に，その訓練データ集合から特徴ベクトルのデータや，その特徴ベクトルに対応するスカラ値のデータを取り出すために，関数 `getSamples` と関数 `getResponses` が用意されている．

```
virtual Mat cv::ml::TrainData::getSamples()
virtual Mat cv::ml::TrainData::getResponses()
```

これらの関数と 11.4.2 節で紹介した方法を組み合わせることで，1 つの訓練データ集合からと訓練データと検証データをランダムに分割することが可能になる．

20.3.2　訓練データ・検証データに対して混同行列を計算するプログラム例

以下のプログラム例では，2 クラスの識別問題の典型例として，UCI リポジトリで公開されている Pima Indians Diabetes データセットを読み込み，全体の 90％が訓練データ，残りの 10％が検証データとなるように分割する．次に，k 最近傍識別器を構築して，訓練データにより識別器を訓練する．訓練後の識別器を用いて，訓練データや検証データに対する誤り率や混同行列を計算している．

●プログラムリスト 20.1　データに対して混同行列を計算するプログラム例

```cpp
1  #define _CRT_SECURE_NO_WARNINGS
2  #define _USE_MATH_DEFINES
3  #include <iostream>
4  #include <fstream>
5  #include <cmath>
6  #include <ctime>
7  #include <opencv2/opencv.hpp>
8
9  int main()
10 {
11     //訓練データの読み込み
12     cv::Ptr<cv::ml::TrainData> raw_data = cv::ml::TrainData::loadFromCSV("pima-
          indians-diabetes.csv", 0);
13
14     //乱数生成器を初期化．
15     cv::RNG rng((unsigned int)time(NULL));
16
17     //読み込んだデータのうち80%を訓練に使用するように設定
```

```cpp
18    raw_data ->setTrainTestSplitRatio(0.8, true);
19
20    //読み込んだすべてのデータとそのラベル
21    cv::Mat data = raw_data->getSamples();
22    cv::Mat label = raw_data->getResponses();
23
24    //訓練データとそのラベル
25    cv::Mat trdata = raw_data->getTrainSamples();
26    cv::Mat trlabel = raw_data->getTrainResponses();
27
28    //検証データのインデックスの読み込み
29    cv::Mat data_ts_idx = raw_data->getTestSampleIdx();
30    std::cout << data_ts_idx << std::endl;
31    std::cout << data_ts_idx.rows << "x" << data_ts_idx.cols << std::endl;
32
33    //混合行列を保存する配列の初期化
34    cv::Mat confusion_matrix = (cv::Mat_<double>(2,2) << 0, 0, 0, 0);
35    std::cout << "Confusion Matrix =" << confusion_matrix << std::endl;
36
37    //KNNの構築
38    cv::Ptr<cv::ml::KNearest> knn = cv::ml::KNearest::create();
39    //KNNの各種設定
40    knn->setAlgorithmType(cv::ml::KNearest::Types::BRUTE_FORCE);
41    knn->setDefaultK(3);
42    knn->setEmax(0);
43    knn->setIsClassifier(true);
44
45    //KNNの訓練
46    knn->train(raw_data);
47
48    //訓練・検証データによる誤り率の計算
49    cv::Mat train_responses, test_responses;
50    float fl1 = knn->calcError(raw_data,false,train_responses);
51    float fl2 = knn->calcError(raw_data,true,test_responses);
52
53    std::cout << "Error train " << fl1 << "(" << train_responses.rows << ")" << std::endl;
54    std::cout << "Error test  " << fl2 << "(" << test_responses.rows << ")" << std::endl;
55
56    std::cout << train_responses << std::endl;
57    std::cout << train_responses.rows << "x" << train_responses.cols << std::endl;
```

```cpp
58
59    //訓練データに対する混同行列の計算
60    for(int i = 0 ; i < train_responses.rows; i++){
61      //夏のクラス
62      int actual_response = (int)trlabel.at<float>(i,0);
63      std::cout << trdata(cv::Rect(0, i, 8, 1)) << std::endl;
64
65      //識別されたクラス
66      int response = (int)knn->predict(trdata(cv::Rect(0, i, 8, 1)));
67      std::cout << "(" << i << ") " << actual_response << "--> " << response << std::endl;
68
69      confusion_matrix.at<double>(response, actual_response)++;
70    }
71
72    std::cout << "Confusion Matrix(Train) =" << confusion_matrix << std::endl;
73    confusion_matrix = (cv::Mat_<double>(2,2) << 0, 0, 0, 0);
74
75    for (int i = 0; i < test_responses.rows; i++){
76      std::cout << "(" << (int)data_ts_idx.at<int>(0,i) << ") " << std::endl;
77    }
78
79    //検証データに対する混同行列の計算
80    for(int i = 0 ; i < test_responses.rows; i++){
81      //真のクラス
82      int actual_response = (int)label.at<float>((int)data_ts_idx.at<int>(0,i), 0);
83      std::cout << data(cv::Rect(0, (int)data_ts_idx.at<int>(0,i), 8, 1)) << std::endl;
84
85      //識別されたクラス
86      int response = (int)knn->predict(data(cv::Rect(0, (int)data_ts_idx.at<int>(0,i), 8, 1)));
87      std::cout << "(" << i << ") " << actual_response << "--> " << response << std::endl;
88
89      confusion_matrix.at<double>(response, actual_response)++;
90    }
91
92    std::cout << "Confusion Matrix(Test) =" << confusion_matrix << std::endl;
93
94    return 0;
95  }
```

20.3.3　識別器の識別境界を生成するプログラム例

ここでは，2 クラスの識別問題として，2 次元平面上のデータが与えられたときに 0 と 1 のラベル値を返す識別関数 $y = \frac{1}{2}(\sin(8x) + 1)$ を以下のように設定する．

```
// 訓練データ生成用の関数
int f(float x, float y) {
    return y > 0.5*sin(x*8)+0.5 ? 0 : 1;
}
```

この関数に基づいた訓練データを用いて k 最近傍識別器を訓練し，検証データを用いて訓練された識別器の識別結果を調査するプログラム例を示す．この際，訓練データ数を 200 個，検証データ数を 2000 個生成して，k 最近傍識別器を訓練，検証することで，大量の検証データを用いて識別した結果を用いて，疑似的に**識別境界** (decision boundary) を生成する．また，訓練，検証時に混同行列を計算する．**表 20.2**，**表 20.3** は，それぞれ訓練データに対する混同行列の計算結果，検証データに対する混同行列の計算結果を表している．**図 20.1** は，訓練データの分布の様子（データの位置とデータのラベル）を表している．データのラベルは，クラス 1 は黒，クラス 2 は白の点で示されている．**図 20.2** は，検証データの分布の様子を表している．**図 20.3** は，訓練データにより訓練した k 最近傍識別器を用いて，検証データを識別した結果のラベル値の分布の様子を表している．

●プログラムリスト 20.2　識別境界を生成するプログラム例

```
1  #define _CRT_SECURE_NO_WARNINGS
2  #define _USE_MATH_DEFINES
3  #include <iostream>
4  #include <fstream>
5  #include <cmath>
6  #include <ctime>
7  #include <opencv2/opencv.hpp>
8
9  // 識別境界を与える関数
10 int f(float x, float y) {
11    return y > 0.5*sin(x*8)+0.5 ? 0 : 1;
12 }
13
14 // 設定した関数に従ってラベル値を決定する関数
15 cv::Mat labelData(cv::Mat points) {
16    cv::Mat labels(points.rows, 1, CV_32FC1);
17    for(int i = 0; i < points.rows; i++) {
18       float x = points.at<float>(i,0);
```

```cpp
19      float y = points.at<float>(i,1);
20      labels.at<float>(i, 0) = f(x, y);
21    }
22    return labels;
23  }
24
25  int main()
26  {
27    int numTrainingPoints=200;
28    int numTestPoints=2000;
29    std::ofstream fout;
30
31    cv::Mat trainingData(numTrainingPoints, 2, CV_32FC1);
32    cv::Mat testData(numTestPoints, 2, CV_32FC1);
33
34    cv::randu(trainingData,0,1);
35    cv::randu(testData,0,1);
36
37    cv::Mat trainingClasses = labelData(trainingData);
38    cv::Mat testClasses = labelData(testData);
39
40    //訓練データの生成
41    cv::Ptr<cv::ml::TrainData> train_data = cv::ml::TrainData::create(
          trainingData, cv::ml::ROW_SAMPLE, trainingClasses);
42    //検証データの生成
43    cv::Ptr<cv::ml::TrainData> test_data = cv::ml::TrainData::create(testData,
          cv::ml::ROW_SAMPLE, testClasses);
44
45    //混同行列の初期化
46    cv::Mat confusion_matrix = (cv::Mat_<double>(2,2) << 0, 0, 0, 0);
47    std::cout << "Confusion Matrix =" << confusion_matrix << std::endl;
48
49    //KNNの構築
50    cv::Ptr<cv::ml::KNearest> knn = cv::ml::KNearest::create();
51    //KNNの各種設定
52    knn->setAlgorithmType(cv::ml::KNearest::Types::BRUTE_FORCE);
53    knn->setDefaultK(3);
54    knn->setEmax(0);
55    knn->setIsClassifier(true);
56
57    //KNNの訓練
58    knn->train(train_data);
59
```

```cpp
60   //訓練データに対する混同行列の計算
61   for(int i = 0 ; i < trainingData.rows; i++){
62     //真のクラス
63     int actual_response = (int)trainingClasses.at<float>(i,0);
64     std::cout << trainingData.row(i) << std::endl;
65
66     //識別されたクラス
67     int response = (int)knn->predict(trainingData.row(i));
68     std::cout << "(" << i << ") " << actual_response << "--> " << response << std::endl;
69
70     confusion_matrix.at<double>(response, actual_response)++;
71   }
72   std::cout << "Confusion Matrix(Train) =" << confusion_matrix << std::endl;
73
74   //訓練データの保存
75   fout.open("data-train.txt");
76   if (!fout.is_open()) {
77     std::cerr << "ERR: fout open" << std::endl;
78     return -1;
79   }
80
81   for(int i = 0 ; i < trainingData.rows; i++){
82     fout << (int)trainingClasses.at<float>(i, 0) << " " << trainingData.at<float>(i, 0) << " " << trainingData.at<float>(i, 1) << std::endl;
83   }
84   fout.close();
85
86   //検証データの保存
87   fout.open("data-test.txt");
88   if (!fout.is_open()) {
89     std::cerr << "ERR: fout open" << std::endl;
90     return -1;
91   }
92
93   for(int i = 0 ; i < testData.rows; i++){
94     fout << (int)testClasses.at<float>(i, 0) << " " << testData.at<float>(i, 0) << " " << testData.at<float>(i, 1) << std::endl;
95   }
96   fout.close();
97
98   //検証データの混同行列の初期化
99   confusion_matrix = (cv::Mat_<double>(2,2) << 0, 0, 0, 0);
```

```cpp
100
101    //訓練したKNNによる検証データの識別結果の保存
102    fout.open("data-test-predict.txt");
103    if (!fout.is_open()) {
104      std::cerr << "ERR: fout open" << std::endl;
105      return -1;
106    }
107
108    for(int i = 0 ; i < testData.rows; i++){
109      //真のクラス
110      int actual_response = (int)testClasses.at<float>(i,0);
111      std::cout << testData.row(i) << std::endl;
112
113      //識別されたクラス
114      int response = (int)knn->predict(testData.row(i));
115      std::cout << "(" << i << ") " << actual_response << "--> " << response << std::endl;
116      fout << response << " " << testData.at<float>(i, 0) << " " << testData.at<float>(i, 1) << std::endl;
117
118      confusion_matrix.at<double>(response, actual_response)++;
119    }
120    fout.close();
121
122    std::cout << "Confusion Matrix(Test) =" << confusion_matrix << std::endl;
123
124    //
125    char key = (char)cv::waitKey();
126
127    return 0;
128  }
```

表 20.2　訓練データに対する混同行列

		識別されたクラス	
		0	1
真のクラス	0	85	2
	1	2	111

表 20.3　検証データに対する混同行列

		識別されたクラス	
		0	1
真のクラス	0	779	47
	1	80	1094

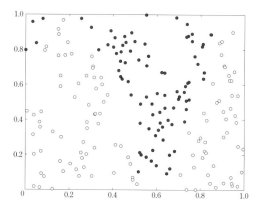

図 20.1 訓練データ生成用の関数で作成したデータの 2 次元プロット

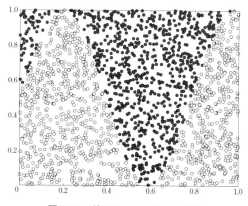

図 20.2 検証データの分布の様子

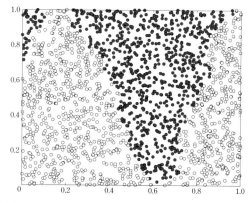

図 20.3 訓練データにより訓練した k 最近傍識別器を用いて，検証データを識別した結果のラベル値の分布の様子

練習問題

❶ 2クラスの識別問題として，2次元平面上のデータが与えられたときに0と1のラベル値を返す識別関数 $y = \frac{1}{2}(\cos(8x)+1)$ を設定して，この関数に基づいた訓練データを用いてSVMを訓練し，この際，訓練データ数を200個，検証データ数を2000個生成して，SVMを訓練，検証することで，大量の検証データを用いて識別した結果を用いて，疑似的に識別境界を生成するプログラムを作成せよ．

参考文献

[1] R. Kohavi: A study of cross-validation and bootstrap for accuracy estimation and model selection, In *Proc. of International Joint Conference on Artificial Intelligence*, pp. 1137–1143, 1995.

[2] 平井有三：はじめてのパターン認識，森北出版，2012.

付録A　OpenCVの導入

OpenCV のインストールと開発環境の準備，設定について説明する．以下の環境

- OpenCV 3.2.0 バイナリ版
- OS：Windows10 (64 bit)
- 開発環境：Visual Studio 2015 と Python3.5 系

を利用するものとして説明する．

また以下の手順において，インストール先などのパスに現れるバックスラッシュ記号 (\) は，Windows 環境では ¥ となるので，適宜読み替えてほしい．

A.1　バイナリ版（コンパイル済み）OpenCVのインストール

1. `https://github.com/opencv/opencv/releases` から，`opencv-3.2.0-vc14.exe` をダウンロードする（図 **A.1**）．

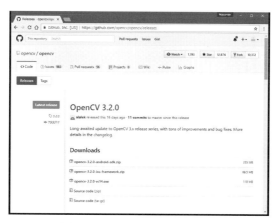

図 **A.1**　OpenCV のダウンロード

2. `opencv-3.2.0-vc14.exe` をダブルクリックするとインストーラが起動する．Extract to:

にc:\と入力してExtractをクリックする（図**A.2**）．

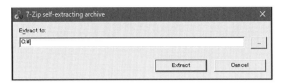

図**A.2** OpenCVのインストール

3. c:\opencvフォルダができているので，このフォルダの名前をOpenCV3.2.0に変更する．
4. コントロールパネル＞システム＞システム詳細設定＞環境変数をクリックする（図**A.3**）．

図**A.3** 環境変数Pathの設定1

5. 下段のシステム環境変数にあるPathを選択して，編集をクリックする．
6. 新規をクリックして以下のパスを入力する．入力後，OKをクリックする（図**A.4**）．
   C:\OpenCV3.2.0\build\x64\vc14\bin
7. 一度，Windowsを再起動する．

図 **A.4** 環境変数 Path の設定 2

A.2 Python と Python 用 OpenCV パッケージのインストール

1. https://www.continuum.io/downloads#windows から Anaconda 4.2.0 For Windows の Python 3.5 version 64-BIT INSTALLER (391 MB) の Anaconda3-4.2.0-Windows-x86_64.exe をダウンロードする．
2. Anaconda3-4.2.0-Windows-x86_64.exe を右クリックして，「管理者として実行する」を選択してインストールを開始する（図 **A.5**）．ここでは c:\Program Files\Anaconda3\ にインストールした．インストール完了後，PATH 再読み込みのため，一度，再起動する．

図 **A.5** Anaconda のインストーラ

3. http://www.lfd.uci.edu/~gohlke/pythonlibs/ から，opencv_python-3.2.0+contrib-cp35-cp35m-win_amd64.whl をダウンロードして，c:\Program Files\Anaconda3\ に保存する．

4. コマンドプロンプト[*1]を「管理者として実行」で起動する．
5. 念のため，インストールされた Python のバージョンを確認しておく．

```
> python
Python 3.5.2 |Anaconda 4.2.0 (64-bit)| (default, Jul  5 2016, 11:41:13)
[MSC v.1900 64 bit (AMD64)] on win32
Type "help", "copyright", "credits" or "license" for more information.
>>> exit()
```

6. 以下のコマンドを実行すると，opencv_python のインストールが完了する．

```
> cd c:\Program Files\Anaconda3
> python -m pip install --upgrade pip
Collecting pip
  Downloading pip-9.0.1-py2.py3-none-any.whl (1.3MB)
    100% |################################| 1.3MB 1.1MB/s
Installing collected packages: pip
  Found existing installation: pip 8.1.2
    Uninstalling pip-8.1.2:
      Successfully uninstalled pip-8.1.2
      Successfully installed pip-9.0.1
> pip install "opencv_python-3.2.0+contrib-cp35-cp35m-win_amd64.whl"
Processing c:\program files\anaconda3\opencv_python-3.2.0+contrib-cp35-cp35m-
  win_amd64.whl
Installing collected packages: opencv-python
Successfully installed opencv-python-3.2.0+contrib
```

7. OpenCV の Python サンプルプログラムを実行してみる．図 **A.6** は houghcircles を実行した場合の画面である．

```
> cd C:\OpenCV3.2.0\sources\samples\python\
> python houghcircle.py
```

[*1] C:\Windows\System32\cmd.exe

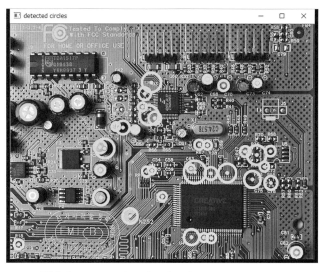

図 **A.6** Python サンプルプログラム houghcircle.py

A.3　Visual Studio の設定

1. Visual Studio を起動する．
2. ファイル ＞ 新規作成 ＞ プロジェクト ＞ インストール済み ＞ テンプレート ＞ Visual C ＋＋ ＞ 全般 ＞ 空のプロジェクトを選択する．名前を適当に設定（ここでは opencv_test ）し，場所も適当に設定する（図 **A.7**）．

図 **A.7**　Visual Studio の設定 1（プロジェクトの作成）

3. OK をクリックすると，Visual Studio のメインウインドウが現れる．
4. ソリューション構成を Release に設定する．また，ソリューションプラットフォームを x64 に

設定する（図 A.8）（選択できない場合は，構成マネージャー ＞ アクティブソリューションプラットフォーム ＞新規作成 ＞ 新しいプラットフォームを入力または選択してください，で x64 を選択 ＞ OK をクリック）．

図 A.8 Visual Studio の設定 2（ソリューションプラットフォームの変更）

5. ソリューションエクスプローラー ＞ ソースファイルを右クリック＞ 追加 ＞ 新しい項目 ＞ Visual C++ ＞ C++ファイル（.cpp）を選択する．名前を適当に設定（ここでは main.cpp）し，追加をクリックする（ソリューションエクスプローラーが表示されていない場合は，表示 ＞ ソリューションエクスプローラーを選択する）．main.cpp に以下の動作確認用プログラムを入力する．

●プログラムリスト A.1：動作確認

```
1  #define _CRT_SECURE_NO_WARNINGS
2  #define _USE_MATH_DEFINES
3  #include <iostream>
4  #include <string>
5  #include <cmath>
6  #include <opencv2/opencv.hpp>
7  std::string win_src = "src";
8
9  int main()
10 {
11     //640×480ピクセルの黒い画像
12     cv::Mat img_src = cv::Mat::zeros(cv::Size(640, 480), CV_8UC3);
13
14     // ウインドウ生成
```

```cpp
15      cv::namedWindow(win_src, cv::WINDOW_AUTOSIZE);
16
17      // 点(0,0)と点(640,480)を結ぶ太さ5の黄色の線分
18      cv::line(img_src, cv::Point(0, 0), cv::Point(640, 480), cv::Scalar(0, 255, 255), 5);
19
20      // 中心座標(320,240)，半径100，太さ3の青色の円
21      cv::circle(img_src, cv::Point(320, 240), 100, cv::Scalar(255, 0, 0), 3);
22
23      // 中心座標(500,100)，半径50，塗りつぶしの緑色の円
24      cv::circle(img_src, cv::Point(500, 100), 50, cv::Scalar(0, 255, 0), -1);
25
26      // 左上座標(100,150)，幅50，高さ150，太さ2の赤色の矩形
27      cv::rectangle(img_src, cv::Rect(100, 150, 50, 150), cv::Scalar(0, 0, 255), 2);
28
29      // 左上座標(50,350)，幅200，高さ50，塗りつぶしの紫色の矩形
30      cv::rectangle(img_src, cv::Rect(50, 350, 200, 50), cv::Scalar(255, 0, 255), -1);
31
32      // 左下座標(300,450)，倍率3，太さ5の水色の文字列123
33      cv::putText(img_src, "123", cv::Point(300, 450), 0, 3, cv::Scalar(255, 255, 0), 5);
34
35      // 表示
36      cv::imshow(win_src, img_src);
37
38      // キー入力待ち
39      cv::waitKey(0);
40
41      return 0;
42  }
```

6. ソリューションエクスプローラー＞プロジェクト名（ここでは opencv_test）を右クリックし，プロパティ＞構成プロパティを開き，以下を設定する．

   (a) C/C++ ＞全般＞追加のインクルードディレクトリに以下を設定する（図 **A.9**）．
       C:\OpenCV3.2.0\build\include;

図 A.9 Visual Studio の設定 3（追加のインクルードディレクトリの入力）

(b) リンカー > 全般 > 追加のライブラリディレクトリに以下を設定する（図 A.10）.
C:\OpenCV3.2.0\build\x64\vc14\lib;

図 A.10 Visual Studio の設定 4（追加のライブラリディレクトリの入力）

(c) リンカー > 入力 > 追加の依存ファイルに以下を設定する（図 A.11）.
opencv_world320.lib

図 **A.11** Visual Studio の設定 5（追加の依存ファイルの入力）

(d) OK をクリックして設定を終了する．
7. ビルド > opencv_test のビルド．問題がなければ，デバッグ > デバッグなしで開始，でプログラムが実行される（図 **A.12**．口絵 8 ページ参照）．

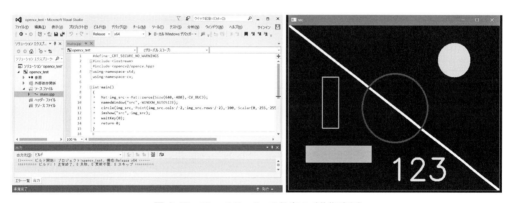

図 **A.12** Visual Studio の設定 6（動作確認）

A.4 トラブルシューティング

A.4.1 include ファイルを開けません

ビルド時に

```
include ファイルを開けません。
'opencv2/opencv.hpp':No such file or directory
```

(スクリーンショット)

のようなエラーが出てビルドに失敗する場合は，

- 追加のインクルードディレクトリの設定
- 追加のインクルードディレクトリに設定したフォルダの下に，opencv2/opencv.hpp があるか

を確認する．

A.4.2 'opencv_world320.lib' を開けません

ビルド時に

のようなエラーが出てビルドに失敗する場合は，

- 追加の依存ファイルの設定
- 追加のライブラリディレクトリの設定
- 追加のライブラリディレクトリに設定したフォルダの下に，opencv_world320.libがあるか

を確認する．

A.4.3　アプリケーションエラー

ビルドは問題なく通るが，実行時に

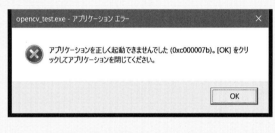

アプリケーションを正しく起動できませんでした（0xc000007b）。[OK]をクリックしてアプリケーションを閉じてください。

のエラーが出る場合は，リンクしたlibと読み込まれるdllのプラットフォーム不一致が原因のため，

- Visual Studioのソリューションプラットフォームの設定
- 追加のライブラリディレクトリの設定
- 環境変数Pathの設定

を確認する．

A.4.4　システムエラー

ビルドは問題なく通るが，実行時に

> コンピューターに opencv_world320.dll がないため，プログラムを開始できません。この問題を解決するには，プログラムを再インストールしてみてください。

のエラーが出る場合は，

- 環境変数 Path の設定
- 設定した環境変数 Path のフォルダの下に opencv_world320.dll があるか

を確認する．

A.5 contrib モジュールを導入した OpenCV のビルド

　OpenCV のビルドには CMake が必要である．CMake は環境に合わせてビルド設定を生成してくれるツールである．https://cmake.org/download/ から，Latest Release のインストーラ (Binary distributions の msi ファイル) をダウンロードして，インストールしておいてほしい．また以下の手順は，プロキシ環境下では失敗する場合があるため注意してほしい．

1. https://github.com/opencv/opencv/releases から，opencv-3.2.0-vc14.exe をダウンロードして，実行する．
2. インストーラが起動するので，Extract to: に C:\ を入力して Extract をクリックする．
3. c:ドライブに opencv フォルダができているので，このフォルダ名を OpenCV3.2.0 に変更する．
4. https://github.com/opencv/opencv_contrib/releases から，contrib の 3.2.0 の zip をダウンロードして，C:\opencv_contrib-3.2.0 に展開する．
5. cmake-gui.exe を実行する．
6. Where is the source code に C:/OpenCV3.2.0/sources，
   Where to build the binaries に C:/OpenCV3.2.0/build
   を設定する (図 **A.13**)．

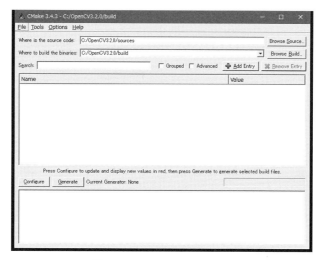

図 **A.13** OpenCV のビルド 1

7. Configure をクリックし，Visual Studio 14 2015 Win64, Use default native compilers を選択して，Finish をクリックする（図 **A.14**）．

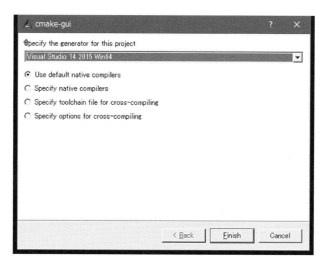

図 **A.14** OpenCV のビルド 2

8. OPENCV_EXTRA_MODULES_PATH に，C:/opencv_contrib-3.2.0/modules を入力し，Configure をクリックする．
9. 以下のチェックを外す（図 **A.15**）．
    BUILD_opencv_bioinspired
    BUILD_opencv_contrib_world
    BUILD_opencv_python3

```
BUILD_DOCS
BUILD_PERF_TESTS
BUILD_TESTS
BUILD_opencv_world
WITH_CUDA
WITH_EIGEN
WITH_VTK
```

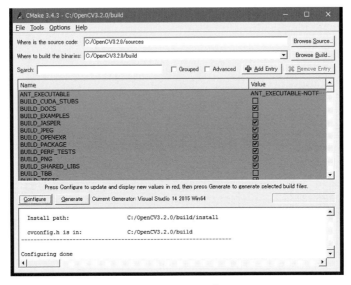

図 **A.15** OpenCV のビルド 3

10. 再度 Configure をクリックすると，警告（赤色の表示）がすべて消える．
11. Generate をクリックすると，Generating done が表示される．以上で Cmake を終了する．
12. `C:\OpenCV3.2.0\build\OpenCV.sln` を Visual Studio 2015 で開く．
13. メニュー ＞ 表示 ＞ ソリューションエクスプローラー，でソリューションエクスプローラーを表示して，ソリューションエクスプローラー ＞ CMakeTargets ＞ INSTALL を右クリックして，「スタートアッププロジェクトに設定」をクリックする（図 **A.16**）．

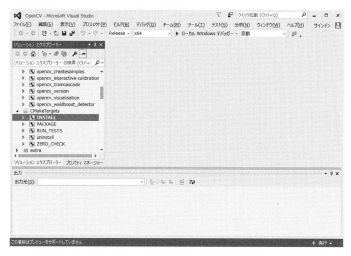

図 **A.16** OpenCV のビルド 4

14. ソリューション構成を Release, ソリューションプラットフォームを x64 に設定する.
15. メニュー ＞ ビルド ＞ ソリューションのビルドをクリックするとビルドが開始する. Core i7 2.5 GHz 環境で 5 分程度の時間を要する.
16. 問題なければ, ソリューション構成を Debug に設定し, 上記と同様にビルドしてみる.
17. 環境変数 PATH に以下を追加して再起動する.
    `C:\OpenCV3.2.0\build\bin\Release;C:\OpenCV3.2.0\build\bin\Debug;`
18. `C:\opencv_contrib-3.2.0\modules\xfeatures2d\include\opencv2` 内のすべて (xfeatures2d フォルダと xfeatures2d.hpp) を `C:\OpenCV3.2.0\build\include\opencv2` にコピーする.
19. `C:\opencv_contrib-3.2.0\modules\tracking\include\opencv2` 内のすべて (tracking フォルダと tracking.hpp) を `C:\OpenCV3.2.0\build\include\opencv2` にコピーする.
20. これらは本書で必要となる最低限のヘッダファイルである. 必要に応じて追加されたい.

A.6　contrib モジュールを導入した OpenCV での Visual Studio の設定変更

contrib モジュールを導入した OpenCV を使う場合は, Visual Studio のリンカーの設定に変更が必要である. 追加の依存ファイルに設定しているライブラリ (lib) は本書で必要となる最低限の依存ファイルのみである. 必要に応じて追加されたい.

1. ソリューションエクスプローラー＞プロジェクト名 (ここでは opencv_test) を右クリック＞プロパティ＞構成プロパティを開き, 以下を設定する.

- リンカー
  - 全般 ＞ 追加のライブラリディレクトリ C:\OpenCV3.2.0\build\lib\Release;
  - 入力 ＞ 追加の依存ファイル opencv_core320.lib; opencv_imgproc320.lib; opencv_imgcodecs320.lib; opencv_highgui320.lib; opencv_videoio320.lib; opencv_features2d320.lib; opencv_xfeatures2d320.lib; opencv_tracking320.lib;

豆知識　NuGet によるパッケージ管理

　最近の Visual Studio には NuGet という便利なパッケージ管理機能が付いている（メニュー＞ツール＞ NuGet パッケージマネージャー＞ソリューションの NuGet パッケージの管理を開いて，「参照」タブを選択して opencv3 などで検索）．

　これを使えば面倒なインストールや設定をしなくても，すぐに OpenCV が利用できるようになる．しかしヘッダのインクルードやライブラリのリンクなどの設定が自動的に行われるため，実行ファイルが生成されるまでの手順を理解する機会が喪失してしまう．また本章で説明した一連の作業は OpenCV に特化したものではなく，他のライブラリにおいても同様の手順で利用可能になる，応用の効くものである．そのため本書では，教育的観点から NuGet を使わずに手動でインストールする方法を採用する．

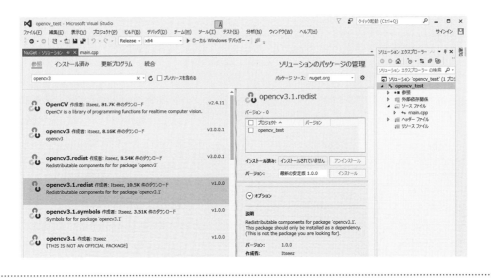

A.7　Visual Studio のプロパティシートの作成

プロジェクトを作成するたびに，インクルードやリンカの設定をするのは面倒である．そこでプロパティシートを作成して手間を省く方法を紹介する．

まず以下の手順で OpenCV3.2.0 用のプロパティシートを作成する．

1. メニュー ＞ 表示 ＞ プロパティマネージャー，＞ プロパティウィンドウを選択すると，メインウィンドウにプロパティマネージャーが表示される（図 **A.17**）．

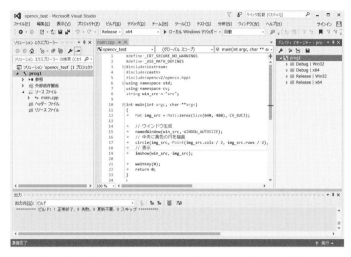

図 **A.17**　Visual Studio のプロパティマネージャーの設定 1

2. プロジェクト名を右クリックし，「新しいプロジェクトプロパティシートの追加」を選択する．
3. 名前を，`PropertySheet_OpenCV3.2.0.props` として，追加をクリックする（図 **A.18**）．

図 **A.18**　Visual Studio のプロパティマネージャーの設定 2

4. プロパティマネージャーの prog1 内の「Release | x64」を右クリックしてプロパティを選択する．
5. 追加のインクルードディレクトリ，追加のライブラリディレクトリ，追加の依存ファイルを適宜，設定して OK をクリックする．

新しいプロジェクト（ここでは prog2 とする）を作成した際には，プロパティマネージャーの prog2 内の「Release | x64」を右クリックして，既存のプロパティシートの追加を選択し，先ほど作成した `PropertySheet_OpenCV3.2.0.props` を選択すれば各種設定は完了する（図 **A.19**）．

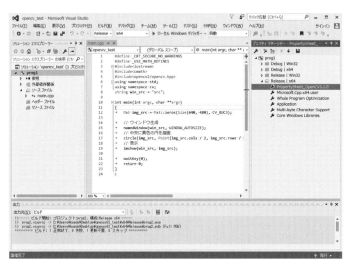

図 **A.19** Visual Studio のプロパティマネージャーの設定 3

A.8　Visual Studio で Python を使用する

Python Tools for Visual Studio (PTVS) を使うと，Visual Studio 上で Python のプログラミングが可能になる．エディタの補完機能や，マウスオーバーによるヘルプ機能，デバッガなど強力なツール群が使用でき，開発効率の向上が期待できる．PTVS のインストールと使用までの手順を以下にまとめる．

1. Python Tools for Visual Studio の Web ページ（`https://microsoft.github.io/PTVS/`）をブラウザで開く．
2. 右上の，Downloads ＞ Latest Build ＞ Python Tools for VS 2015 をクリックし，最新版のインストーラ（執筆時は `PTVS 2.2.5 VS 2015.msi`）をダウンロードする．

3. Visual Studio が起動している場合は先に終了させてから，インストーラを実行し，インストールする（図 **A.20**）．

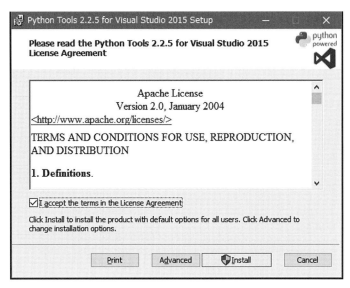

図 **A.20**　PTVS の設定 1

4. Visual Stuido 2015 を起動し，ファイル ＞ 新規作成 ＞ プロジェクト ＞ 他の言語 ＞ Python をクリックし，Python Application を選択する．適当なソリューション名，プロジェクト名を付けて，OK をクリックする（図 **A.21**）．

図 **A.21**　PTVS の設定 2

5. ソリューションエクスプローラー ＞ プロジェクト名の下にある References を右クリックし，
   ＞ 参照の追加 ＞ 参照タブをクリックし，
   `C:\Program Files\Anaconda3\Lib\site-packages\cv2.cp35-win_amd64.pyd`
   を選択して，OK をクリックする（図 **A.22**）．

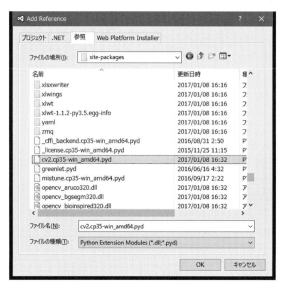

図 **A.22** PTVS の設定 3

6. プログラムを入力し，「メニュー ＞ デバッグ ＞ デバッグなしで開始」で実行を確認する
   （図 **A.23**）．

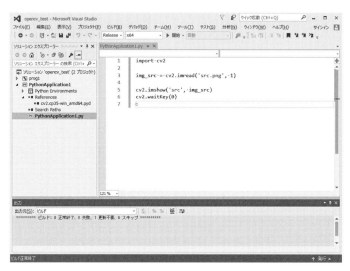

図 **A.23** PTVS の設定 4

索引

欧文

AdaBoost ····································· 248, 249
AKAZE ··· 32, 33
AOS ··· 32
BRIEF ·· 35
CAMshift ··· 64
Canny エッジ検出 ································· 15, 16
CART ·· 222
CIFAR-10 ··· 164
coarse-to-fine 手法 ································· 48
contrib モジュール ··························· 280, 283
C-SVM ·· 208
Discrete AdaBoost ································ 249
DoG 画像 ·· 28
E 行列 ··· 110
FAST ··· 35
FED ·· 32
Fisher-Yates 法 ···································· 163
FLANN ··· 83
F 行列 ······································· 111, 129
F 行列推定 ··· 131
F 値 ·· 257
Gaussian オペレータ ································· 7
Gini 関数 ··· 223
Gunnar Farneback アルゴリズム ···················· 49
Harris の手法 ·· 9
Hough 変換 ··· 18
ImageNet ··· 164
Jaccard 係数 ······································ 181
Kanade-Lucas-Tomasi の手法 ························ 6
KAZE ·· 32, 33
KKT 条件 ··· 205
K-means 法 ······························· 154, 183, 184
k 最近傍法 ······················· 83, 154, 188, 190
K 分割交差検証法 ·································· 256
K 分割交差検定 ··································· 216
L1 ノルム ··· 181
L2 ノルム ··· 181
Lucas-Kanade 法 ··································· 42
Lucas-Kanade 法を用いたオプティカルフロー ······· 45
meanshift ··· 60
M-LDB ··· 32
MNIST ·· 164
Moravec の手法 ······································ 6
One-Versus-One 法 ································ 212
One-Versus-Rest 法 ································ 212
ORB ·· 35, 36
Prewitt オペレータ ·································· 8
PROSAC ··· 85
RANSAC ··· 85
ReLU 関数 ·· 237
SfM ··· 147
SIFT ·· 28, 30
SIR フィルタ ······································ 72
Sobel オペレータ ···································· 8
Stitcher クラス ····································· 92
SUN Database ··································· 164
SURF ··· 29, 30
Tracking API ······································ 79
UCI Machine Learning Repository ················ 164
Zhang のキャリブレーション手法 ·················· 119

あ

アフィン不変性 ····································· 28
誤り率 ·· 257
アルファブレンディング ···························· 87
アンセンテッドカルマンフィルタ ····················· 68

い

異常検知 ··· 211
一様分布 ··· 159
一個抜き法 ······································· 256
イメージスティッチング ···························· 81
イメージモザイキング ······························ 81
陰性 ··· 256
隠蔽 ·· 72

う

運動復元 ··· 41

え

エッジ ·· 5
エッジ検出 ·· 6
エピポーラ幾何 ··································· 107
エピポーラ拘束 ··································· 108
エピポーラ線 ································ 107, 108
エピポーラ平面 ··································· 108
エピポール ······································· 108

289

お

オクルージョン	72
オプティカルフロー	41
オンライン学習	236

か

回帰	153
階層的クラスタリング	182
回転不変性	28
外部パラメータ	99
ガウス過程	68
ガウス性	68
ガウス分布	68
過学習	155
拡張カルマンフィルタ	68
確率的勾配降下法	237
隠れ層	232
過剰適合	155
画像座標系	97
画像の減色処理	187
画像ピラミッド	45, 48
画像レジストレーション	81, 88
活性化関数	231
カテゴリカルデータ	180
カーネル関数	210
カーネルトリック	203, 209, 211
可変コンダクタンス拡散	32
カメラキャリブレーション	113
カメラ校正	113
カメラ座標系	97
カメラ内部行列	102
カルマンフィルタ	68
頑健	28
関数近似	153
完全連結法	183
観測方程式	68

き

機械学習	153
疑似逆行列	115, 171
基礎行列	111
輝度勾配	8
基本行列	110
教師あり学習法	153
教師なし学習法	153
凝集型階層的クラスタリング	183
偽陽性率	257
共分散行列	168
行列式	8
局所特徴量記述	27
虚像平面	95
距離尺度	179
寄与率	169

く

クラスター分析	179
クラスタリング	153, 179
グラム行列	211
グリッドサーチ	216
群平均法	183
訓練データ	155

け

形式ニューロン	230
決定木	154, 221
検出率	257
検証データ	155

こ

光軸	95
構造テンソル	8
勾配	43
勾配法	41
誤差	68
誤差逆伝播	235
誤差逆伝播法	232, 236
誤差伝播	233
コーナー	5
コーナー検出	6, 11
固有値	8, 169
固有値問題	168
固有ベクトル	8, 169
混同行列	256
コンピュータビジョン	1

さ

最急降下法	232
最近傍法	188
再現率	257
最小固有値法	6
最小メジアン法	85
最短距離法	182
最長距離法	183
再投影誤差	147

細胞体	229	焦点	95
最尤推定法	199	焦点距離	95
雑音	68	焦点面	95
座標値	27	神経細胞	229
差分 2 乗和	6, 55	神経伝達物質	229
差分絶対値和	6, 55	深層学習	229
サポートベクトル	203, 207	真陽性率	257
サポートベクトルマシン	154, 203		
三角不等式	180	**す**	
3 次元再構成	139	スケール不変性	28
		ステレオ視	140
し		スネーク	14
閾値	6	スネーク曲線	14
識別	153	スラック変数	207
識別器	154		
識別規則	189	**せ**	
識別境界	263	正解率	257
識別平面	203	正規化	28
軸索	229	生起確率	197
シグモイドカーネル	211	正規化差分 2 乗和	56
シグモイド関数	231	正規化 8 点アルゴリズム	131
次元圧縮	153, 168	正規分布	68, 159
事後確率	197	精度	257
自己相関関数	7	ゼロ交差法	14
視差	142	線形カーネル	211
視差画像	142	線形識別関数	203
事前確率	197	線形分離可能	203
質的データ	180	線形分離不可能	203
シナプス	229	剪定	222
射影不変性	28	全分散量	169
射影変換	83, 86		
弱識別器	248	**そ**	
ジャックナイフ法	256	相違度	55
終端ノード	221	双曲線正接関数	235
周辺化	198	走査	55
周辺確率	198	双対問題	205
樹状突起	229	ソフトクラスタリング	179
主成分	169	ソフトマージン識別器	207
主成分分析	154, 168	ソフトマージン法	203
出力層	232		
主問題	205	**た**	
順伝播	234	対角化	8
順伝播型	232	対角和	9
条件付き確率	197	対称行列	8
状態推定	73	対称性	180
状態ベクトル	68	多項式カーネル	211
状態方程式	68		

た

多次元正規分布	198
多層パーセプトロン	232
探索窓	60
単純パーセプトロン	232
単連結法	182

ち

| 逐次的学習 | 236 |
| 逐次モンテカルロフィルタ | 72 |

て

適合率	257
デンドログラム	182
テンプレートマッチング	55

と

動径基底関数カーネル	211
同時確率	197
同次座標	97
透視投影変換行列	100
動的輪郭検出法	14
投票	19
特異値	170
特異値分解	8, 170
特性方程式	8
特徴	5, 155
特徴空間	155
特徴検出	5
特徴点検出	27
特徴ベクトル	27, 155
特徴量記述	27
特徴量記述子	27

な

内積カーネル	211
内部ノード	221
内部パラメータ	101, 102
ナイーブベイズ識別器	197
ナブラ演算子	43

に

ν-SVM	209
入力層	232
ニューラルネットワーク	154, 229, 232
ニューロン	229

ね

| ネット入力 | 231 |

の

| ノード | 221 |

は

バイアスユニット	231
媒介変数表示	18
外れ値	85
外れ値検出	211
パーセプトロン	232
パターン空間	155
8点アルゴリズム	130
バッチ学習	236
パーティクルフィルタ	72
ハードクラスタリング	179
葉ノード	221
パラメトリック方程式	18
汎化能力	153
反射律	180
バンドル調整	147

ひ

非階層的クラスタリング	183
非負性	180
微分の連鎖律	234
非類似度	179
ピンホールカメラモデル	95

ふ

不純度	223
ブースティング	154, 248
物体追跡	55
部分空間	168
不変性	28
不良設定問題	2
ブルートフォース	83
プロトタイプベクトル	183
フローベクトル	41
分割規則	222
分割指数	223

へ

平行ステレオ	140
ベイズ識別	154
ベイズ識別器	197

ベイズの定理 197

ほ
方向余弦 181
ホモグラフィ 83
ホモグラフィ行列 85
ホールドアウト法 256

ま
マージン 203
マージン最大化 203
窓枠問題 5
マハラノビス距離 181
マンハッタン距離 180, 181

み
ミニバッチ学習 237
ミンコフスキー距離 180

め
明度不変性 28

ゆ
尤度 197
尤度関数 72
ユークリッド距離 180, 181
ユニット 231

よ
陽性 256

予測 73

ら
ラグランジュ関数 205
ラグランジュの未定乗数法 205
ラベル 155
乱数生成 156

り
離散化 104
離散時間カルマンフィルタ 68
リサンプリング 73
粒子フィルタ 72
量的データ 180
輪郭線検出 13
リンク 221

る
類似度 55, 179
累積寄与率 169
ルートノード 221

れ
レンズ中心 95
レンズ歪み 103

わ
歪対称行列 110
ワールド座標系 96
1 クラス SVM 211

プログラム関連用語索引

A
addWeighted() 87
AKAZE 33
Algorithm::load() *194, 201, 218, 227, 244, 252*
Algorithm::save() *193, 201, 218, 227, 244, 252*

B
BFMatcher 83

C
calcOpticalFlowFarneback() 49
calcOpticalFlowPyrLK() 45
calibrateCamera() 124
CamShift() 64
Canny() 15
cornerHarris() 10
cornerMinEigenVal() 10
cornerSubpix() 124
create() *29, 33, 36*

D
decomposeProjectionMatrix() 116
DescriptorMatcher *29, 33, 36*
detectAndCompute() *29, 33, 36*
drawMatches() *29, 33, 36*

E
EqualizeHist 124

F
Filter::KalmanFilter() 69
findChessboardCorners() 124
findEssentialMat() 133
findFundamentalMat() 132
findHomography() 85
FlannBasedMatcher 83

G
goodFeaturesToTrack() 10

H
HoughCircles() 20
HoughLines() 19

K
KAZE 33
kmeans() 185
kmeans クラスの使用例 186

L
loadFromCSV() 164

M
match() 29
matchTemplate() 56
Matplotlib 166
meanShift() 60
minMaxLoc() 56
ml::ANN_MLP::create() *239*
ml::ANN_MLP::setActivationFunction() *242*
ml::ANN_MLP::setLayerSizes() *239*
ml::ANN_MLP::setTermCriteria() *242*
ml::ANN_MLP::setTrainMethod() *241*
ml::ANN_MLP クラスの使用例 *244*
ml::Boost::create() *250*
ml::Boost クラスの使用例 *253*
ml::DTrees::create() *224*
ml::DTrees クラスの使用例 *227*
ml::KNearest::create() *190*
ml::KNearest::findNearest() *193*
ml::KNearest クラスの使用例 *194*
ml::NormalBayesClassifier::create() *199*
ml::NormalBayesClassifier クラスの使用例 *201*
ml::StatModel::calcError() *259*
ml::StatModel::predict()
 ...... *192, 200, 217, 226, 243, 252*
ml::StatModel::train()
 ...... *191, 200, 216, 225, 243, 251*
ml::SVM::create() *213*
ml::SVM::getSupportVectors() *217*
ml::SVM::trainAuto() *216*
ml::SVM クラスの使用例 *219*
ml::TrainData *161*
ml::TrainData::create() *161*
ml::TrainData::getTestSampleIdx() *259*
ml::TrainData::getTrainResponses() *259*
ml::TrainData::getTrainSampleIdx() *259*
ml::TrainData::getTrainSamples() *258*

ml::TrainData::loadFromCSV() ·················· 164
ml::TrainData::setTrainTestSplitRatio() ··········· 258

O
ORB ·· 36

P
PCA pca() ··· 173
PCA::PCA() ··· 172
PCA::project() ·· 173
PCA クラスの使用例 ································· 173

R
randShuffle() ··· 163
recoverPose() ·· 134
RNG rng() ·· 156
RNG::gaussian() ······································ 157
RNG::uniform() ······································· 156

RotatedRect ··· 65

S
sfm::reconstruct() ···································· 148
solve() ·· 116
StereoBM ·· 144
StereoBM::create() ··································· 144
StereoMatcher::compute() ························ 144
Stitcher ··· 92
SVD::compute() ······································ 176
SVD クラスの使用例 ································ 177

W
warpPerspective() ····································· 86

X
xfeatures2d ··· 29

295

著者紹介

中村恭之 博士（工学）
1996年 大阪大学大学院工学研究科電子制御機械工学専攻博士後期課程修了
現　在 和歌山大学システム工学部 教授
著　書 『中型ロボットの基礎技術』共立出版 (2005)
　　　　『OpenCVによる画像処理入門 改訂第2版』講談社 (2017) など

小枝正直 博士（工学）
2005年 奈良先端科学技術大学院大学情報科学研究科情報システム学専攻
　　　　博士後期課程修了
現　在 大阪電気通信大学総合情報学部 准教授
著　書 『OpenCV3 プログラミングブック』マイナビ (2015)
　　　　『OpenCVによる画像処理入門 改訂第2版』講談社 (2017) など

上田悦子 博士（工学）
2003年 奈良先端科学技術大学院大学情報科学研究科情報システム学専攻
　　　　博士後期課程修了
現　在 大阪工業大学ロボティクス&デザイン工学部 教授
著　書 『OpenCVプログラミングブック』毎日コミュニケーションズ (2007)
　　　　『OpenCVによる画像処理入門 改訂第2版』講談社 (2017) など

NDC007.64　311p　24cm

OpenCVによるコンピュータビジョン・機械学習入門

2017年8月4日　第1刷発行
2018年7月3日　第3刷発行

著　者　中村恭之・小枝正直・上田悦子
発行者　渡瀬昌彦
発行所　株式会社　講談社
　　　　〒112-8001　東京都文京区音羽 2-12-21
　　　　　販　売　(03)5395-4415
　　　　　業　務　(03)5395-3615
編　集　株式会社　講談社サイエンティフィク
　　　　代表　矢吹俊吉
　　　　〒162-0825　東京都新宿区神楽坂 2-14　ノービィビル
　　　　　編　集　(03)3235-3701
本文データ制作　藤原印刷株式会社
印刷所　株式会社平河工業社
製本所　大口製本印刷株式会社

落丁本・乱丁本は、購入書店名を明記のうえ、講談社業務宛にお送り下さい。送料小社負担にてお取替えします。なお、この本の内容についてのお問い合わせは講談社サイエンティフィク宛にお願いいたします。定価はカバーに表示してあります。
©Takayuki Nakamura, Masanao Koeda and Etsuko Ueda, 2017
本書のコピー、スキャン、デジタル化等の無断複製は著作権法上での例外を除き禁じられています。本書を代行業者等の第三者に依頼してスキャンやデジタル化することはたとえ個人や家庭内の利用でも著作権法違反です。

JCOPY 〈(社) 出版者著作権管理機構 委託出版物〉
複写される場合は、その都度事前に (社) 出版者著作権管理機構（電話 03-3513-6969、FAX 03-3513-6979、e-mail: info@jcopy.or.jp）の許諾を得てください。

Printed in Japan
ISBN 978-4-06-153830-6